髹饰录

XiuShiLu

中国古代物质文化丛书

〔明〕黄 成 / 著 〔明〕扬 明 / 注 田开鹏 / 译注

重庆出版集团 重庆出版社

图书在版编目（CIP）数据

髹饰录 / （明）黄成著；（明）扬明注；田开鹏译注. —重庆：重庆出版社，2022.10（2024.7重印）

ISBN 978-7-229-16863-6

Ⅰ. ①髹… Ⅱ. ①黄… ②扬… ③田… Ⅲ. ①漆器—生产工艺—中国—明代 Ⅳ. ①TS959.3

中国版本图书馆CIP数据核字（2022）第089666号

髹饰录
XIUSHI LU

〔明〕黄 成 著 〔明〕扬 明 注 田开鹏 译注

策 划 人：刘太亨
责任编辑：谢雨洁
责任校对：杨 婧
特约编辑：王小树
封面设计：日日新
版式设计：曲 丹
插 画：翁雨晴

重庆出版集团
重庆出版社 出版

重庆市南岸区南滨路162号1幢 邮编：400061
重庆建新印务有限公司印刷
重庆出版集团图书发行有限公司发行
全国新华书店经销

开本：740mm×1000mm 1/16 印张：18.75 字数：300千
2022年10月第1版 2024年7月第2次印刷
ISBN 978-7-229-16863-6

定价：68.00元

如有印装质量问题，请向本集团图书发行有限公司调换：023-61520678

出版说明

最近几年，众多收藏、制艺、园林、古建和品鉴类图书以图片为主，少有较为深入的文化阐释，明显忽略了“物”应有的本分与灵魂。有严重文化缺失的品鉴已使许多人的生活变得极为浮躁，为害不小，这是读书人共同面对的烦恼。真伪之辨，品格之别，只寄望于业内仅有的少数所谓的大家很不现实。那么，解决问题的方法何在呢？那就是深入研究传统文化、研读古籍中的相关经典，为此，我们整理了一批内容宏富的书目，这个书目中的绝大部分书籍均为文言古籍，没有标点，也无注释，更无白话。考虑到大部分读者可能面临的阅读障碍，我们邀请相关学者进行了注释和今译，并辑为“中国古代物质文化丛书”，予以出版。

关于我们的努力，还有几个方面需要加以说明。

一、关于选本，我们遵从以下两个基本原则：一是必须是众多行内专家一直以来的基础藏书和案头读本；二是所选古籍的内容一定要细致、深入、全面。然后按专家的建议，将相关古籍中的精要梳理后植入，以求在同一部书中集中更多先贤智慧和研习经验，最大限度地厘清一个知识门类的基础与常识，让读者真正开卷有益。而且，力求所选版本皆是善本。

二、关于体例，我们仍沿袭文言、注释、译文的三段式结构。三者同在，是满足各类读者阅读需求的最佳选择。为了注译的准确精雅，我们在编辑过程中进行了多次交叉审读，以此减少误释和错译。

三、关于插图的处理。一是完全依原著的脉络而行，忠实于内容本身，真正做到图文相应，互为补充，使每一“物”都能植根于相应的历史视点，同时又让文化的过去形态在“物象”中得以直观呈现。古籍本身的插图，更是循文而行，有的虽然做了加工，却仍以强化原图的视觉效果为原则。二是对部分无图可寻，却更需要图示的内容，则在广泛参阅大量古籍的基础上，组织画师绘制。虽然耗时费力，却能辨析分明，令人眼目生辉。

四、对移入的内容，在编排时都与原文作了区别，也相应起了标题。虽然它牢牢地切合于原文，遵从原文的叙述主线，却仍然可以独立成篇。再加上因图而生的图释文字，便有机地构成了点、线、面三者结合的“立体阅读模式”。“立体阅读”对该丛书所涉内容而言，无疑是妥当之选。

还需要说明的是，不能简单地将该丛书视为“收藏类”读本，但也不能将其视为“非收藏类读本”。因为该丛书，其实比“收藏类”更值得收藏，也更深入，却少了众多收藏类读物的急功近利，少了为收藏而收藏的平庸与肤浅。我们组织编译和出版该丛书，是为了帮助读者重获中国文化固有的“物我观”，是为了让读者重返古代高洁的“清赏”状态。清赏首先要心底“清静”；心底“清静”，人才会独具“慧眼”；而人有了“慧眼”，又何患不能鉴真识伪呢？

中国古代物质文化丛书　编辑组
2009年6月

编者语

本科四年，我在四川美术学院学漆艺，接触了很多漆艺方面的书籍，其中，大部分值得读，但以我自己的阅读体会，最值得读的几部书之一还是《髹饰录》。它讲解传统髹饰艺术的技术要领很到位，对各种材料和技术的选用可以产生的艺术效果的记述也很切实，对不当的材料、工具和技术的选用可能产生的弊端也叙述得非常清楚，可能是现今可见记载各种漆器纹饰最多的文献之一。

凡是希望学好漆艺甚至漆画的人，对该书都不应该大意，我也一样。大学期间，我的专业虽在漆画，但在《髹饰录》中，我得到的养分其实更多；曾经至少有两三年，我一有空闲，便会对《髹饰录》反复研修，并不是我毫无缘由地沉迷于此书，而是此书对我学习漆画实在有很大增益。古代工匠用心之巧，经验之丰，术业之精，至今令我叹服。

编辑该书，我是带着敬畏和再学习的真实心态开始的。

我首先将《髹饰录》再次细读，也翻阅了“中国古代物质文化丛书”中已出版的书籍，比如《园冶》《雪宧绣谱》《长物志》等。在我基本熟悉这套书系的编排体例后，又找出本科时的读书笔记，同时阅读田开鹏先生的《髹饰录》注译稿，回想我当年初读时的感受，以及其中的文言难点，再与田开鹏先生逐一沟通化解，力求让今译更准确、简洁、流畅。然后立足译文，对一些现今已极为少见的材料、工具和工艺进行梳理，形成了既与套书体例一致，又能突出该书特点，且能让读者有更多收获的编排内容和形式，同时确定了插画和插画的绘制风格，与我在美院的同学，正在读研的翁雨晴女士进行沟通，请她配合绘制。对实作性很强的书籍而言，插画的绘制看似简单，实则很费神，因为这类插画除了应尽量富有美感，还要准确展示对象的形态和材质，以及操作时的实际情形，让人一眼就能看出其中的工艺门道。对历代漆艺发展的轨迹进行梳理，并辅以相应的插图，并不费神，但要以视图为主，呈现出漆艺发展的简明历史，对我这个资历尚浅的编者来说，却很费时，因为这不仅要线索清晰，更要简短几言便能突出各个时代的工艺特点和其出现的文化背景与承袭，这需要查阅大量文献。虽然劳神费力，但我最终完成了，现在忐忑地呈现在读者眼前的，可能不是最好的，但对漆艺发展史了解不多的读者而言，逐页翻阅下去，能一眼看出其中的明显变化和沿袭，也很有意义。

对一部出于两位巧匠之手，全是经验之谈，而且对漆艺的现代发展仍有切实影响的传世著作进行编辑，若要别出新意，希望读者在这个版本中能读到更多、领悟更丰，则需要调动更多的材料。这过程仿佛厨子面对一道名菜，主料不变，甚至辅料也不可大变，但要做出更好的菜式和味道，厨子的心力和对火候的把握尤为重要。在对《髹饰录》这道“名菜”的“再烹饪”上，我也许不是一个经验丰富的“厨子”，但我自信自己是一个用了心的“厨子”，至于最终的“菜式”和“味道”，自由读者品评。好，或者不好，我都真诚希望读者朋友不吝赐教，以利我进一步学习，在再版时加以改进。

最后，我要感谢田开鹏先生对后期译注工作的支持；感谢我的同学翁雨晴女士，她在繁忙的课业之余尽心绘制了该书的全部插画；还要感谢王世襄、沈福文、索予明、乔十光、长北等前辈的著述为我编译此书提供的帮助。

王小树　于北京中国艺术研究院

2021年12月6日

《髹饰录》及中国漆艺

一

有些事情似乎是不能够相互联系起来的，一旦联系起来就十分古怪。比如说，人们在评价一件艺术品的优劣时，总是以“匠气”二字来表达自己的轻视。但是，在赞美一位天才纵横的艺术家时，则会情不自禁地使用“巨匠”二字。巨匠所生产的艺术品，当然也应该是充满着匠气的，毕竟这个词的主体是“匠”，而“巨”只不过是对“匠”的程度的区分。也就是说，无论“多大多巨”的匠，终究都应该是匠。只要是匠，就应该有匠气。可是，在实践中，我们则希望精美的艺术品没有一点点匠气的。这样的例子，生活中还有很多，举不完，也没有必要去举。

说了“匠”，然后再说《髹饰录》，这本书的作者叫黄成，是一位生活在中国明朝的漆器匠人。以目前留下的关于他资料来看，他的身份应该是一位巧匠，而不会是一位巨匠，因为《明史》《四库全书》均为提及他，甚至连地方志都没有关于他的记载，只是在明代高濂[1]所撰的养生著作《遵生八笺》的第五笺《燕闲清

---

〔1〕高濂：明代著名戏曲作家，字深甫，号瑞南道人，钱塘（今浙江杭州）人，以戏曲名于世。约生于嘉靖初年，主要生活在万历时期。所作传奇剧本有《玉簪记》《节孝记》，诗文集《雅尚斋诗草二集》《芳芷栖词》，其养生著作《遵生八笺》是中国古代养生学的集大成之作，另有《牡丹花谱》《兰谱》传世。

赏笺》中有这样一段简短的描述："穆宗[1]时新安黄平沙造剔红，可比园厂，花果人物之妙，刀法圆活清朗。"

就目前的资料来看，也不能确定高濂有着怎么高明的漆器鉴赏水平，或者他自己是否就是漆艺家。他的主要成就在戏剧和养生。公开的资料显示，他是一位成功的戏曲作家和养生家。因此，我们可以大胆假设，高濂是在养生的研究或者戏剧的研究过程中对漆器有所了解的。因此，他的这段记述不能算权威，其中对于黄成"可比园厂"的评价也不能完全当真。但是，从黄成留下的《髹饰录》这本巨作来看，将他定义为巧匠应该是恰当而无甚争议的。

二

《髹饰录》在黄成的创作之外，还有扬明（亦作杨明，古人在杨、扬二字作姓氏时常常同用，古称杨雄亦作扬雄）的注。没有扬明的贡献，这本书也将是不完整的，读者对许多问题或许也说不明白。因此，扬明也是该书最重要的作者之一。他对《髹饰录》的贡献一点也不亚于黄成。

现在的研究，一般认为扬明是生活在明代天启年间[2]，对《髹饰录》的注也完成于天启年间。天启元

---

〔1〕穆宗：明穆宗朱载垕（1537—1572年），明朝第十二位皇帝，1566—1572年间在位，年号隆庆，故又称"隆庆皇帝"。

〔2〕天启：为明朝第十五位皇帝明熹宗朱由校在位时的年号，明朝使用该年号7年（1621—1627年）。

年（1621年）距离隆庆最后一年（1572年）之间也相差了49年，也就是说黄成和扬明之间相差了半个世纪。现在的公开资料对于扬明的记录很少，一般认为扬明是西塘人，字清仲，是天启年间的一名漆工。但是，从他对于整个《髹饰录》的注释可以看出，他不仅仅是一名漆工。他的许多注释非常清晰，使用的古代典籍涉及面也非常广。我们认为，扬明应出身于漆艺世家，其学问功底扎实。

在元代末年，陶宗仪所著的《南村辍耕录》一书中，记载："嘉兴斜塘杨汇髹工戗金戗银法，凡器用什物，先用黑漆为地，以针刻画或山水树石，或花竹翎毛，或亭台屋宇，或人物故事，一一完整。然后用新罗漆。若戗金，则调雌黄；若戗银，则调韶粉。日晒后，角挑挑嵌所刻缝罅，以金薄或银薄，依银匠所用纸糊笼罩，置金银薄在内。遂旋细切取，铺已施漆上，新绵揩拭牢实。但著漆者自然粘住，其余金银都在绵上，于熨斗中烧灰，坩埚内熔煅，浑不走失。"这段长长的记录所描述的主人公叫作杨茂，杨茂是元代著名的髹漆艺人，西塘人，其雕漆技术对明代髹漆工艺有着很大的影响。

在清代吴骞的《尖阳丛笔》中有这样一段记载："元时攻漆器者有张成、杨茂二家擅名一时。明隆庆时，新安黄平沙造剔红，一合三千文。"由此可以知道杨茂和黄成都是著名巧匠。由于西塘造就了张成、杨茂的漆雕工艺，使嘉兴所属的嘉善成了元末明初漆雕工艺两大流派的发源地之一。

这段记录及嘉兴西塘后来的发展，足以证明西塘是元明之际漆工荟萃的地方。扬明晚于杨茂二百多年，现在普遍认为扬明是杨茂的后代，继承了前辈的漆工技艺。正因为如此，对于《髹饰录》，扬明有着得天独厚的优势，所注与正文相得益彰，互为表里。最终使一部《髹饰录》完整地呈现在了人们面前。

三

在《髹饰录》之前，在记录宋代历史的《宋史·艺文志》中记录了一部《漆经》，其作者是五代时的朱遵度，距今已一千余年了，只可惜这本书在历史的长河中已经湮灭，我们所能知道的也就是这一点记载。这也使得《髹饰录》成为了目前流传的唯一一本中国古代漆艺专著。

中国古人对于文化典籍，较为重视的是经史，然后才是子集。至于《髹饰录》这样的著作，勉强能够归到集部，也因为其专业性和工匠属性，它很难引起知识分子的注意，因此流传都极其困难，更别说流行了。《髹饰录》成书以后，仅在一些明清的文人笔记中偶有提及，成书难见。

在《髹饰录》身世沉浮的漫长岁月中，中国营造学社的首任社长朱启钤[1]先生发挥了至关重要的作用。朱启钤曾官至代理国务总理，后因为支持袁世凯复辟而饱受非议，并因之退出政坛。其后，朱启钤专注于中国传统建筑的研究与保护。他出于对研究古建筑的需要，曾在日本访学研究多年。

---

〔1〕朱启钤（1872—1964年），字桂辛、桂莘，号蠖公、蠖园，祖籍贵州开州（今贵州开阳），生于河南信阳，卒于北京。北洋政府官员，爱国人士。政治家、实业家、古建筑学家、工艺美术家。

目前已知最古老的《髹饰录》抄本是在日本木村蒹葭堂发现的，所以世称“蒹葭堂抄本”。蒹葭堂是日本江户时代中期的文人、收藏家木村孔恭[1]的号，木村的家族是在日本大阪从事酿酒等行业的巨商，因此有着丰厚的家资。木村以此作为后盾，大量地搜集书画、古董，成为当世闻名的大收藏家。

1926年，朱启钤先生注意到了《髹饰录》，并辗转向日本友人大邨西崖索要了“蒹葭堂抄本”的副本，于1927年将其复印了200本，并为其撰写了弁言，还在体例上对其加以整理。

于是经朱先生整理的《髹饰录》得以回到祖国，并刊刻行世。朱先生这版量很少的刊行本，被世人称为“丁卯朱氏刻本”。这个刻本就是根据日本所藏的全世界唯一孤本“蒹葭堂抄本”复制而来的。

据日本人大邨西崖的记载，这部书本没有刻本,只有单传的一部抄本。在清代乾隆、嘉庆时期，抄本就已传到日本，藏在木村家。嘉庆九年（公元1804年，日本文化元年），这部书被昌平坂学问所买去，后又经浅草文库而归帝室博物馆。这个抄本最后进入东京国立博物馆，成为日本的国家收藏。

四

为什么这本书在祖国没有能够流传而在日本被当成

---

〔1〕木村孔恭：（1736—1802年），名孔恭（孔龚），幼名太吉郎（多吉郎），字世肃，号蒹葭堂、巽斋（逊斋）。他是日本江户时代中期的文人、画家、收藏家。

国宝呢？一方面是黄成、扬明作为工匠的社会地位所决定的。在中国古代，匠人技艺水平相当高超，这一点从后世出土的各种文物上完全可以得到印证。然而在历史上，传统社会是按照士农工商来确定社会地位的，那些高超的技艺往往被蔑称为“奇技淫巧”，因此匠人的地位也就相应地更低了。

尤其是到了明清时期，政治制度决定了工匠阶层的受教育水平较低。中国作为农业国，农业是国本。制造业和商业使大量劳动力脱离土地从事非农业生产的工作，这样就可能导致土地荒芜。为了稳住国本，历朝历代的统治者都极力打压匠人和商人，以此来引导劳动力回归土地。因此，制造业相关的工匠和商贸业相关的商人的社会地位就相当低了。他们的技艺和创造自然也就得不到相应的重视。

这也是黄成、扬明在正史无传，《髹饰录》也得不到应有的重视的原因。

另一方面，日本民族对漆器的感情非常深，所以保护漆器及其工艺一直是他们的传统。时至今日，日本还保存着很多中国古老的漆器。众所周知，China既是指“中国”，也有“瓷器”的意思，却很少有人知道，Japan既是指“日本”，也是“漆器”的意思，西方人将漆器当成了日本的象征。漆器工艺起源于新石器时代的中国，自唐代而衰，经历了由日常而入殿堂，盛极而遭禁的历史。然而，中国的漆器自汉代东渡日本，被发扬光大，至今仍活跃在日本民众的日常生活和庆典活动中。

自唐以来，即日本的奈良时代开始，日本人的文化生活一直没有大的改变。虽然日本是经济强国，现代化程度也很高，但人们日常使用漆器的习惯并无多大变化，而且还特别珍惜和保护传统漆器在现代生活中的地位。从碗、碟、筷、勺、托盘，到杯、盏、瓶、壶、饭盒、果盒、砚台盒、首饰盒、珠宝盒，再到大型的桌、柜、屏风、佛坛……日本平均每个家庭使用的是漆器仅托盘就不少于十个，再加上各种漆碗、漆杯、漆盘等，数量非常可观。正因如此，《髹饰录》在日本才得以保存并流传下来。

五

前面说了《髹饰录》成书和流传过程中的一些简要情况。这里就简单介绍一下《髹饰录》其书。

先对《髹饰录》这个书名做一个解释。髹，古书上解释是“以漆漆物”，用今天的大白话说就是“刷漆”，古话叫“髹漆”。饰，就是以纹装饰。这样说来，《髹饰录》就是一本专门讲述怎么刷漆、怎么用各种纹饰对漆器进行装饰的书。

可以想见的是，这样一本书在书写和规划体例之时，并没有太多的经验可资借鉴。因此，黄成在创作时完全按照自己的理解规划体例。黄成将全书分《乾集》和《坤集》，共十八章，一百八十六条。其中《乾集》有两章七十二条，讲制作方法、原料、工具及漆工的禁忌。《坤集》有十六章一百一十四条，讲漆器的分类及各个品种的形态，根据工艺技法把漆器分为十四大类、一百零一个品种。

这种按照乾坤阴阳方式编撰的记工类图书，除此之外，目前尚无他例。

在《髹饰录·乾集》的“楷法”这一章中，黄成专门论及了漆工之品德，并将这些技艺之外的道德要求作为漆工入门前必须知晓的工则。这一章主要涵盖两方面内容："三法""二戒""四失""三病"，从理论上确立了漆工的品德规范；"六十四过"就实践论述髹漆工艺中容易出现的过失。比如："三法"中，"巧法造化"指师法自然，"质则人身"指漆器的胎、灰、布、漆取法人体的骨、肉、筋、皮。反对装饰过度，反对粗制滥造，敬业、敏求的工匠精神贯穿《髹饰录》全书。

在《坤集》中，黄成对漆器的分类有十四种。比如有"质色"，就是单色漆器，像黑漆、朱漆这两个漆器素髹中常见的颜色；比如有"描饰"，说得很清楚，就是带画工的；"填嵌"，带镶嵌的；"雕镂"，动刀装饰的；再有"阳识"，阳，指的是凸起，后文要说的识文描金就属这一类。

这本书通过这些详细的讲解，系统地展现了我国古代丰富多彩的髹饰工艺及其做法，叙述纷繁，分类合理，可以由纲及目地查到所属的各个品种。这使得《髹饰录》既是一本研究漆器工艺史的重要文献，又是为古代漆器定名的可靠依据，还可以为后人继承传统漆工技艺、推陈出新提供宝贵资料，可谓漆工经典著作。

六

说《髹饰录》，当然还必须要明白什么是大漆。大漆又名天然漆、生漆、土漆、国漆，泛称中国漆，为一种天然树脂涂料，是割开漆树树皮，从韧皮内流出的一种白色黏性乳液，经加工而制成的涂料。

古语云："滴漆入土，千年不坏。"说的就是大漆。漆器是一种用大漆涂敷在器物胎体表面作为保护膜制成的工艺品或生活用品。表面被涂过漆的胎体经过反复多次的髹涂后，不仅坚固耐用，多样的装饰还能使器物色泽华丽。

大漆最早在何时使用，漆器等实用漆器具体何时出现，我们不得而知。但是，可以确定的是我国是世界上最早使用漆的国家，我国发现和使用天然生漆的历史可追溯到七千多年前，从新石器时代起人们就认识了天然生漆的性能并进行应用。漆的使用是在偶然的发现中、必然的实践下产生的。

目前所见对漆器的最早记载为："尧禅天下，虞舜受之，作为食器，斩山木而财（裁）之，削锯之其迹流漆墨其上，输之于宫以为食器。"这是《韩非子·十过》中秦穆公与由余的一段对话。据史籍记载："漆之为用也，始于书竹简，而舜作食器，黑漆之，禹作祭器，黑漆其外，朱画其内。"战国时期道家思想的创始人庄周，也就是我们常说的庄子，就曾经担任过宋国的漆园吏，也就是看护漆树园子的小官。所以《庄子·人世间》就有"桂可食，故伐之，漆可用，故割之"的记载。《资治通鉴·唐太宗贞观十七年》中也有这样的记载："舜造漆器，谏者十馀人，此何足谏？"

已有的考古证据表明，早在七千多年前，跨湖桥的先民对漆的性能有所了解并开始使用，证据就是跨湖桥遗址出土的"漆弓"。至晚在商周时期，漆器的品种和工艺水平就登上了高峰，战国时期更加鼎盛，明、清时代则呈现出千文万华的繁荣局面。

中国的漆器工艺不断发展，所创造出来的戗金、描金等漆饰技法，对日本、韩国等国都有深远影响。中国古代漆器已成为民族文化的瑰宝。现在，漆器研究的学者们普遍认为，漆器是中国古代在化学工艺及工艺美术方面的重要发明。

七

漆器制作技艺以独特的文化视角和生动的艺术语汇，记载着悠久灿烂的中华文明。大漆深沉、含蓄、优雅的独特材料美感，也使漆器作品历久弥新，散发深邃厚重的艺术魅力。

为此，我们也寄望于本书的出版，能够给更多爱好中国漆艺的朋友打开一个窥斑之孔，使更多的人了解中国漆器艺术。我们也寄望于有更多的青年人能够走进漆器工坊，去传承祖先留下的伟大技艺，让漆艺这一古老而精深的工艺，在“器以载道”“精益求精”的大国工匠手中，放射出辉映时代的异彩。

译注者整理

序

【原文】漆之为用也，始于书竹简。而舜[1]作食器，黑漆之。禹作祭器[2]，黑漆其外，朱画其内，于此有其贡[3]。周制于车，漆饰愈多焉。于弓之六材[4]，亦不可阙[5]，皆取其坚牢于质，取其光彩于文也。后王作祭器，尚之以著色涂金之文，雕镂玉珧[6]之饰，所以增敬盛礼[7]，而非如其漆城[8]、其漆头[9]也。然复用诸乐器，或用诸燕器[10]，或用诸兵仗，或用诸文具，或用诸宫室，或用诸寿器[11]，皆取其坚牢于质，取其光彩于文[12]。呜呼，漆之为用也其大哉！又液叶共疗疴[13]，其益不少。唯漆身为癞[14]状者，其毒耳。盖古无漆工，令百工各随其用，使之治漆，固有益于器而盛于世。别有漆工，汉代其时也。后汉申屠蟠[15]，假[16]其名也。然而今之工法，以唐为古格，以宋元为通法。又出国朝厂工之始，制者殊多，是为新式。于此千文万华，纷然不可胜识矣。新安黄平沙称一时名匠，复精明古今之髹[17]法，曾著《髹饰录》二卷，而文质不适者，阴阳失位者，各色不应者，都不载焉，足以为法。今每条赘一言，传诸后进，为工巧之一助云。

天启[18]乙丑春三月

西塘扬明　撰

【注释】〔1〕舜：又名虞舜、帝舜，相传为轩辕黄帝八世孙。姚姓，虞氏，名重华，字都君，诸冯（今山东诸城）人。《尚书》云："德自舜明。"《尚书·尧典》记："尧厘降二女于妫汭，嫔于虞。"《史记》所载："天下明德，皆自虞舜始。"

〔2〕祭器：祭祀时用的器具。《礼记·王制》："祭器未成，不造燕器。"《战国策·齐策四》："愿请先王之祭器，立宗庙于薛。"《史记·张仪列传》："出兵函谷而毋伐，以临周，祭器必出。"司马贞《索隐》："凡王者大祭祀必陈设文物轩车彝器等，因谓此等为祭器也。"《资治通鉴·后周世宗显德四年》："庚午，诏有司更造祭器、祭玉等。"

〔3〕贡：意为向朝廷进献物品。《说文》："贡，献功也。"《礼记·曲礼》记载："五官致贡曰享。"《考工记·匠人》注："贡者，自治其所受田，贡其税谷。"

〔4〕六材：指制作器物所需要的各种材料，制弓之六材是指：干、角、筋、胶、丝、漆。

〔5〕阙（quē）：同"缺"。

〔6〕玉珧（yáo）：亦作"玉桃""江珧"。一种从浙闽粤沿海采集后进贡帝王的海贝。《说文解字》曰："蜃甲也，所以饰物也。"这种海贝的壳是制作螺钿漆器所需的材料。

〔7〕盛礼：盛大的礼仪。晋·刘琨《劝进表》："臣等各忝守方任，职在遐外，不得陪列阙庭，共观盛礼，踊跃之怀，南望罔极。"

〔8〕漆城：用漆涂刷的城墙。典出《史记·滑稽列传》："二世（秦二世胡亥）立，又欲漆其城。优旃曰：'善。主上虽无言，臣固将请之。漆城虽于百姓愁费，然佳哉！漆城荡荡，寇来不能上。'"

〔9〕漆头：用漆涂刷人头骨。典出《史记·刺客列传》："赵襄子最怨智伯，漆其头以为饮器。"

〔10〕燕器：一指日常生活用品，又指古代行燕礼时所用的食器。《仪礼·既夕礼》："燕器，杖、笠、翣。"郑玄注："燕居安体之器也。"贾公彦疏："杖者所以扶身，笠者所以御暑，翣者所以招凉，而在燕居用之，故云燕居安体之器也。"

〔11〕寿器：指棺材，也指生前预制的棺木。《后汉书·皇后纪下·孝崇匽皇后》："元嘉二年崩。以帝弟平原王石为丧主，敛以东园画梓寿器。"李贤注："梓木为棺，以漆画之。称寿器者，欲

其久长也，犹如寿堂、寿宫、寿陵之类也。”

〔12〕文：同“纹”。此处指花纹、纹理。

〔13〕疴（kē）：古同“屙（ē）”。《说文》：“疴，病也。”“疒”与“可”联合起来表示“劳役引起的疾病”，引申指重病。

〔14〕癞（lài）：这里是指表皮凸凹不平或有斑点的症状。

〔15〕申屠蟠：字子龙。东汉桓帝、灵帝时人。《后汉书》有传，曰：“家贫，佣为漆工。”其人“安贫乐潜”，有隐士之风。

〔16〕假：借用，利用、假借之意。

〔17〕髹（xiū）：中国古代将以漆漆物称之为“髹”，髹漆即以漆涂刷于各种胎骨制成的器物上。如《周礼·春官·巾车》言：“駹车、草蔽、然、髹饰。”《汉书》卷九七下：“其中庭彤朱而殿上髹漆。”古代又称红黑色的漆为髹。

〔18〕天启：公元1621—1627年，是明朝第十五位皇帝明熹宗朱由校在位时的年号。天启乙丑即1625年。

【译文】漆在人类社会的使用，最早是从竹简开始的。在舜帝的时候，制作的漆器餐具，使用的是黑漆。到了大禹之时，所制作的祭祀礼器中，已经出现了表面使用黑漆、内里使用朱漆描画装饰的器物，而这些器物就是漆器作为贡品的开始。在周朝，由于人们要用漆来装饰车辆，漆的纹饰就渐渐多了起来。古人在制作弓的时候，规定了六种材料，漆是其中必不可少的一种。之所以选用漆，是因为漆可以使弓的质量更加坚固结实，还可以使弓的色泽更加漂亮。后来的君王，在制作祭祀礼器的时候，则崇尚用金色漆描画的花纹，以及用一种叫作“玉珧”的小贝壳进行装饰，主要是为了增加礼器在祭祀中对被祭奠者的尊敬，体现礼仪的盛大奢华。这和用漆涂刷城墙、用漆涂刷头骨完全不一样。但是，如果将漆用于众多乐器，或各样生活用具，或各种兵器，又或者各式文具，或者用于宫室的装饰，或者用于棺木等，都是因为漆可以使这些器物更加坚固结实且明丽光彩。哎呀，漆真是作用突出而又用途广泛啊！另外，用漆煎制成药液则可以治疗疾病，漆的益处还真是不少。唯独对那些漆一旦上了身，就遍身红肿如癞的人，漆是有剧毒的。为什么在古代的典籍中，没有单独记录漆工呢？这主要是因为其他各个门类的工匠都必须掌握髹漆的技术，学会使用漆，以增加各种器物的坚固程度，并使这些器物广为流传。髹漆工匠被单列出来，是在汉代的时候。东汉的贤士申屠蟠，正是借髹漆技术成为工匠，而隐遁于世的。但是，今天流传的髹漆工法，却是以唐朝的髹漆技术为基础，以宋代和元代的技艺为标准的。现在，又以我们当朝（明朝）宫廷指定的制漆工厂开始，在制作上有了很多新的变化，与古代的髹漆工艺有所区别，被称为新式工法。这样，就形成了各式各样的花式和纹理，其种类之多，真是让人没有办法全部记住啊！新安平沙人黄成，是当时有口皆碑的著名髹漆工匠，他还精通从古到今的各种髹漆方法，曾经著有《髹饰录》两卷，这一著作，对于那些表达失当、记录有误、各种颜色错乱的记载都不予记录，可以视为髹漆工艺的法度和标准。现在，我对其中的每一条都多加一句注释，将其流传给后来学习髹漆的人，以此作为他们提高工艺的助力。

天启乙丑年（1625年）三月，嘉善县西塘镇　扬明　撰

目 录

坤集

乾集

“乾集”含两章，首章讲漆工所用的工具及原料，即“利用第一”；第二章讲漆工易出现的过失及其原因，即“楷法第二”。利器和美材兼备，是做漆工的基本条件，所以放在本卷开端。第二章中的“三法”“二戒”“四失”“三病”侧重讲漆工的自我修养，“六十四过”则讲漆工造物时在各道工序中易出现的错误，以及出现过失的原因，很重实作。

【黄文】凡工人之作为器物，犹天地之造化[1]。所以有圣者[2]，有神者[3]，皆示以功以法。故良工利其器。然而，利器[4]如四时[5]，美材如五行[6]。四时行、五行全而百物生焉，四善[7]合、五采[8]备而工巧成焉。今命名附赞而示于此，以为《乾集》[9]。乾所以始生万物，而髹具工则，乃工巧之元气也。乾德大哉！

【注释】〔1〕造化：一指自然，二指创造化育。最早见于《庄子·大宗师》："今一以天地为大炉，以造化为大冶，恶乎往而不可哉？"

〔2〕圣者：此处指品格最高尚、智慧最高超的人物。《论语·子罕》："夫子圣者耶？何其多能也！"《中庸·素隐章》："君子依乎中庸，遁世不见知而不悔，唯圣者能之。"庄子在《逍遥游》中也说："若夫乘天地之正，而御六气之辩，以游无穷者，彼且恶乎待哉？故曰：至人无己，神人无功，圣人无名。"另外，佛教中也有关于圣者的释义，是指谓在预流等圣位，经欲界或色界之多生，而后涅槃者。

〔3〕神者：这里主要是指知识渊博或技能超群的人。王嘉《拾遗记·后汉》："京师谓康成为'经神'。"

〔4〕器：此处指工具。与后文器物意思有别。

〔5〕四时：典出《易·恒》。即四季，指一年春、夏、秋、冬四季的农时；也指一日的朝、昼、夕、夜。

〔6〕五行：中国古代哲学的系统观，包含五种基本动态——金、木、水、火、土。中国古代哲学家用五行理论来说明世界万物的形成及其相互转化。

〔7〕四善：这里是指天时、地气、材美、工巧。

〔8〕五采：是指青、赤、白、黑、黄五种颜色，也泛指多种颜色，如"五彩缤纷"。

〔9〕乾集："乾"本是八卦之一，代表天；在这里，乾集指上集。

【译文】只要是通过人工来制作器物，都好比是天地造化一样。所以，不论是品德最高尚、智慧最高超的圣人，还是能力非凡的神人，都需要展示工艺和技法。所以，好的工匠，都需要依仗好的工具。但是，好的工具就像四时，精美的材料就像五行。使用工具应像春夏秋冬一样顺时而用，按照材料金、木、水、火、土五行的属性恰当地使用。巧妙地运用天时、地气、材美、工巧这四善，合理地使用青、赤、白、黑、黄等各种颜色，巧夺天工的美器就制作出来了。现将其通过命名并附上赞语的方式罗列在本章中，称为《乾集》。乾是孕育万物的始祖，而髹漆使用的工具和髹漆时应该遵循的法则，也是工匠如同乾元一样的元气。乾元就是天德，真是至高而伟大啊！

利用第一

【扬注】非利器美材，则巧工难为良器，故列于首。

【译文】没有精良的工具和精美的材料，再巧的工匠也无法制作出美器，因此将“利用”排在最前面。

【黄文】天运，即旋床〔1〕。有余不足，损之补之〔2〕。

【注释】〔1〕旋床：又写作“镟床”，即车床，这里指漆器木胎制作中使用的切削机床，加工时工件旋转，以刀具移动切削。车床主要用于加工杯、盘、碗等外圆或内圆的器物。陶宗仪《南村辍耕录》记载：“凡造碗碟盘之属，其胎骨则梓人以脆松劈成薄片，于旋

□ **旋床**

旋床即车旋漆器木胎的机床。其使用方法是，先将木料初步制成圆形毛坯，再将其固定在旋床的轴心上，工匠脚踩踏板一上一下，带动轴心旋转，将木材多余部分规整地旋削掉。

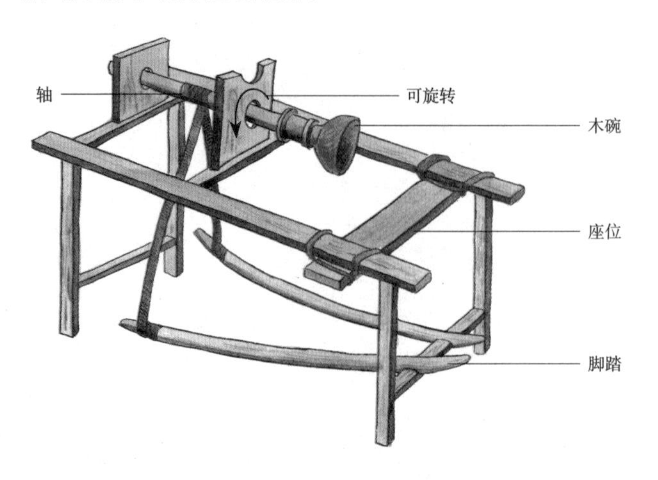

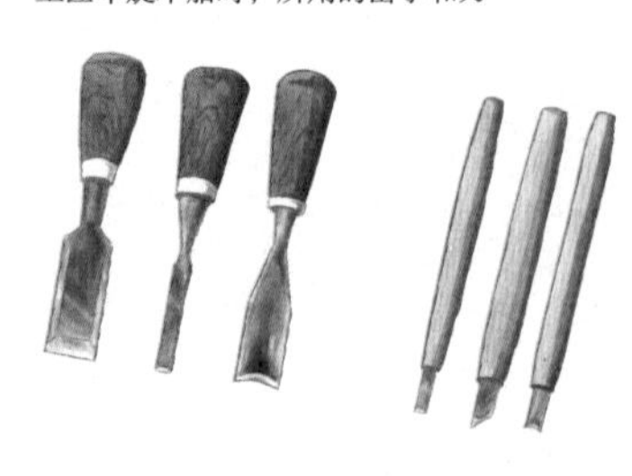
工匠车旋木胎时，所用的凿子和刀

床上胶粘而成，名曰棬素。”

〔2〕有余不足，损之补之：本句在这里是用以说明旋床的作用，即对于需加工的材料进行削除或者修补。此句化用于《老子》第十七章：“天之道，其犹张弓欤？高者抑之，下者举之；有余者损之，不足者补之。天之道，损有余而补不足。人之道则不然，损不足以奉有余。孰能有余以奉天下，唯有道者。是以圣人为而不恃，功成而不处，其不欲见贤邪。”其大意为：自然规律是减少过剩和不足的供给。然而，社会规律是不一样的，总是减少不足的，来奉献给有余的人，谁能以盈余来周济天下呢？只有道者能够做到。所以，有道之圣人，总是有所为而不自恃，有了成功却不居功。这是有道者不愿突显自己的才能。

【译文】天运，就是指旋床。它像天一样运转，把材料多余的部分削去，把不足的部分进行粘补。

【扬注】其状圜〔1〕而循环不辍，令椀〔2〕、盒〔3〕、盆〔4〕、盂〔5〕，正圆无苦窳〔6〕，故以天名焉。

【注释】〔1〕圜：多音字，一读huán，一读yuán。按《说文》：“浑圆为圜，平圆为圆。圆之规为圆。”这里读音作：yuán，同“圆”。

〔2〕椀（wǎn）：同“碗”。从木从宛，宛亦声。“宛”意为“凹形”。“木”与“宛”联合起来表示“木制凹形器皿”，即木碗。

〔3〕盒：是指底盖相合的盛东西的器皿。

〔4〕盆：通常为圆形，口大底小，比盘深的器皿。

〔5〕盂（yú）：中国古代一种盛液体的器皿。《说文》：“盂，饮器也。”

〔6〕苦窳（yǔ）：粗糙质劣。苦，通“盬”，不坚固。窳，凹凸有瑕疵。《史记·五帝本纪》：“舜耕历山，历山之人皆让畔；渔雷泽，雷泽上人皆让居；陶河滨，河滨器皆不苦窳。”

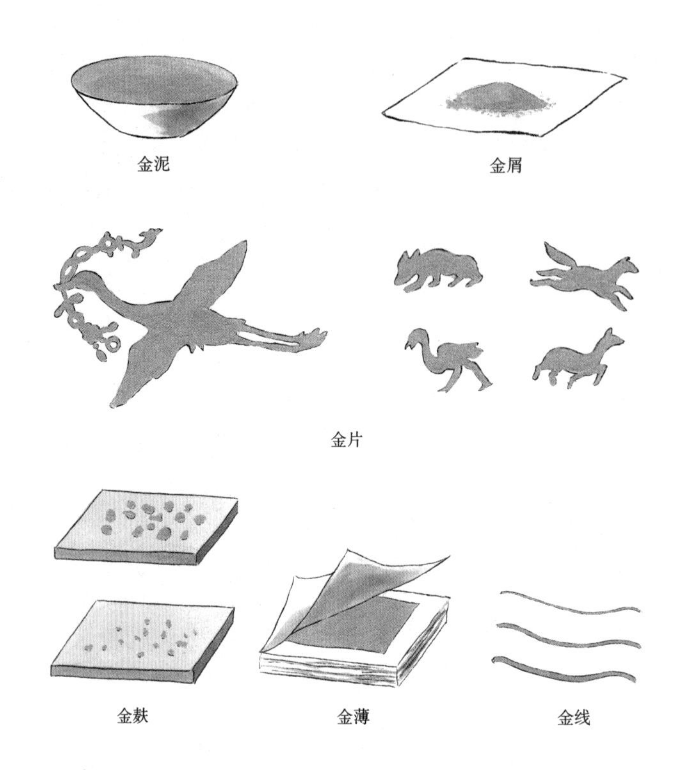

金泥　金屑

金片

金麸　金薄　金线

□ **日辉**

日辉，包括金泥、金屑、金麸、金薄、金片、金线等，统称日辉。金泥，即金箔粉研细而成的泥；金屑，即漆工用锉刀自制的锉金粉或金丸粉；金麸，指麦麸般的金箔碎片，略大于金屑；金薄，即金箔，是用金粒锤压而成的薄片，金箔遇风即飞，所以又叫"飞金"；金片则有薄有厚，常被剪刻成图案镶嵌于漆器；金线，即黄金制成的丝线，也有粗细之分。

【译文】凡是圆形的器皿，都要经过旋床循环旋削才能做出，像圆形的木碗、木盆、木盒、木盂等。通过旋床制作的器皿又正又圆，且不粗糙，浑然天成，所以旋床被命名为"天运"。

【黄文】日辉，即金。有泥、屑、麸〔1〕、薄、片、线之等。人君〔2〕有和，魑魅〔3〕无犯。

【注释】〔1〕麸（fū）："夫"意为"外表""皮"。

“麦”与“夫”合成一个字，表示“麦粒的外皮”，即麦粒的壳，这里指细碎的麸子，即银箔的碎片等。

〔2〕人君：君主、帝王。《孟子·梁惠王上》：孟子见梁襄王出，语人曰：“望之不似人君，就之而不见所畏焉。”

〔3〕魑（chī）魅（mèi）：中国古代神话传说中的山神，也指山林中害人的鬼怪。

【译文】日辉，指金色。有金泥、金屑、金麸、金薄、金片、金线等类型。金色就像是人中之君，有着太阳的光辉，能使天下和顺，魑魅等鬼怪均不敢来犯。

【扬注】太阳明于天，人君德于地，则魑魅不干[1]，邪谄[2]不害。诸器施之，则生辉光，鬼魅不敢干也。

【注释】〔1〕不干：干即干预、干扰。这里指鬼魅等邪乱之物不敢来干扰、干预。

〔2〕邪（xié）谄（chǎn）：亦作“邪讇”，邪恶而谄谀。汉·东方朔《非有先生论》：“是以辅弼之臣瓦解，而邪谄之人并进。”《汉书·翟方进传》：“〔涓勋〕诎节失度，邪讇无常，色厉内荏。”颜师古注：“讇，古谄字也。”

【译文】太阳在天上光照世间，人君在地上施行德政，魑魅等鬼怪就不敢作乱，奸邪、谄媚之徒就不敢加害于人。在制作各种漆器的时候，使用金色，就可以使器物的颜色和而生辉，清正纯和，鬼魅等不敢出来干扰。

【黄文】月照，即银。有泥、屑、麸、薄、片、线之等。宝臣[1]惟佐[2]，如烛精光[3]。

【注释】〔1〕宝臣：可器重信赖之臣。汉·刘向《说苑·至公》："老君在前而不逾，少君在后而不豫，是国之宝臣也。"

〔2〕惟佐：惟，即为；佐，即辅佐。这里指银色是在漆器制作中相对于金色，处于辅佐地位。

〔3〕精光：这里是指光彩、光焰。唐·李白《古风》之十六："宝剑双蛟龙，雪花照芙蓉；精光射天地，雷腾不可冲。"清·李渔《闲情偶寄·声容·修容》："黑一见红，若逢故物，不求合而自合，精光相射，不觉紫气东来。"

【译文】月照，就是银色。有银泥、银屑、银麸、银薄、银片、银线等类型。月亮就像是太阳的大臣一样，辅佐着太阳，银色的精光像是蜡烛的光一样。

【扬注】其光皎如月。又有烛银。凡宝货[1]以金为主，以银为佐，饰物亦然，故为臣。

【注释】〔1〕宝货：即宝物。这里亦泛指珍贵的器物。汉·桓宽《盐铁论·本议》："工不出，则农用乏；商不出，则宝货绝。农用乏，则谷不殖；宝货绝，则财用馈。"明·方孝孺《静斋记》："人惟无欲，视宝货犹瓦砾也，视车马如草芥也。"

【译文】漆器上的银色，像皎洁的月光，又像蜡烛的银光。只要是精美高贵的器物，都是以金色为主，以银色为辅，在漆器的装饰方面也是这样，所以银色被称为"臣色"。

【黄文】宿光[1]，即蒂[2]。有木，有竹。明静[3]不动，百事自安。

【注释】〔1〕宿（xiù）光，我国古代天文学家把天上某些星的集合体称作"宿"，例如：星宿。这里喻为星宿的光芒。

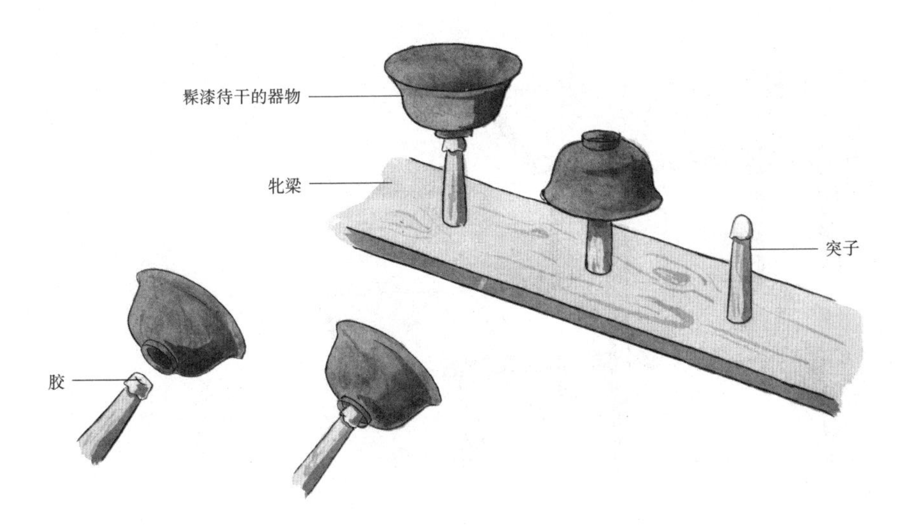

□ **宿光**

宿光，即髹漆工具中的突子。髹漆时，有时持握不便，工匠需借助木蒂或竹蒂辅助髹涂。方法是将木蒂或竹蒂尖端涂蜡，与器物粘连，而后手持蒂柄，给器物上漆。髹涂后，将粘有已髹器物的木蒂或竹蒂插在梁上，待干分离即可。

〔2〕蒂：本义是指瓜、果等跟茎、枝相连的部分；俗语称之为"把儿（bàr）"。这里指制作漆器的脚手架上突出的部分。

〔3〕明静：本义为智慧明、禅定静，化用自佛教经典《摩诃止观》："止观明静，前代未闻。"这是天台宗智者大师，在结合东汉至两晋期间传入中国的禅观经基础上，根据中国人特点所著的一部禅观心法。此处指突子犹如星宿，明亮平静的样子。

【译文】宿光，指漆器工具中的突子。有木头的，也有竹子的。这些突子放在那里，犹如星宿，明亮而平静，不被改动，秩序井然。

【扬注】木蒂接牝梁，竹蒂接牡梁〔1〕。其状如宿列也，动则不吉〔2〕，亦如宿光也。

【注释】〔1〕牝梁，牡梁：牝、牡，指阴阳，泛指与阴阳有

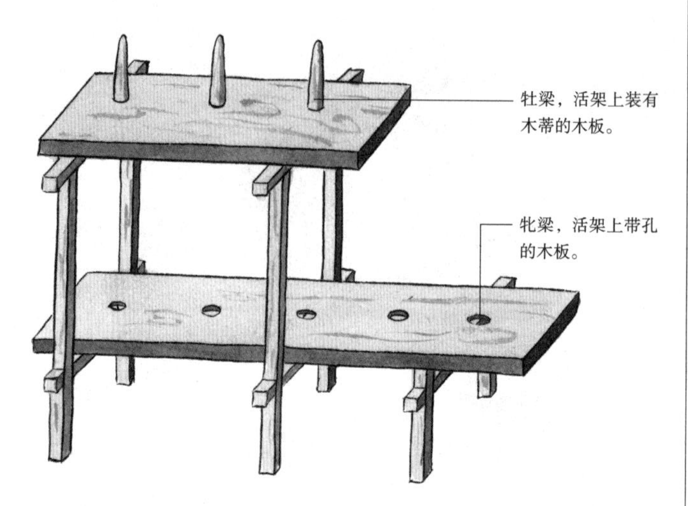
牡梁，活架上装有
木蒂的木板。
牝梁，活架上带孔
的木板。

□ **星缠**

星缠，即放置牝梁和牡梁的活动架子，用于放置待干的器物。木板上有孔的为牝梁，有榫头突起的为牡梁。

关的如雌雄、公母等。出自《荀子·非相》：“夫禽兽有父子而无父子之亲，有牝牡而无男女之别。”此处牝梁指有凹口的木板，牡梁指有凸头的木板。

〔2〕不吉：意为不善，不吉利。《尚书·盘庚中》：“汝分猷念以相从，各设中于乃心，乃有不吉不迪。”孔传：“不善不道谓凶人。”西汉·司马迁《史记·伍子胥传》：“随人卜与王于吴，不吉。”

【译文】木突子用来衔接有凹口的木板，竹突子用来衔接有凸头的木板。因为排列的顺序就像天上的星宿一样，井然有序，所以不能随意变动，变动位置就像星宿的光暗淡或移位一样，是不祥之兆。

【黄文】星缠，即活架。牝梁为阴道，牡梁为阳道。次行〔1〕连影，陵乘〔2〕有期。

【注释】〔1〕次行（xíng）：意为次序、秩序。语出西汉·司马迁《史记·秦始皇本纪》："立石刻，颂秦德，明得意。曰：'……尊卑贵贱，不逾次行。'"

〔2〕陵乘：意为升上、登临，古同"乘凌"。语出战国·楚·宋玉《风赋》："乘凌高城，入于深宫。"唐·杜甫《渼陂西南台》诗："崷崒增光辉，乘陵惜俄顷。"

【译文】星缠，就是活动的架子。因为母榫头是凹进去的，所以称为"阴道"，又因为公榫头是凸出来的，所以称为"阳道"。架子的搭建要按照一定的规律，在上面摆放漆器也要像星星运转的规律一样，在上在下都得有时间限制。

【扬注】牝梁有窍，故为阴道；牡梁有榫，故为阳道。㲉[1]数器而接架，其状如列星[2]次行。反转失候[3]，则淫泆[4]冰解，故曰有期。又案：曰宿、曰星[5]，皆指器物，比百物之气[6]，皆成星也。

【注释】〔1〕㲉（pào）：又读作huàn。读pào时，是指红黑色相间的漆。读huàn时，是指以漆和灰进行髹涂的工艺，这里读huàn。

〔2〕列星：夜间天空定时出现的恒星。语出《公羊传·庄公七年》："恒星者何？列星也。"东汉时期今文经学家何休注："恒，常也，常以时列见。"

〔3〕失候：意为错过适当的时刻。北魏·贾思勰《齐民要术·造神麹并酒》："但候麹香沫起，便下酿。过久，麹生衣，则为失候；失候，则酒重钝，不复轻香。"

〔4〕泆（yì）：古通"溢"。

〔5〕宿（xiù）、星：古汉语中，星宿二字有着明显的区别，各自指代不同。中国古代天文学中"宿"是指多个星的集合体，"星"指单独的星体。古代所说的"星"，包括现代所说的"恒星""行星""流星""彗星"等。

〔6〕气：中国古典哲学术语。古人认为，"气"是万物生成

的本原。《礼记·祭义》："气也者，神之盛也。"《庄子·逍遥游》："乘天地之正，而御六气之辨。"《左传·昭元年》："六气：阴、阳、风、雨、晦、明也。"宋代及以后的客观唯心主义者认为"气"是一种在"理"（即精神）之后的物质。宋·朱熹《答黄道夫》："天地之间，有理有气。理也者，形而上之道也，生物之本也；气也者，形而下之器也，生物之具也。是以人物之生必禀此理，然后有性；必禀此气，然后有形。"朴素唯物主义者，则用以指形成宇宙万物最根本的物质实体。

【译文】凿有孔洞的梁是牝梁，也被称为"阴道"；留有榫头的是牡梁，又被称为"阳道"。将髹漆后的若干器物安装在架子上，其情状就像天上有序运行的星宿。反转牡梁和牝梁不及时，（器物上的）漆液就会像冰块溶解后漫溢堆积而不容易干，所以正确的反转是有时间限定的。又解释说：星宿、星辰等，都是指的用漆制作的器物，这里又将以漆制成的所有物件的本质状态，都比喻为星宿。

【黄文】津横〔1〕，即荫室中之栈〔2〕。众星攒聚〔3〕，为章〔4〕于空。

【注释】〔1〕津横：古书中将银河称作"津横"。《尔雅·释天》："析木谓之津，箕、斗之间，汉津也"，天汉即天河也。这里指荫室中盛放待干器物的横架。

〔2〕栈：本义指牲口棚，马棚。后又将悬于崖壁的道路称作"栈道"。这里指荫室中悬于架上放置待干器物的长木条。

〔3〕攒（cuán）聚：聚集；丛聚。语出西汉·董仲舒《雨雹对》："二气之初蒸也，若有若无，若实若虚，若方若圆，攒聚相合，其体稍重。"这里指将器物收拢起来放在横架上。

〔4〕章：本义指文采、花纹，后亦指规则条理。语出《尚书·皋陶谟》："天命有德，五服五章哉。"这里指收拢起来的器物

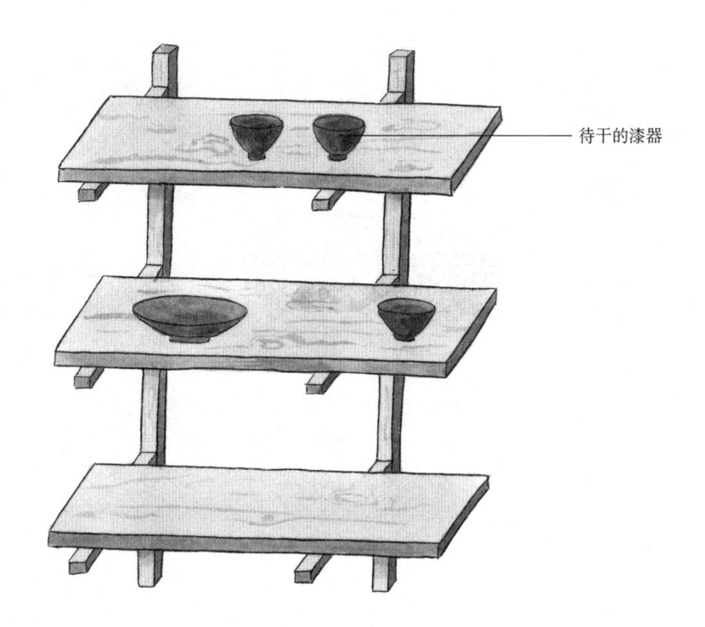

□ **津横**

津横，即荫室中放置器物的横梁，津横往往置于荫室之中。漆艺制作对环境的要求较高：由于漆液有黏性，干燥前应尽可能隔绝灰尘，以免附着在漆面上；器物髹涂后，需将其置于潮湿温润的环境中才易干。

摆放的条理和规则。

【译文】津横，指荫室中放置器物的横梁。器物有序地排列在上面，就像很多星星聚在一起，排列在天空中一样。

【扬注】天河〔1〕，小星所攒聚也。以栈横架荫室中之空处，以列众器，其状相似也。

【注释】〔1〕天河：银河。语出《诗·大雅·云汉》："倬彼云汉。"汉·郑玄笺："云汉，谓天河也。"北周·庾信《镜赋》："天河渐没，日轮将起。"

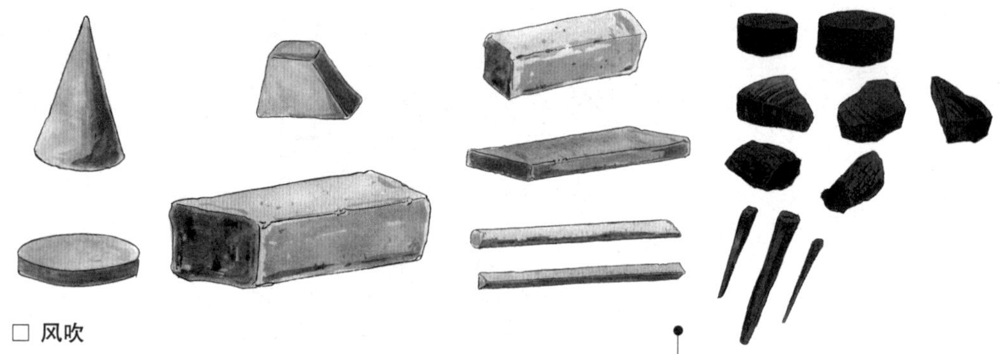

□ 风吹

风吹指用揩光石和桴炭打磨漆器，雷同指用砖、石等粗细不同的工具进行打磨。因石质中难免有粗粒，所以不宜用于漆器的退光，通常都用于磨漆灰。打磨漆器的灰条需要专门制作。

【译文】天河，是若干的小星星所汇聚而成的。将横梁架设在荫室的空处，以用来陈列新制成的待干的器物，其情状与天河之中汇聚着星星一样。

【黄文】风吹，即揩光石〔1〕并桴炭〔2〕。轻为长养〔3〕，怒为拔拆〔4〕。

【注释】〔1〕揩光石：打磨漆器所用的一种石头。元・陶宗仪《南村辍耕录》（四部丛刊本）卷三十："待漆内外俱干，置阴处凉之，然后用揩光石磨去漆中类。揩光石，即鸡肝石也。出杭州上柏三桥埠。"

〔2〕桴（fú）炭：轻而易燃的木炭。宋・陆游《老学庵笔记》卷六："浮炭者，谓投之水中而浮，今人谓之桴炭，恐亦以投之水中则浮故也。"

〔3〕长（zhǎng）养：意为抚育培养。语出《荀子・非十二子》："长养人民，兼利天下。"汉・仲长统《理乱篇》："安居乐业，长养子孙，天下晏然。"这里指轻轻地打磨。

〔4〕怒为拔拆：怒，在这里指用力过猛。拔，是指把固定或隐藏在其他物体里的东西往外拉；拆，是指拆毁。这里是指用力过猛就会将需要打磨的漆面衬布扯出或者磨伤漆面。

灰条制法

每一道灰漆或漆层干透后，漆胎都需进行打磨，磨显出灰漆或漆层下的花纹。揩光石、桴炭等都是漆工常用的研磨工具。此外，漆工们还会自制一种灰条供研磨使用。下面是一种传统灰条的制法。

①砖灰磨细成粉。

②打磨成粉的砖灰加入水漂洗。

③极细的粉末随水漂出并收集，三四道后，粗质的粉末就去尽了。

④漂洗后的粉末铺平晒干。

⑤晒干的灰料再次碾碎，过细筛箩。

⑥收集起筛过的粉末。

⑦筛好的细灰内加入适量煎过的桐油和猪血料，调拌均匀。

⑧将灰料调拌至状如包饺子的面。

⑨灰料未干时，搓条切段，塑形后风干。

⑩风干后，灰条就制成了。打磨时，将灰条蘸水磨漆即可。

【译文】风吹，是指用揩光石和桴炭来打磨漆器。（在磨漆的过程中）轻轻地磨就会有很细腻的光泽，如果用力过猛就会留下擦痕。

【扬注】此物其用与风相似也。其磨轻，则平面光滑无抓痕；怒，则棱角〔1〕显，灰有玷瑕〔2〕也。

【注释】〔1〕棱角：指物体的边角或尖角，一本作“稜”。唐·韩愈《南山诗》：“晴明出棱角，缕脉碎分绣。”

〔2〕玷（diàn）瑕（xiá）：指疵点、毛病。语出明·谢晋《碧桃花》诗：“轩前一树碧桃花，温润丰姿绝玷瑕。”

【译文】这道工序的操作，似风轻柔平和地吹过。在磨的时候用力轻柔得当，漆物的表面就会光滑而没有磨痕；用力过猛，就会在器物表面磨出粗糙的棱角状的划痕和擦痕，这是因为桴炭里面有细小的硬物。

【黄文】雷同，即砖、石，有粗细之等。碾〔1〕声发时，百物应出。

【注释】〔1〕碾（niǎn）：本义指把东西轧碎、轧平或使粮食去皮所用的工具。引申义指滚动碾子等器物的动作。这里指使用工具的动作。

【译文】雷同，就是用砖块、石头等有粗细之别的工具磨漆，在磨制过程中发出雷鸣般的声响时，各种花色就应声而出了。

【扬注】髹器无不用磋磨〔1〕而成者。其声如雷，其用亦如雷也。

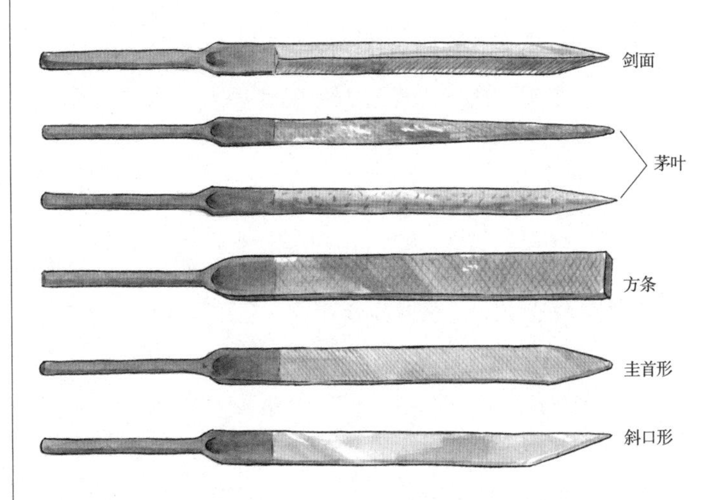

□ **电掣**

电掣，即锉刀，有多种形状，多用来打磨木胎、锉取金属粉和锉制螺钿工具模凿等，基本不用于磨漆灰。漆灰会将锉面腻塞磨钝，再难锋利。

【注释】〔1〕磋磨：指磨治器物。宋·叶适《送黄竑》诗："焦桐邂逅爨下薪，良玉磋磨庙中器。"宋·苏轼《书若逵所书经后》："如海上沙，是谁磋磨，自然匀平，无有粗细；如空中雨，是谁挥洒，自然萧散，无有疏密。"

【译文】髹器没有不经过打磨的。磨制的声音就像雷声；磨制过后，各种花色出来，也像春雷之后万物复苏，因而磨漆的功用也像春雷一样。

【黄文】电掣，即锉[1]。有剑面、茅叶、方条之等。施鞭吐光，与雷同气。

【注释】〔1〕锉（cuò）：是指用于打磨铜、铁、竹木等表面的满布细突起的工具。

【译文】电掣，就是指对锉刀的使用。锉刀有像剑一样两边薄中间厚的"剑面锉刀"，也有细长尖头像茅草叶子一样的“茅叶锉刀”，还有齐头长条的“方条锉刀”等。在使用锉刀工作时，伴随着声响、灰屑四起，和（上一条所指的）“雷同”一样。

【扬注】施鞭，言其所用之状；吐光，言落屑霏霏。其用似磨石，故曰与雷同气。

【译文】（黄成之所以说用锉是）“施鞭”，主要是因为锉刀的形状像鞭子。“吐光”，就是说磨下来的灰屑，像锉刀吐出来的光焰。锉刀的功能和磨石相似，所以又说和上一条的“雷同”是一气相连的。

【黄文】云彩，即各色料，有银朱〔1〕、丹砂〔2〕、绛矾〔3〕、赭石〔4〕、雄黄〔5〕、雌黄〔6〕、靛花〔7〕、漆绿〔8〕、石青〔9〕、石绿〔10〕、韶粉〔11〕、烟煤〔12〕之等。瑞气〔13〕鲜明，聚成花叶。

【注释】〔1〕银朱：即氧化汞（H_gO），其色泽为猩红。

〔2〕丹砂：一般指辰砂。又称鬼仙朱砂、赤丹、汞沙，是硫化汞（H_gS）矿物，其色泽为殷红。

〔3〕绛矾：明矾之一种。由青矾煅成，为透明结晶体，其色泽为大红。

〔4〕赭（zhě）石：别名代赭石、钉头赭石、红石头。赭石色（ochre）是颜色的一种，源自赭石这种矿物质，中国古代一般都是使用矿石作颜料。赭石色多指暗棕红色或灰黑色，条痕樱红色或红棕色。

〔5〕雄黄：是四硫化四砷（As_4S_4）的俗称，又称作石黄、黄金石、鸡冠石，其色泽为橘黄。

〔6〕雌黄：一种单斜晶系矿石，主要成分是三硫化二砷（As_2S_3），有剧毒，其色泽为柠檬黄。

云彩

云彩，即各色入漆的颜料。大漆含酸，各种盐基性颜料均为金属化合物，含锌、钡、铅、铁、钠、钾等金属的颜料，一入漆就会与漆酸起化学反应，色泽变暗甚至变黑，只有不与酸发生化学反应的贵重金属如金、银、汞、钛等才能入漆，所以髹漆所用颜料与一般的颜料不同。不过古代用色料多是矿物盐基性金属化合物颜料，近代有从炼焦油中提取的有机颜料，是非金属性的且耐酸耐碱，也可以入漆。

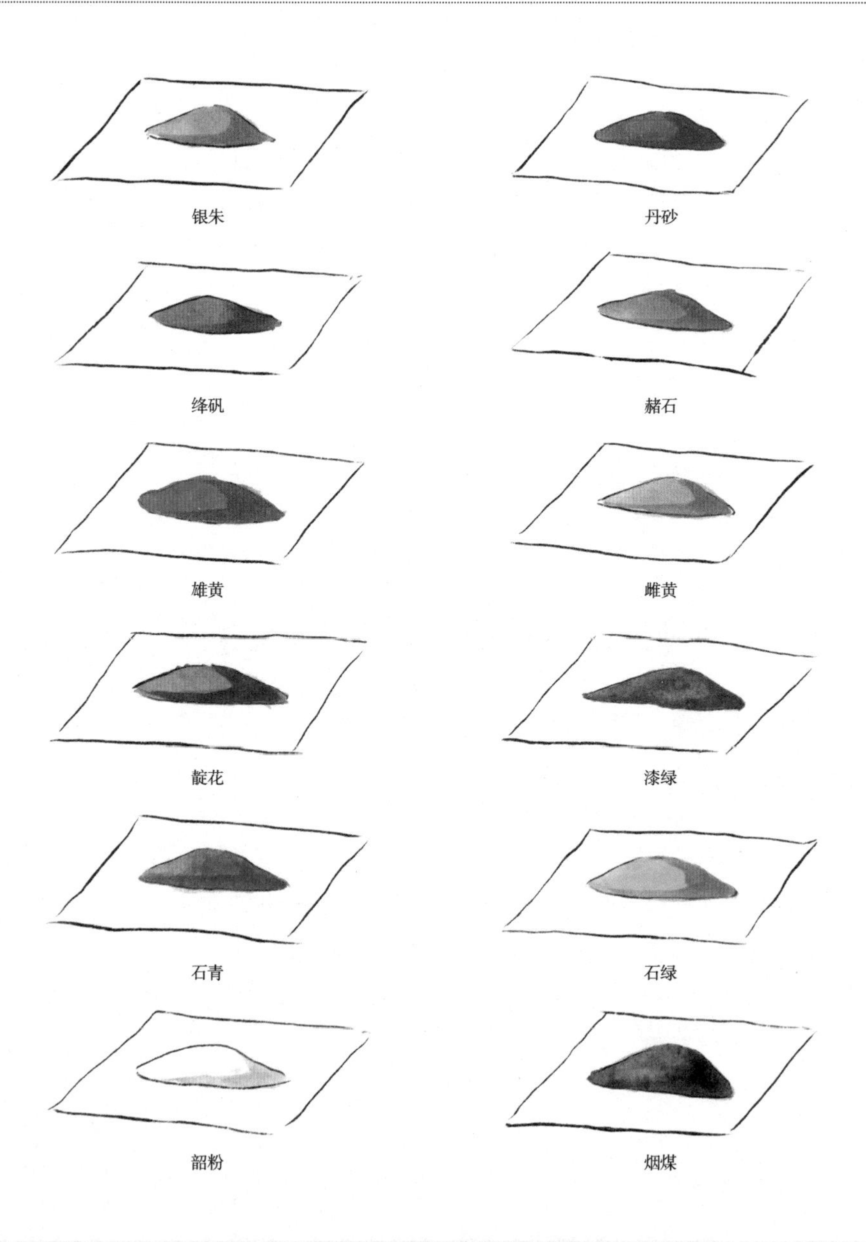

银朱　丹砂

绛矾　赭石

雄黄　雌黄

靛花　漆绿

石青　石绿

韶粉　烟煤

〔7〕靛花：青黛，中药名。明·李时珍《本草纲目·草五·蓝靛》："以蓝浸水一宿，入石灰搅至千下……其搅起浮沫，掠出阴乾，谓之靛花，即青黛。"其色泽为靛蓝色。

〔8〕漆绿：中国传统色彩名，亦称墨绿。指漆姑草（一种植物）的汁，或指绿色又经漆姑草罩染过的深绿色。明·陶宗仪《南村辍耕录·写像诀》："柏枝绿，用枝条绿入漆绿合。"

〔9〕石青：石青色，中国古代传统色彩。是指一种接近黑色的深蓝色。常用于中国古代皇室的衮服、朝服、吉服、常服等服饰中，显示出正统与庄重。

〔10〕石绿：中国传统颜料青绿（石青、石绿）之一，由孔雀石研制而成，通常呈粉末状，使用时须脱胶，石绿根据细度可分为头绿、二绿、三绿、四绿等，头绿最粗最绿，依次渐细渐淡。制作石绿以干研为主，研到极细时方可加胶。

〔11〕韶粉：白色粉末，又称胡粉、朝粉。明·宋应星《天工开物·胡粉》："此物因古辰韶诸郡专造，故曰韶粉（俗名朝粉）。今则各省饶为之矣。其质入丹青，则白不减。搽妇人颊，能使本色转青。"色泽为白色。

〔12〕烟煤：中国传统颜料之一，杂草经燃烧后附着于锅底或烟筒中所存的烟墨，又称百草霜，别名月下灰、灶突墨等。色泽为黑色。

〔13〕瑞气：泛指祥瑞之气。《晋书·天文志中》："瑞气，一曰庆云。若烟非烟，若云非云，郁郁纷纷，萧索轮囷，是谓庆云，亦曰景云。此喜气也，太平之应。二曰归邪。如星非星，如云非云。或曰，星有两赤彗上向，有盖，下连星。见，必有归国者。三曰昌光，赤，如龙状；圣人起，帝受终，则见。"

【译文】云彩，就是指漆工所用的各种颜料，有银朱、丹砂、绛矾、赭石、雄黄、雌黄、靛花、漆绿、石青、石绿、韶粉、烟煤等各种颜色的材料。这些材料色彩鲜明，使用得当就像鲜花和叶子一样，很像天上的五彩祥瑞之气。

【扬注】五色[1]鲜明，如瑞云聚成花叶者。黄帝华盖[2]之事，言为物之饰也。

【注释】〔1〕五色：指青、黄、赤、白、黑五色，也泛指各种色彩。古代以此五者为正色。语出《尚书·益稷》："以五彩彰施于五色，作服，汝明。" 清代藏书家孙星衍疏："五色，东方谓之青，南方谓之赤，西方谓之白，北方谓之黑，天谓之玄，地谓之黄，玄出於黑，故六者有黄无玄为五也。"

〔2〕黄帝华盖：帝王车驾的伞形顶盖。晋·崔豹《古今注·舆服》："华盖，黄帝所作也，与蚩尤战于涿鹿之野，常有五色云气，金枝玉叶，止于帝上，有花葩之象，故因而作华盖也。"

【译文】各种颜色鲜明而又恰当的色彩搭配，就像五彩祥云聚合成的花叶一样。黄帝所坐车驾的华盖就有祥云、金枝玉叶等装饰，这里说的是漆器的修饰。

【黄文】虹见[1]，即五格揩笔觇[2]。灿映山川，人衣楚楚[3]。

【注释】〔1〕虹见（xiàn）：见，古同"现"，有出现、显露之意。虹见，即彩虹出现之意。

〔2〕五格揩笔觇（chān）：笔觇，俗称笔掭，是觇笔之器。这里是指有五个格子的笔觇。

□ **虹见**

虹见，即分格调色碟。

〔3〕楚楚：鲜明，整洁。语出《诗经·曹风·蜉蝣》："蜉蝣之羽，衣裳楚楚。"唐·白居易《早朝》诗："翩翩稳鞍马，楚楚健衣裳。"

【译文】虹见，指像文人用来觇笔的五格揩笔觇一样的分格调色盘。有了这个调色盘，就可以画出灿烂的山川和衣冠楚楚的人物。

【扬注】每格泻合色漆，其状如蝃蝀[1]。又觇、笔描饰器物，如物影文相映，而暗有画山水人物之意。

【注释】〔1〕蝃（dì）蝀（dōng）：蝃（dì）蝀。彩虹的别名，又称美人虹，其形如带，半圆，有七种颜色，是雨气被太阳反照而成。

【译文】在（这个分格调色盘的）每一格倒入颜色不一的色漆，整个盘面会像一道色彩分明的彩虹。又解释说：笔觇、笔都是在器物上描绘纹饰时所用文具，（在纹饰上施以透明的漆液以后）物和纹饰的影子相映，然后所画的山川人物也就有了隐在暗处的意象了。

【黄文】霞锦，即钿螺[1]、老蚌、车鳌[2]、玉珧[3]之类，有片，有沙。天机织贝[4]，冰蚕[5]失文。

【注释】〔1〕钿（diàn）螺（luó）：磨制后用于镶嵌漆器及其他器物之用的螺贝。

〔2〕车鳌（áo）：为海产软体动物车鳌（帘蛤科文蛤的一种）的壳。

〔3〕玉珧（yáo）：亦作玉桃、江珧。一种从浙闽粤沿海采集后进贡帝王的海贝。《说文解字》曰："蜃甲也，所以饰物也。"这种海贝的壳也是制作螺钿漆器所需的材料。

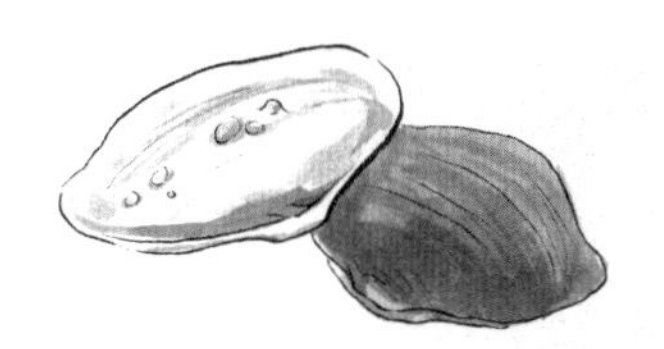

蚌与蛤，同类不同形，身长者为蚌，圆者为蛤，此为老蚌。

车鳌，指鲍鱼贝壳，“其壳色紫，璀璨如玉，斑点如花”。

玉珧，指小贝壳，磨薄后可制成螺钿纸，多用于软螺钿器的镶嵌。

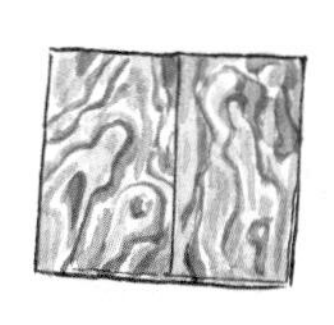

螺钿纸

沙状螺片

片状螺片

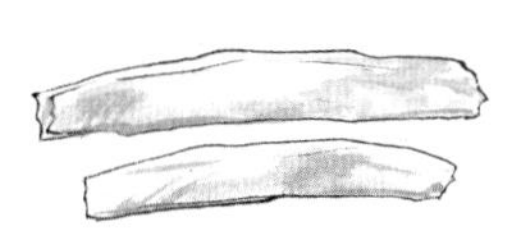

条状螺片

□ **霞锦**

螺与钿有别，螺泛指水中的螺蚌壳，钿指镶嵌所用的金银珠宝。螺钿合用，是一种比较常见的髹饰手法。

〔4〕织贝：织有贝壳花纹的锦。《书·禹贡》：“厥篚织贝。” 孔颖达疏引汉·郑玄曰：“贝，锦名。《诗》云：‘萋兮斐兮，成是贝锦。’”蔡沉集传：“织贝，锦名，织为贝文。《诗》曰‘贝锦’是也。”

〔5〕冰蚕：冰蚕是传说中的一种神秘生物，也是普通蚕的美称。有时也用于指蚕茧。这里指传说中用冰蚕丝织成的锦。

【译文】霞锦，就是用钿螺、老蚌、车鳌、玉珧之类的贝壳，做成片状或沙砾状后，用以对漆器进行装饰。（这样装饰出来的器物）使织有贝壳花纹的锦，和传说中用冰蚕丝织成的锦都失去了魅力。

【扬注】天真〔1〕光彩，如霞如锦，以之饰器则华妍，而康老子〔2〕所卖亦不及也。

【注释】〔1〕天真：这里指不受拘束、不加雕饰。语出

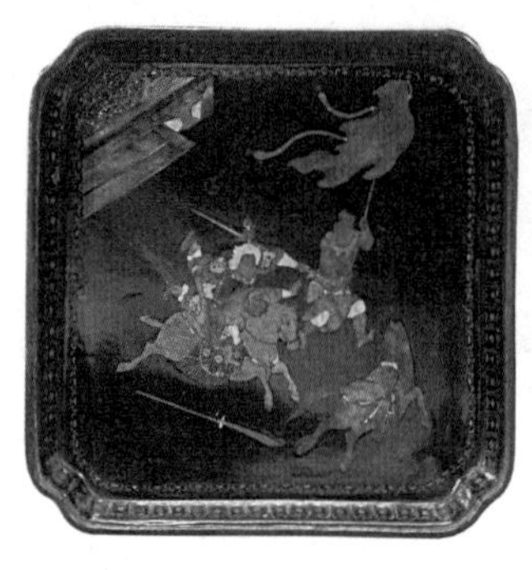

□ **黑漆螺钿西厢人物图委角方盘　清中期**

此盘所用螺钿片大小不一，可大致分为规则和不规则两种类型，裁成各种形状，巧妙布局，形成规整和驳杂两种纹理。有的小若针尖，用来表现墙泥、沙地；有的细如发丝，用来表现屋顶、窗棂；稍大的螺钿片用来表现山石、衣裳；规整的螺钿片用来表现长栏、台阶等，巨细无遗。

《庄子·渔父》："礼者，世俗之所为也；真者，所以受于天也，自然不可易也。故圣人法天贵真，不拘于俗。"

〔2〕康老子：唐乐曲名。出自唐代段安节所著的《乐府杂录》："康老子者，本长安富家子，酷好声乐，落魄不事生计，常与国乐游处。一旦家产荡尽，因诣西廊，遇一老妪，持旧锦褥货鬻，乃以半千获之。寻有波斯见，大惊，谓康曰：'何处得此至宝？此是冰蚕丝所织，若暑月陈于座，可致一室清凉。'即酬价千万。康得之，还与国乐追欢，不经年复尽，寻卒。后乐人嗟惜之，遂制此曲。亦名得至宝。"

【译文】自然界中的色彩，如彩霞、锦缎，装饰在漆器上，会显得华丽鲜艳。就连《乐府杂录》中记载的康老子所卖的冰蚕丝织成的锦也比不上。

【黄文】雨灌，即髹刷，有大小数等及蟹足、疏鬣〔1〕、马尾、猪鬃〔2〕，又有灰刷、染刷。沛然不偏，绝尘膏泽。

猪鬃刷，刷毛较硬且厚，故不适用于髹漆，多用于刷灰漆，或用于灰漆干后清理器表浮灰等。

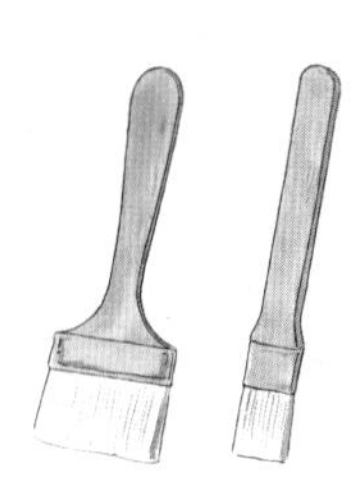

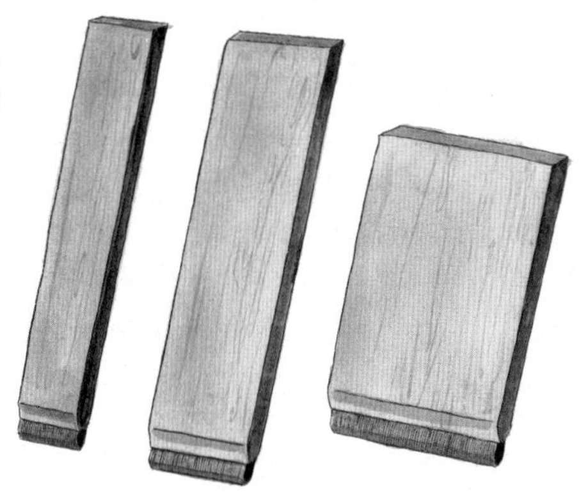

□ 雨灌

雨灌，又叫髹刷，即髹漆用的刷子。这类刷子有大有小，有平口有斜口，大的宽约数寸，小的仅二三分，但刷毛都得根硬口齐、排列细密、软硬适中。髹刷好坏直接影响髹漆质量的好坏，所以讲究的漆工往往会自制髹刷。

【注释】〔1〕疏鬣（liè）：鬣，指马、狮子等动物颈上的长毛。这里指用动物毛制作的比较稀疏的刷子。

〔2〕猪鬃：指猪的颈部上较长的毛。质硬而韧，可制刷子。

【译文】雨灌，指髹漆用的刷子。漆刷大小不一，还有类似于螃蟹脚的刷子、用动物鬣毛做成的比较稀疏的刷子，还有马尾刷、猪鬃刷等。（从功能上分）又有去灰的刷子、染色的刷子等。（使用各种刷子时）要保证漆液饱满，不要刷偏，还要做到完全没有尘埃、像脂膏一般润泽。

【扬注】以漆喻水，故蘸[1]刷拂器；比雨，麭面无颣[2]，如雨下尘埃不起为佳。又漆偏则作病，故曰不偏。

【注释】〔1〕蘸（zhàn）：这里指用物沾染液体的动作。

〔2〕麭（pào）面无颣（lèi）：麭，又读作huàn，指以漆和

髹刷制作

漆工髹漆的刷子有很多种，其中，发刷是最特殊的髹涂工具。发刷是用未烫染过的女性的头发制成的，主要用于平整髹涂。在使用人发制作髹刷之前，多用马鬃、马尾、猪鬃、牛尾等毛发来制作，不过这些毛都比较硬，较人发制成的髹刷更易留下刷痕。发刷的形制有全通与半通两种，全通即刷毛从头至尾贯通刷柄，半通的发刷刷毛只占刷柄的四分之一。使用中，刷毛难免磨损，全通的发刷可以继续“开”出新的刷毛，直到全部刷毛用完，而半通的发刷可以“开”的次数有限。一把好的全通发刷，若护养得当，可以用一辈子。

发刷使用前，蘸樟脑油清洗发刷上残余的油脂或灰尘；用完后，需用樟脑油等植物油类将浸藏在刷毛根部的余漆反复洗净，洗净后再在刷毛上蘸少许植物油，以免刷毛干硬。

①

选取长三寸以上的女孩长发，用碱水洗涤干净。

②

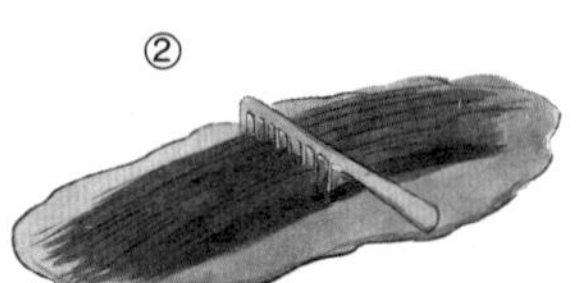

生漆混少许煤油调匀，将头发浸湿梳顺。

③

用刮刀刮去头发上多余的漆。

④

将湿发放在石板或木板下，压成约一厘米厚的发片，长宽视所制发刷的大小而定。

⑤

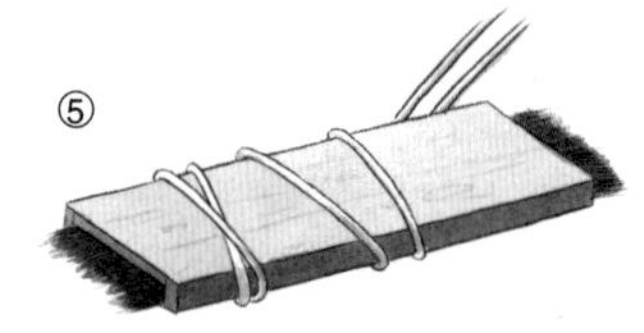

约四十八小时后发片会略微干硬，用薄刀片将其挑起，再用细麻绳绕绑于薄木板上。这一步是为了压出形状规整的发片。

⑥

待数日后，发片完全干燥，用刀片将其裁切整齐。

⑦

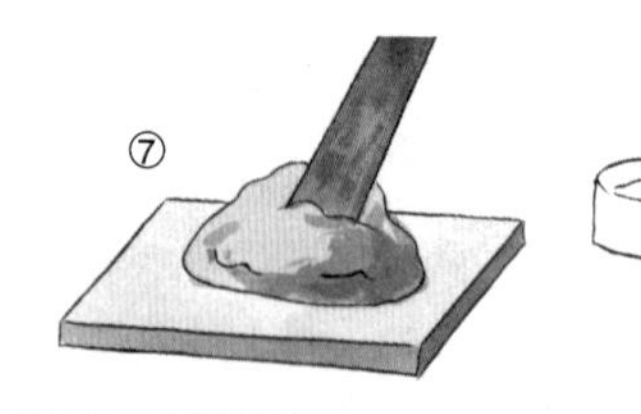

生漆中加糯米粉调制漆糊。

⑧

将漆糊涂抹在做髹刷的木板上，黏合发片。

⑨

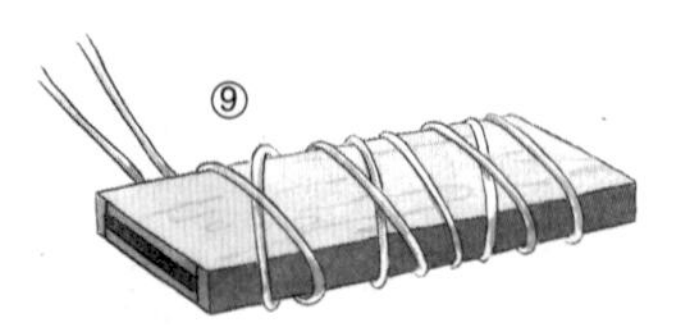

发片四面均用薄木板黏漆糊拼夹后，再次用麻线绕绑。

⑩

麻线绕绑后，可以在木板与麻线之间打入楔子，增加压力。

⑪

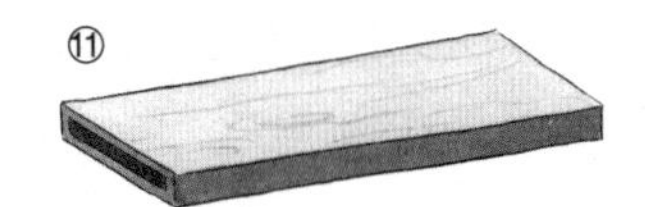

待漆糊干固后，取去麻线，将夹住发片的木板刨削齐整。

⑫

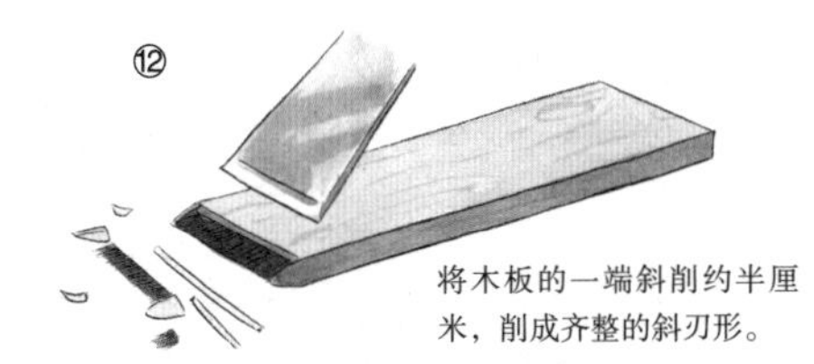

将木板的一端斜削约半厘米，削成齐整的斜刃形。

⑬

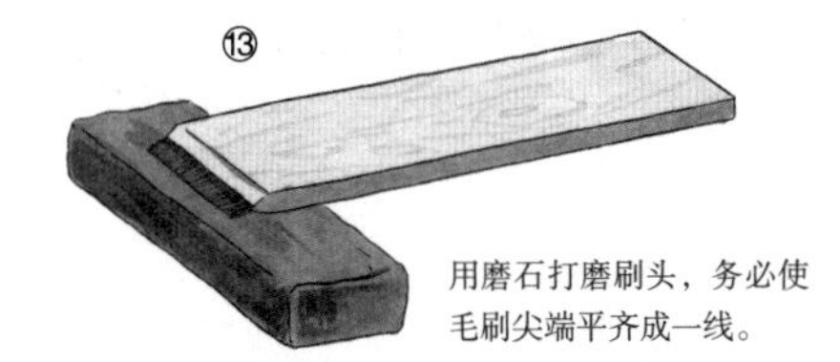

用磨石打磨刷头，务必使毛刷尖端平齐成一线。

⑭

将毛发轻轻锤松。

⑮

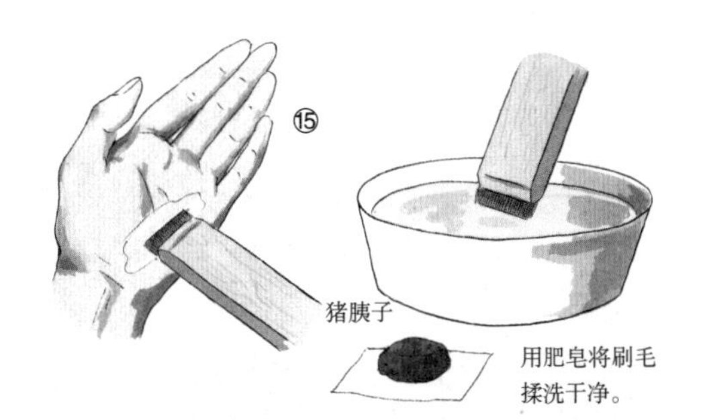

用肥皂将刷毛揉洗干净。

⑯

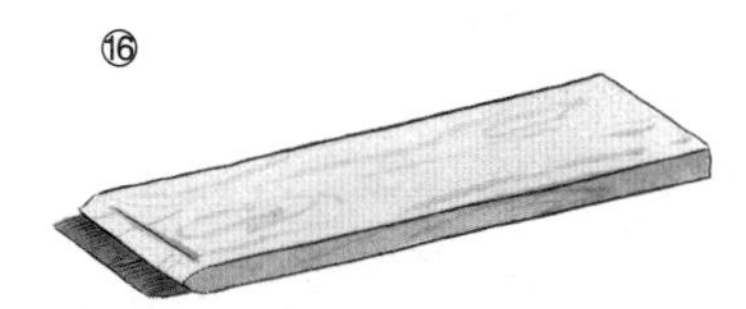

一把可以髹涂的发刷就制成了。

⑰

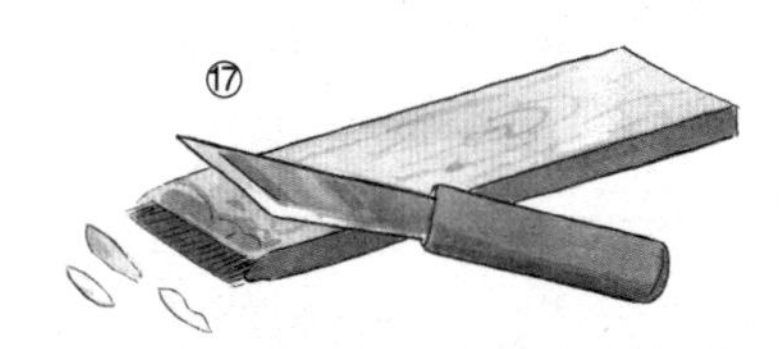

使用的时间久了，发刷的刷头难免秃坏。

⑱

将刷头的毛发齐根平切。

⑲

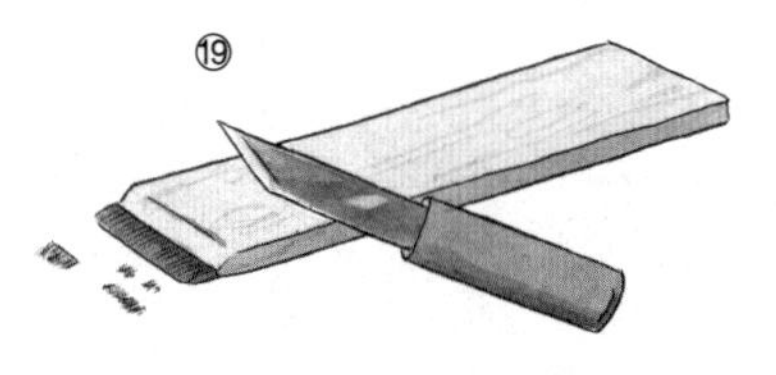

再度刨削木片，露出藏于木柄内的毛发。

⑳

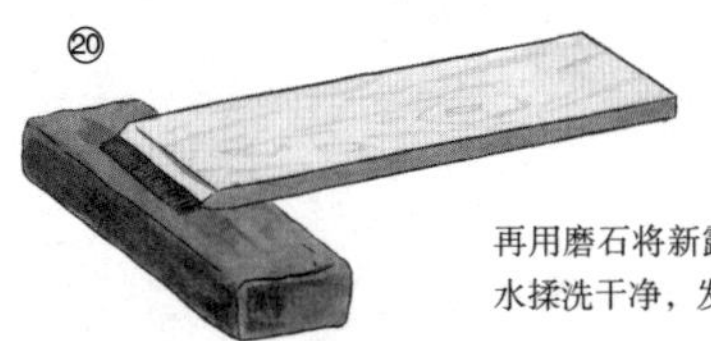

再用磨石将新露出的刷毛打磨齐整，再用肥皂水揉洗干净，发刷又可像初用时那么顺手。

灰而髹也。麭面即干燥后的灰漆面。纇，原指丝上的结，这里指漆面的小瑕疵。

【译文】用水比喻漆，所以才说是用刷子蘸水轻拂在漆器上；又将刷漆比作下雨，如同雨后空气中没有尘埃一样，麭髹过的漆面不应有细小的瑕疵。又解释说，使用漆刷时偏而不中，就是一种毛病，所以要强调不偏。

【黄文】露清，即罂子桐[1]油。色随百花，滴沥后素[2]。

【注释】〔1〕罂（yīng）子桐：又名虎子桐、荏桐、油桐，大戟科，油桐属落叶乔木，高可达10米。桐油是重要工业用油，主要用于制造油漆和涂料。用桐油调色，可以在漆器上画出各种花纹。和其他干性油比较，有干燥快、比重小、附着力强，以及耐热、酸、碱等优点。桐油原产中国，传统上用来涂抹保护木器和制造油布、油纸等防水材料时调制油泥镶嵌缝隙，中医用来调和膏药等外用药。

〔2〕后素：素，即白色，或浅色。中国先秦时期手工艺专著《考工记》曰："'绘画之事后素功'。谓先以粉地为质，而后施五采，犹人有美质，然后可加文饰。"《论语・八佾》："绘事后素。"朱熹集注："后素，后于素也。"这里指用桐油作为漆液调色的底色，使用桐油调色更能显现出色漆颜料的本色。

【译文】露清，指罂子桐的油。（用这种油调色）色彩就会像百花一样鲜艳，然后再轻微上一次素色。

【扬注】油清如露，调颜料则如露在百花上，各色无所不应也。后素，言露从花上坠时，见正色[1]，而却至绘事[2]也。

【注释】〔1〕正色：原意是指青、赤、黄、白、黑五种纯正

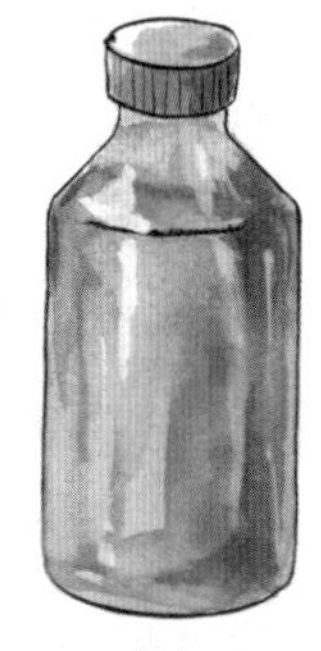

广油，用于研磨色膏、调制色漆。

明油，贴金箔、银箔时常用。

广油　　明油

□ 露清

露清，即油桐子榨出的油，也叫桐油，因其油膜能很快干燥，而有坚固、耐水、耐光、耐碱等特性，是调配色漆的理想原料。所谓"漆无油不亮"，生漆兑油两成，可用于罩明或打磨推光；生漆兑油两成以上，可用于打金胶或厚髹漆层作雕饰。桐子经太阳晒干，所榨出的油是白色的，杂质最少、质量最好，可以调出许多颜色。

的颜色，相对于间色而言。这里指本来的颜色、真正的颜色。《庄子·逍遥游》："天之苍苍，其正色邪？"

〔2〕绘事：指绘画，或绘画之事。语出南朝梁刘勰《文心雕龙·定势》："是以绘事图色，文辞尽情。"

【译文】桐油清澈透明得像露水，用来调制颜色，就好像露水在百花上一样，什么颜色都能够调制出来。用素色，是喻指露水从花朵上坠落时，正好露出花的本色，而桐油正好有这样的效果。

【黄文】霜挫，即削刀并卷凿。极阴杀木〔1〕，初阳〔2〕斯生。

【注释】〔1〕极阴杀木：《春秋元命苞》曰："阴阳凝为霜。"又曰："霜以杀木，露以润草。"古人认为："夫阴气胜则凝为霜雪，阳气胜则散为雨露。"露是润泽，霜是杀伐。霜，代表了上苍对待万物的态度由慈到严的转变。

〔2〕初阳：古谓冬至一阳始生，因以冬至至立春以前的一段时间为初阳。又指初春，或指朝阳、晨辉。喻盛世。《乐府诗集·卷七三·杂曲歌辞一三·古辞·焦仲卿妻》："往昔初阳岁，谢家来贵门。"唐·温庭筠诗《正见寺晓别生公》："初阳到古寺，宿鸟起寒林。"

【译文】霜挫，指旋床上的削刀和卷型的凿子。虽然霜打掉树叶，但蓬勃的生命力却已孕育其中。

【扬注】霜杀木，乃生萌之初；而刀削朴，乃髹漆之初也。

【译文】霜打落木叶，乃是新的生机孕育的开始；而用刀来削补木胎，也是髹漆工艺的开始。

【黄文】雪下，即筒罗。片片霏霏[1]，疏疏密密。

【注释】〔1〕霏（fēi）霏：指雨雪烟云盛密貌，泛指浓密盛多的状态。这里指金、银箔片从筒罗中腾起飞扬的样子。语出《诗·小雅·采薇》："今我来思，雨雪霏霏。"宋·范仲淹《岳阳楼记》："若夫淫雨霏霏，连月不开。"

【译文】雪下，指向漆面筛撒金、银片的工具"筒罗"。筒罗撒银片时，大大小小、疏疏密密都有。

【扬注】筒有大小，罗有疏密，皆随麸片之细粗、器面之狭阔而用之，其状如雪之下而布于地也。

【译文】粉筒有大有小，筛箩有密有疏，都根据要撒的麸片粗细和器物表面的宽窄而选择使用，撒下的情

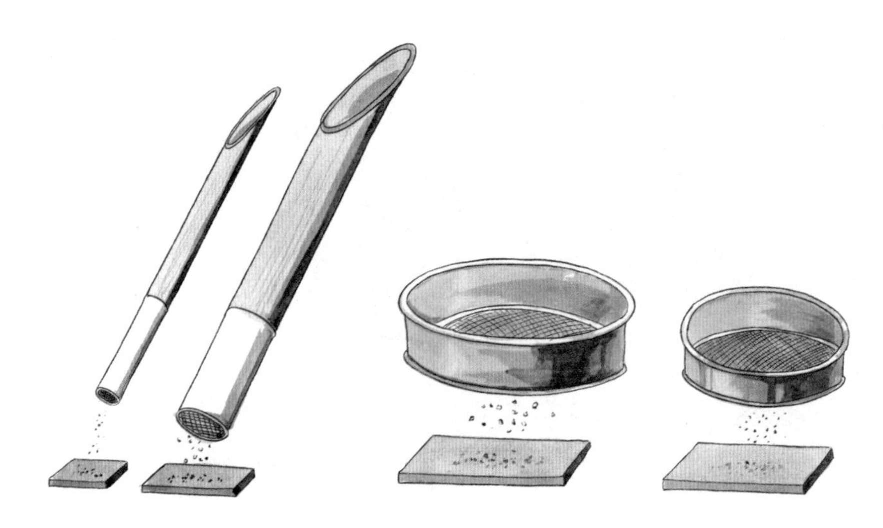

□ 雪下

筒罗是金筒子、粉筒、筛箩等的总称，用于向漆面飘洒金银片，状如飘雪。筒的大小，视漆面的大小而定；箩的疏密，根据所筛金片、银片、螺钿粉或干漆粉的粗细而定。有些漆工会在筒罗里放一些豆粒，让豆粒滚动碾碎金箔，使之能自然飘洒到漆面上。

状就像雪花落在地上一样。

【黄文】霰布，即蘸子，用缯[1]、绢、麻布。蓓蕾[2]下零，雨冻[3]先集。

【注释】〔1〕缯（zēng）：中国古代对丝织物的总称。这里指一种用于髹漆的丝绸制品。

〔2〕蓓蕾：原作花蕾，指含苞未放的花儿。南方俗语称小疙瘩为蓓蕾头。蓓蕾，又指蓓蕾漆工艺。黄成乃安徽新安人，正好使用这样的用法。

〔3〕雨冻：指冰雹。语出《宋书·五行志五》：“元嘉三十年正月，大风拔木，雨冻杀牛马，雷电晦冥。”

【译文】霰布，就是蘸漆液用的蘸子。蘸子是用丝绸、绢帛、麻布等不同材料做成的。蓓蕾漆面的小颗

□ 霰布

霰布，即用麻布、丝绸或绢帛等物内包丝绵制成的形如拓工用的扑子，也叫蘸子。器物上漆后，上面粘蘸子，在漆面半干的状态下揭起，会粘带黏稠的漆液使其形成“蓓蕾”。

粒，像冰雹刚刚集结起来的样子。

【扬注】成花者为雪，未成花者为霰〔1〕，故曰蓓蕾，漆面为文相似也。其漆稠粘，故曰雨冻，又曰下零，曰先集，用蘸子打起漆面也。

【注释】〔1〕霰（xiàn）：在高空的水蒸气遇到冷空气凝结成的小冰粒，多在下雪前或下雪时出现。《尔雅》曰：“雨霰为消雪。”又曰：“雨雪相和为‘霰’。”《释名》：“霰，星也。冰雪相搏如星而散。”

【译文】（在自然界中，雪和霰的区别主要是）已经形成花状的是雪，还没有形成花状的小冰粒是霰。所以这里所说的蓓蕾头，是指在制作蓓蕾漆工艺的时候，漆面像霰状的小颗粒。因为所使用的漆液黏稠，所以又称为“雨冻”或“下零”。而“先集”就是指，用蘸子在漆面打起的蓓蕾头。

【黄文】雹[1]堕，即引起料[2]。实粒中虚，迹痕如炮。

【注释】〔1〕雹：空中水蒸气遇冷结成的冰粒或冰块，常在夏季随暴雨下降。关于雹，古人多有记载，例如《大戴礼记·曾子天圆》："阳之专气为雹。"《埤雅》："阴包阳为雹。"《本草纲目》记载："时珍曰，雹者阴阳相搏之气，盖气也。或云：雹者，炮也，中物如炮也。"古人认为，雹是中空的，包阳气在其中，所以这里说雹，才会说"实粒中虚"。

〔2〕引起料：在制作犀皮漆等需要反复填色的工艺时，用以在胎面上半干的漆面压印花纹的材料，又称"打埝料"。

【译文】雹堕，就是指漆胎上起花的引起料。引起料一般使用一些中空的颗粒，这样引起的痕迹就像炮痕。

【扬注】引起料有数等，多禾壳之类，故曰"实粒中虚"，即雹之状。又雹，炮也，中物有迹也。引起料之痕迹为文，以比之也。

【译文】漆胎上起花的引起料有很多种，大多数都使用谷壳之类，所以说"实粒中虚"，也就是雹的形貌。又说，雹就是指炮，主要功能是用以在漆面上做出凹痕。借引起料的痕迹装饰成纹理，因此将这一工艺喻为"雹堕"。

【黄文】雺[1]笼，即粉笔并粉盏。阳起阴起，百状朦胧。

【注释】〔1〕雺：源自楚文字，读音有二，其一wù，《集韵》："同雾"；其二méng，《广韵》："同霿，天色昏暗之

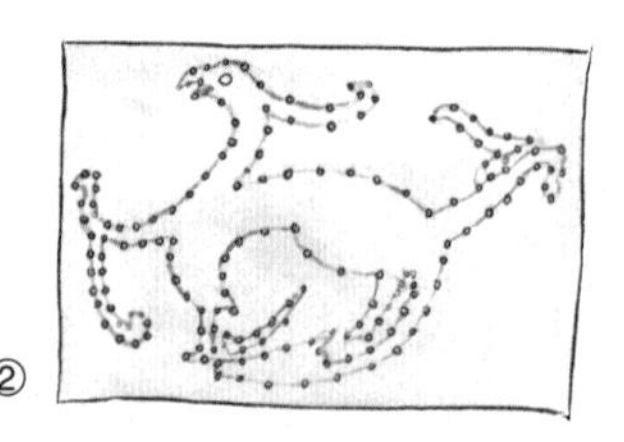

在画稿上打出均匀、密集的孔眼。

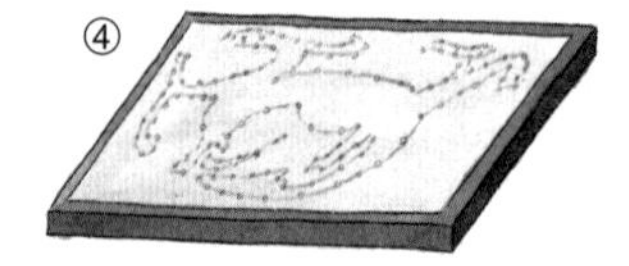

将有孔眼的画稿覆于器表。

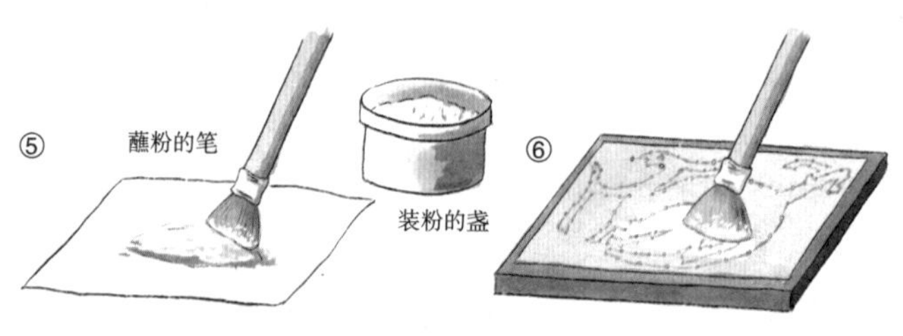

蘸取粉盏中的铅粉在画稿上扑打。

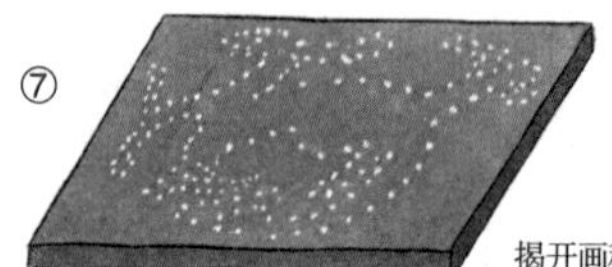

揭开画稿，漆面便可留点状轮廓线。

□ **雺笼及过稿过程**

雺笼，指画底稿时蘸粉的笔，以及装粉的小盏。漆工过稿，即画出底稿的方法，这里所示是现在比较常用的一种过稿方式。

意。”《尔雅》曰：“天气下，地不应曰雺。地气发，天不应曰雾。”《隋书·天文志下》曰：“将雨不雨，变为雺雾。”此处应读wù音。

【译文】雺笼，指画底稿时蘸粉的笔和装粉的小盏。雾出现在早晨为阳，出现在傍晚为阴，被雾笼罩的事物都是朦胧的。

【扬注】雾起于朝，起于暮。朱髹黑髹，即阴阳之色〔1〕，而器上之粉道〔2〕百般，文图轻疏，而如山水草木，被笼于雾中而朦胧也。

【注释】〔1〕阴阳之色：指漆器制作时的两大主要色调，阴色是红色漆，阳色是指黑色漆。

〔2〕粉道：用粉笔蘸色粉在黑色漆面或者红色漆面作画时的笔迹。

【译文】雾有起于早上的，有起于傍晚的。红色底漆和黑色底漆，体现的是阴色和阳色的区别，而在器物上描绘若干粉道，形成的图纹均显得轻盈、稀疏，就像山水草木被笼罩在雾中一样朦胧不清。

【黄文】时行，即挑子，有木，有竹，有骨，有角。百物斯生，水为凝泽。

【译文】时行，指在漆器上挑起灰漆所使用的工具"挑子"，挑子的材质有木、竹、骨、牛角等。万物生长的规律，就像水有时候凝固有时候融化一样。

【扬注】漆工审天时〔1〕而用漆，莫不依挑子，如四时〔2〕行焉，百物生焉。漆或为垸〔3〕，或为当〔4〕，或为糙〔5〕，或为麴，如水有时以凝，有时以泽也。

【注释】〔1〕天时：一般指自然运行的时序，这里指天道运行的规律。语出《易・乾》："先天而天弗违，后天而奉天时。"

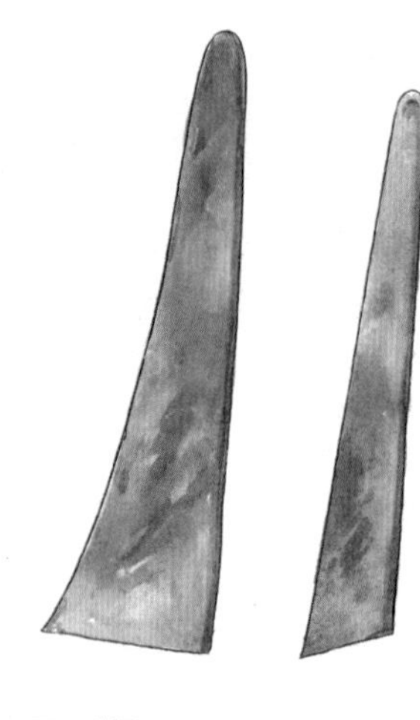
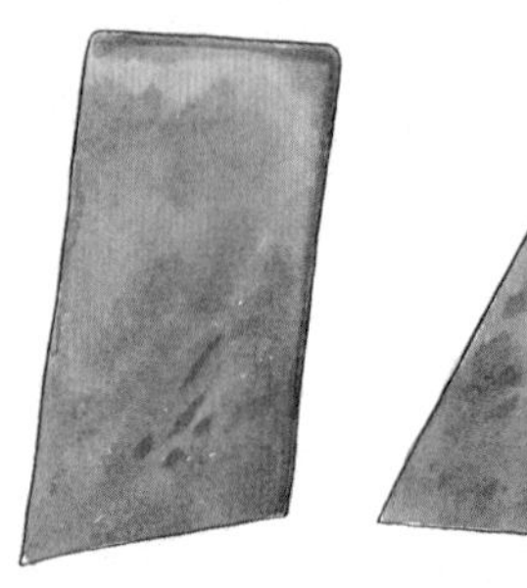
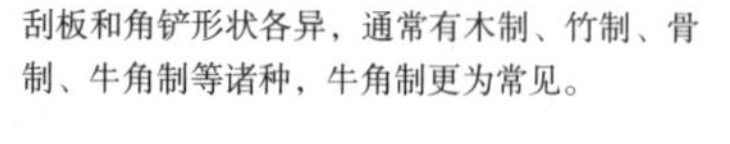

刮板和角铲形状各异，通常有木制、竹制、骨制、牛角制等诸种，牛角制更为常见。

□ **时行**

时行，即挑子，也称刮板、角铲。挑子往往上厚下薄、上窄下宽，便于手持。晒漆、调漆、搅拌漆灰、刮灰补灰等都用。

《孟子·公孙丑下》："天时不如地利。"

〔2〕四时：春、夏、秋、冬四季，也指一日的朝、昼、夕、夜。出自《礼记·孔子闲居》："天有四时，春秋冬夏。"《左传·昭公元年》："君子有四时，朝以听政，昼以访问，夕以修令，夜以安身。"

〔3〕垸（huán）：指用漆和灰涂抹器物。这里指制漆工艺中的打底。

〔4〕当：给器物打底称为"当"。

〔5〕糙：给器物做糙漆称为"糙"。

【译文】制作漆器的工匠，按照天道运转的规律来用漆，（最能体现这一规律的）就是对挑子的使用，就像春夏秋冬四时的运行一样，孕育出天下万物。在漆器制作的各个流程中，不论是给器物打底还是做灰漆，或者做粗糙的漆面，又或者在器物上涂抹漆液，都要用到挑子。漆工做漆面，有时挑浓稠将要凝固的漆液，有时又挑清淡稀薄的漆液，就如同水面有时结冰有时融化一样。

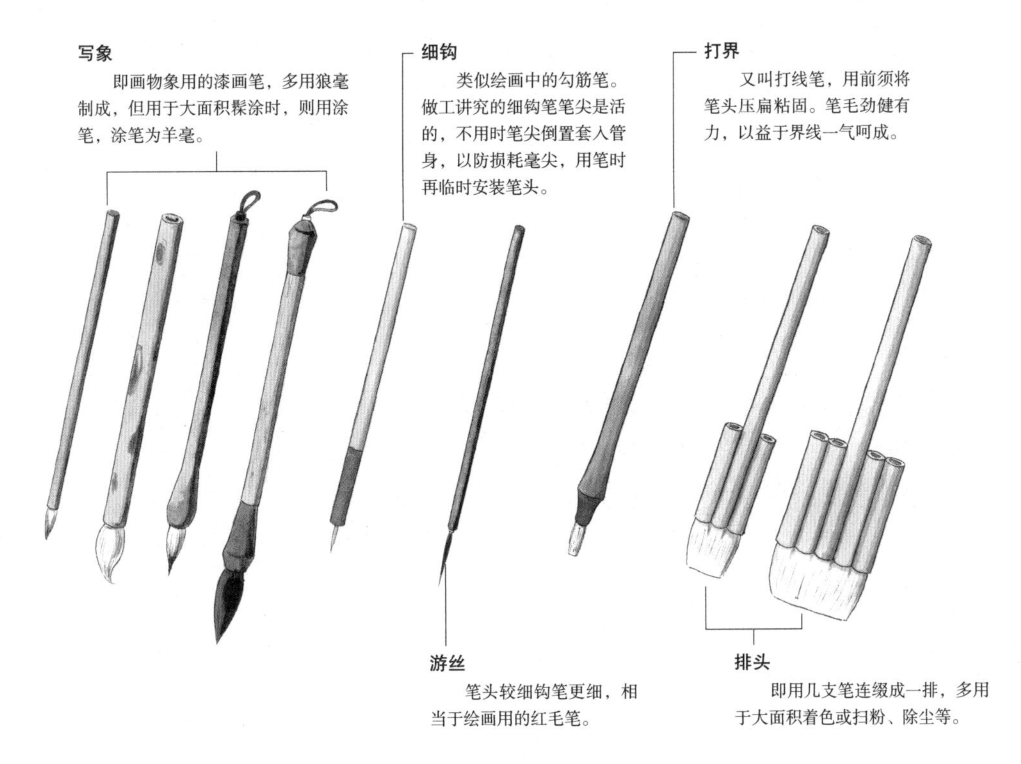

写象
即画物象用的漆画笔，多用狼毫制成，但用于大面积髹涂时，则用涂笔，涂笔为羊毫。
细钩
类似绘画中的勾筋笔。做工讲究的细钩笔笔尖是活的，不用时笔尖倒置套入管身，以防损耗毫尖，用笔时再临时安装笔头。
打界
又叫打线笔，用前须将笔头压扁粘固。笔毛劲健有力，以益于界线一气呵成。
游丝
笔头较细钩笔更细，相当于绘画用的红毛笔。
排头
即用几支笔连缀成一排，多用于大面积着色或扫粉、除尘等。

□ 春媚

春媚，即漆画用笔，据其用途的不同，又分为写象、细钩、游丝、打界、排头等多种。漆液比颜料更黏稠，所以描漆所用的笔都比较讲究，以能吸饱漆液、描绘出较长的线条且使线条具有一定厚度为好。工匠所用的笔，大都自制，多多益善。

【黄文】春媚，即漆画笔，有写象〔1〕、细钩〔2〕、游丝〔3〕、打界〔4〕、排头〔5〕之等。化〔6〕工〔7〕妆点，日悬彩云。

【注释】〔1〕写象：写象笔，在漆器上描摹绘画具体图像时使用的工具。

〔2〕细钩：勾线笔，在漆器上描绘时勾线用的工具。

〔3〕游丝：游丝笔，在漆器上描绘时画细线用的工具，比细钩笔描绘的线条更细一些。

〔4〕打界：打直线边界笔，给漆器绘色时在色彩之间打界框用的专用工具。

〔5〕排头：排头笔，漆器制作中进行大面积涂色时用的工具。

〔6〕化：本义是变化，又引申指风俗、风化。也指自然界从无到有、创造化育世间万物的过程，即造化。《国语·晋语九》："鼋鼍鱼鳖，莫不能化，唯人不能。"

〔7〕工：本义是矩，即曲尺。引申为擅长、精巧。《说文》："工，象人有规矩也。"

【译文】春媚，指在漆器上作画的笔，有写意笔、勾细线笔、描画游丝笔、打直线边界笔、排笔等。将各种需要描绘的形象工巧地装点在器物上，就像太阳映照出的彩云。

【扬注】以笔为文彩，其明媚如化工之妆点于物，如春日映彩云也。日，言金；云，言颜料也。

【译文】漆工用笔描绘纹饰和色彩，其状明媚灿烂就如天地造化那样工巧地装点在器物上，就像春天的太阳映照出彩云一般。太阳，指金线；彩云，指漆的各种颜色。

【黄文】夏养，即雕刀，有圆头、平头、藏锋〔1〕、圭首〔2〕、蒲叶〔3〕、尖针、剞劂〔4〕之等。万物假大〔5〕，凸凹斯成。

【注释】〔1〕藏锋：原是书法用语，一般是指在笔画起收笔时将笔的锋芒护住，不使露锋。这里是指刀锋很钝、不锋利的刻刀。

〔2〕圭（guī）首（shǒu）：是指碑首凹处供刻字的部分。这里指像碑首的刻刀。

〔3〕蒲叶：菖蒲的叶子。这里是指像菖蒲叶子一样细长而锋利的刻刀。

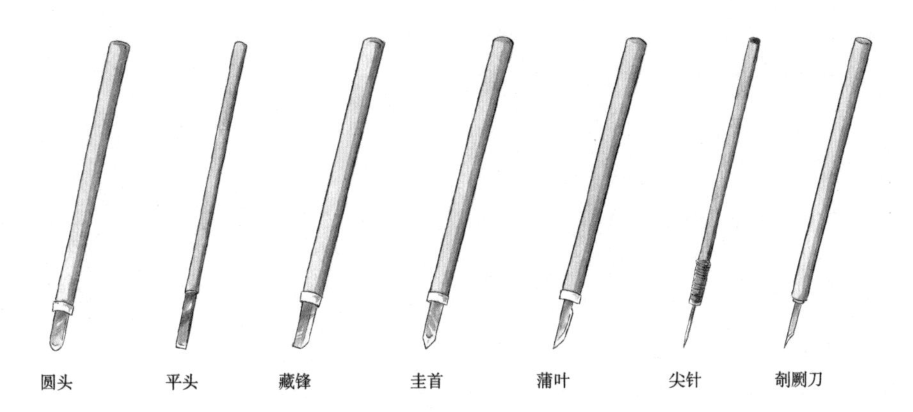

□ **夏养**

夏养，即雕刀，雕剔时常用的有圆头刀、平口刀、藏锋刀、凹口刀、铲刀等，针划时常使用尖针形、头带钩形的刻刀等。

〔4〕剞（jī）劂（jué）：雕刻用的曲刀。《楚辞·严忌〈哀时命〉》：“握剞劂而不用兮，操规榘而无所施。”洪兴祖补注引应劭曰：“剞，曲刀；劂，曲凿。”

〔5〕万物假大：此处“假”字读gē，不读jiǎ。表示万物经过春季的萌生阶段后，在夏季进入下一个快速增长的阶段。“假”字又通“至”。南唐·徐锴《说文系传》：“假，一曰，至也。”扬雄《方言·卷一》：“假，至也。”西汉《礼记·乡饮酒》：“南方者夏，夏之为言假也，养之、长之、假之，仁也。”东汉《释名》云：“夏者，假也。宽假万物，使生长也。”《月令七十二候集解》云：“夏，假也，物至此时皆假大也。”夏是大的意思，气出而温，万物显露出勃勃生机。

【译文】夏养，指雕刻使用的雕刀。雕刀有圆头刀、平头刀、锋刃较厚钝的藏锋刀、玉圭状的圭头刀、蒲叶状的刀、尖针刀、锋刃成曲线的剞劂刀等。世间万物正是达到了广大茂盛的状态，繁荣起伏的形状才能表现出来。

【扬注】千文万华，雕镂者比描饰，则大似也。凸凹，即识款[1]也。雕刀之功，如夏日生育长养万物[2]矣。

【注释】〔1〕识（zhì）款（kuǎn）：款识，有三说：一是款为阴字凹入者，识为阳字突起者；二是款在外，识在内；三是花纹为款，篆刻为识。均见《通雅》卷三十三所引。《通雅》是明代方以智所撰书籍，共52卷，收入《四库全书》。方以智是明代科学家、文字学家。《通雅》内容广泛，考证名物、象数、训诂、音声等，是一部百科全书式的著作。

〔2〕长养万物：语出《清静经》："老君曰：大道无形，生育天地；大道无情，运行日月；大道无名，长养万物。"意思是说，道生化天地日月，育养万物，但从不显示自己的大德与玄机。这就是真正的道，不是后天所谓有名的道。《清静经》，全称《太上老君说常清静经》，全一卷。成书前皆为口口相传，直至东汉年间，葛玄（164—244年）始笔录成书，而后成为道教经典著作之一。经文大旨根据老子"清静无为"的理论推演而来，仅为理论学说，无神话色彩。《清静经》五百八十字左右。篇幅虽短，却是道士日常诵习的重要功课之一。

【译文】漆器上的图案纹饰和色彩千变万化。把雕镂工艺和描绘装饰进行比较，就会发现雕镂和描绘的技艺大体相同。凹凸，（就是漆器上雕刻出来的）凹下去的阴文和凸出来的阳文。这都是雕刀的功用所致，就像夏天生育培养万物（使之大而凹凸有型）。

【黄文】秋气，即帚笔并茧毬[1]。丹青施枫[2]，金银著菊。

【注释】〔1〕茧毬（qiú）：毬，古同"球"。即丝绵球。

〔2〕丹青施枫：丹指丹砂，青指青雘（huò），本是两种可作颜料的矿物，因为我国古代绘画常用朱红色和青色两种颜色，丹青遂成为绘画艺术的代称，这里是指在器物上描绘的手法。施枫，即将枫叶染红。这里比喻用颜色在器物上点染涂抹。

丝绵球

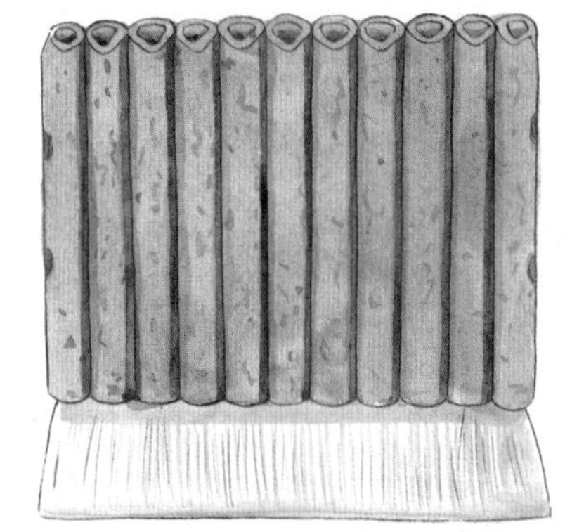
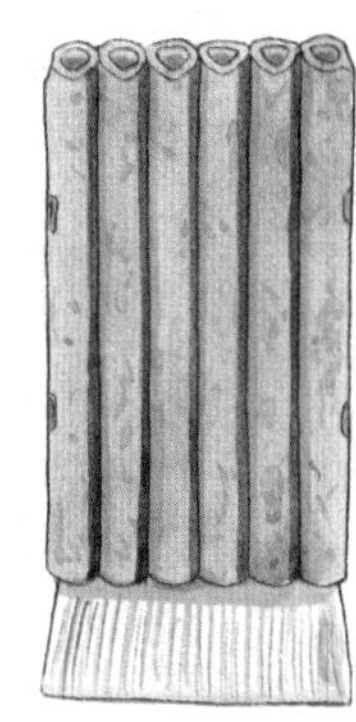

帚笔

□ **秋气**

秋气，指干扫颜料的帚笔和上金或银粉所用的丝绵球。帚笔，即羊毛排笔，丝绵球，即用丝绵制成的大小不等的柔软球体。髹涂漆后，待漆层未完全干透时可用帚笔将色粉撒扑上去。

【译文】秋气，指在器物上干扫颜料的帚笔和上金或上银用的丝绵球。（帚笔和茧球的功能）如同秋天的枫叶被染成红色，或菊花开出的金色或银色。

【扬注】描写，以帚笔干傅〔1〕各色，以茧球施金银；如秋至而草木为锦。曰“丹青”，曰“金银”，曰“枫”，曰“菊”，都言各色百华也。

【注释】〔1〕干傅：干敷，这里是指在漆器表面敷干粉的工艺。

【译文】漆面的描绘，就是以帚笔干扫各种颜色，再以丝绵球施以金粉或银粉，像秋天的草木都变成鲜艳华美的红色、黄色一般。文中说的“丹青”“金银”“枫”“菊”都是在说各种颜色和花色。

【黄文】冬藏，即湿漆桶并湿漆瓮。玄冥玄英[1]，终藏[2]闭塞。

【注释】〔1〕玄冥玄英：古人对冬季的别称。《后汉书·祭祀志》记载："立冬之日，迎冬于北郊，祭黑帝玄冥。"根据这段记载，可知在汉代，人们已把玄冥神视为冬季之神。《尔雅·释天》记载："春为青阳、夏为朱明、秋为西颢、冬为玄英。"由此可知，玄英亦为冬季。玄：在古代亦指赤黑色。

〔2〕终藏：本义指冬至，这里指冬季。语出《月令七十二候集解》载："终藏之气，至此而极也。"

【译文】冬藏，就是指储存漆液的桶和瓮。（为了让漆液不干固）在冬天，漆液需用密闭的桶或瓮来贮藏。

【扬注】玄冥玄英，犹言冬水。以漆喻水，"玄"言其色。凡湿漆贮器者，皆盖藏，令不溓凝[1]，更

□ **冬藏**

冬藏，即储存漆液的瓮和桶。储存的盖藏方法是，取一张大于桶口和瓮口的皮纸，涂以柿油，覆于漆液表面以隔绝空气，然后密封，以避免漆液干固结痂而造成浪费。储有漆液的瓮或桶，以少搬动为好。

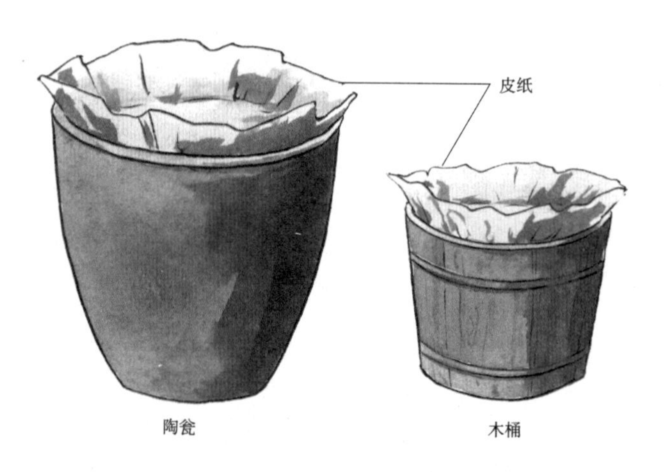

宜闭塞也。

【注释】〔1〕溓（liǎn）凝：溓，指水快凝结成冰的样子。《周礼·冬官考工记》的《注》中这样说："溓读为黏。谓泥不黏著辐也。"《说文》："中绝小水。与濂同。"《潘岳·寡妇赋》："水溓溓以微凝。"

【译文】玄冥玄英，是指代冬季的水。把漆液比作冬天的水，"玄"就是根据漆液的颜色是黑色来作的比喻。但凡保存漆液的容器，均需加盖，密封贮藏，使漆液不干燥凝固，尤其以密封并且少搬动为好。

【黄文】暑溽[1]，即荫室。大雨时行[2]，湿热郁蒸[3]。

【注释】〔1〕暑溽（rù）：溽暑。意为暑湿之气，指盛夏。《礼记·月令》："季夏之月，土润溽暑，大雨时行。"《素问·六元正纪大论》："四之气，溽暑至，大雨时行，寒热互至。"

〔2〕时行：意为应时而下，当时流行的。《易·坤》："坤道其顺乎，承天而时行。"孔颖达疏："言坤道柔顺，承奉於天，以量时而行。"《旧唐书·辛替否传》："臣以为非真教，非佛意，违时行，违人欲。"宋·王安石诗《谢赐历日表》之二："臣敢不恭承睿旨，顺考时行。"

〔3〕郁（yù）蒸（zhēng）：闷热之意。《素问·五运行大论》："其令郁蒸。"

【译文】暑溽，指存放漆器的荫室。室内需要经常洒水，保持荫室潮湿，故而闷热。

【扬注】荫室中以水湿，则气熏蒸[1]。不然，则漆难干。故曰："大雨时行。"盖以季夏[2]之候者，取

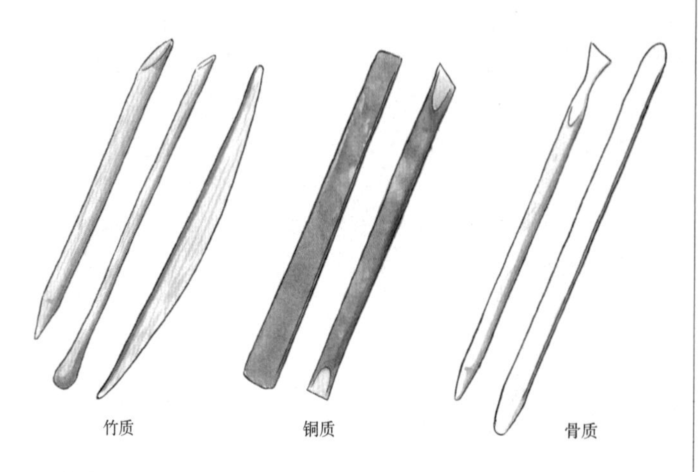

□ **寒来**

寒来，指刮腻子的刮板。寒来，也叫杇，形似雕塑刀，硬而有弹性的为好，便于堆砌花纹或填塞缝隙。如用法灰漆、法絮漆、冻子等稠厚的可塑性材料，做粘接、填补、堆塑等细活时，杇都是必需的工具。

湿热之气甚矣。

【注释】〔1〕熏蒸：热气蒸腾，形容闷热得使人难受。

〔2〕季夏：意为夏季的最后一个月，即农历六月。

【译文】荫室中一定要保持湿润，使湿热之气熏蒸。不然，漆液很难凝固成漆膜。所以，要像“大雨时行”般经常洒水。用农历六月前后的气候来作比喻，是取湿热的暑气最盛大的意思。

【黄文】寒来，即杇〔1〕，有竹，有骨，有铜。已冰已冻，令水土坚。

【注释】〔1〕杇（wū）：意为瓦刀、泥镘，古同“圬”。这里指漆工刮抹漆腻子的工具。也称刮板。

【译文】寒来，指漆工刮抹漆腻子的工具刮板。制柠的材质有竹、骨、铜等。作用主要是使器物上的漆液像水结冰一样，令水土干固坚硬。

【扬注】言法絮漆[1]、法灰漆[2]、冻子[3]等，皆以柠粘著而干固之，如三冬[4]气，令水土冰冻结坚也。

【注释】〔1〕法絮漆：法漆。指黏合胎骨用来填补缝子及不平处的漆灰腻子。

〔2〕法灰漆：漆灰的一种，用生漆、胶及骨灰调制而成。可以用它来做器物边棱上凸起的线条。

〔3〕冻子：是一种胶质的透明体，用生漆与明油、鱼鳔胶、香灰、蛤粉、石膏粉等调制而成，用于堆塑或模印花纹。

〔4〕三冬：冬季的三个月。指孟冬（阴历十月）、仲冬（阴历十一月）、季冬（阴历十二月）。语出《汉书·卷六五·东方朔传》：“年十三学书，三冬文史足用。”

【译文】这里所说的法絮漆、法灰漆、冻子等，都是用刮板粘住后干燥凝固，就像三冬时候的严寒天气，将水和土都冰冻得坚固结实。

【黄文】昼动，即洗盆并帉[1]。作事不移，日新[2]去垢。

【注释】〔1〕帉（fēn）：揩拭，引申指拭物大巾。古通“纷”。

〔2〕日新：意为日日更新，天天进步。《礼记·大学》：汤之《盘铭》曰：“苟日新，日日新，又日新。”这是说，汤把“苟日新，日日新，又日新”铭刻在自己的洗澡用具上，以便自己每天洗澡时能看见这句箴言，提醒自己及时反省和不断革新。这里是双关语，一方面是希望漆工勤洗手，注意卫生，一方面是勉励漆工坚持劳动。

【译文】昼动，指洗手用的水盆和手巾。做事情以坚定不移为贵，若每天都能有所进步，生活中也就不会有什么尘垢了。

【扬注】宜日日动作，勉其事不移异物，而去懒惰之垢，是工人之德也，示之以汤之盘铭〔1〕意。凡造漆器，用力莫甚于磋磨〔2〕矣。

【注释】〔1〕汤之盘铭：商汤盥洗之盘上的铭文，曰："苟日新，日日新，又日新。"

〔2〕磋（cuō）磨（mó）：指磨治器物的方法。宋·叶适《送黄竑》诗："焦桐邂逅爨下薪，良玉磋磨庙中器。"

【译文】漆工应天天做工，致力于漆艺，使心性不被其他事物所转移。去除懒惰这个毛病，也是工匠的道德操守。这里用《礼记·大学》中汤盘上的铭文"日新"来表述，有勉励的意思。凡是制作漆器，没有比磋磨更费力的了。

【黄文】夜静，即窨〔1〕。列宿〔2〕兹〔3〕见，每工兹安。

【注释】〔1〕窨（yìn）：意为地窨子、地下室。《说文》曰："窨，地室也。"

〔2〕列（liè）宿（xiù）：意为众星宿，特指二十八宿。《楚辞·刘向〈九叹·远逝〉》："指列宿以白情兮，诉五帝以置词。"王逸注："言己愿后指语二十八宿，以列己清白之情。"《淮南子·天文训》："荧惑常以十月入太微，受制而出行列宿。"

〔3〕兹（zī、cí）：读zī时可作"则""就"等转折连词使用；读cí时，作为古地名"龟兹国"专用。《左传·昭公二十六年》："若可，师有济也；君而继之，兹无敌矣。"本书这里

读zī。

【译文】夜静，指地下的荫室，俗称地窨子。将待干的漆器放进地窨里，如同星宿在夜空闪现，这样工匠就可以安稳休息了。

【扬注】底、垸、糙、麭，皆纳于窨而连宿[1]，令内外干固，故曰“每工”也。列宿指成器，兼示工人昼勉事，夜安身矣。

【注释】〔1〕连宿：意为连续几夜。清·曹晟《夷患备尝记》：“并有大胆男子仍返故居，连宿过夜。”

【译文】打底、做灰、上糙漆、涂漆等工序，每一道工序完成后，器物均需要在地窨子里过夜，使其内外均匀干固，所以也说是“每工”。列宿就是指（排列放在地窨子里的）成品器物，同时也是为了勉励工人，只有白天辛勤工作，晚上才能安稳睡觉啊。

【黄文】地载，即几。维重维静[1]，陈列山河。

【注释】〔1〕维重维静：维，通“惟”，意为维持、维系。重，在这里指重而实。静，这里指稳定不摇晃。

【译文】地载，指漆工做漆用的几案。几案要厚重稳固、不摇晃，才可以放置众多工具。

【扬注】此物重静，都承诸器，如地之载物也。山指捎盘[1]，河指模凿[2]。

【注释】〔1〕捎盘：制作漆器的专门工具。主要用于在进行捎当工艺时，拖住需要被捎当的木胎。漆器木胎中，并非所有木胎都是一体车成，一部分木胎为拼接而成。因此在处理此类拼接木胎时，需要将木胎置于捎当盘上，木胎经过法漆黏合并已合缝成型，将胎骨接口上的裂隙处特意铲剔，使缝隙稍稍扩展，然后在缝隙处填塞木粉漆糊或瓦灰漆糊，最后在通体刷以生漆，以完成整个捎当工艺。

〔2〕模凿：模，即描摹、模型。凿，即挖槽或打孔。这里指对木胎模型进行打孔、挖槽。

【译文】几案要比陈列的漆器更重更稳固，放上器物后，才稳如大地承载万物一般。山在这里指捎盘，河在这里指模凿。

【黄文】土厚，即灰，有角、骨、蛤、石、砖及坏[1]屑、磁[2]屑、炭末之等。大化之元[3]，不耗之质。

【注释】〔1〕坏（huái）：指未烧过的砖瓦、陶器。

〔2〕磁：瓷的俗字，指瓷器。

〔3〕大化之元：宇宙的本原。大化：宇宙，大自然。《荀子·天论》："列星随旋，日月递炤，四时代御，阴阳大化。"元：根源、根本。《文子·道德》："夫道者德之元，天之根，福之门，万物待之而生。"

【译文】土厚，指调漆所使用的各种粉末。有牛角鹿角灰、骨灰、蛤灰、石粉、砖灰，以及未烧过的砖瓦陶器屑灰、瓷器屑粉、木炭灰等。（灰土是）宇宙化育万物的元气，具有不生不灭的品质。

【扬注】黄者，厚[1]也，土色也。灰漆以厚为佳。凡物烧之，则皆归土[2]，土能生百物而永不灭，灰漆之体，总如率土[3]然矣。

【注释】〔1〕厚：山陵之厚也。也写作垕，古文厚从后土。《战国策》："非能厚胜之也。"此处的厚，犹大也。

〔2〕归土：埋葬。《礼记·祭义》："众生必死，死必归土。"明·张居正《乞归葬疏》："送臣父骨归土，即依限前来供职。"

〔3〕率土：指境域之内。语出《诗·小雅·北山》："率土之滨，莫非王臣。"清代学者王引之《经义述闻·毛诗中》："《尔雅》曰：'率，自也。自土之滨者，举外以包内，犹言四海之内。'"这里指漆的胎体就像是四海一样可以施展。

【译文】黄，就是厚重博大的意思，也就是五行中土的正色。所以，做灰漆，也以厚为佳。任何物品，经火焚烧后，都会被埋葬而化为尘土。土能生育万物而自己却永生不灭，因而灰漆的本体，终归应像四域之内的土一样。

【黄文】柱括，即布并斮絮[1]、麻筋。土下轴连，为之不陷。

【注释】〔1〕斮（zhuó）絮：斮，斩、削之意。《说文》曰："斮，斩也。从斤，昔声。衺斩曰斫，正斩曰斮。"《汉书音义》曰："斮絮，以漆著其间也。"

【译文】柱括，就是布和斫断的棉絮或麻筋等。裱糊在木胎上，填充在灰土下，在上面髹漆才不会有坍陷。

【扬注】二句言布筋[1]包裹，棬榛[2]在灰下而漆不陷，如地下有八柱[3]也。

将斫断的棉絮调入漆内。

填嵌木胎的缝隙、节眼、凹陷等，平实木胎。

木胎打底后裱布或麻筋，加固木胎。

木胎犹如被筋络裹连，其上再做髹涂，平整坚固。

□ **柱括**

在髹漆中指布和斫断的棉絮或麻筋。底胎好比漆器的骨架，这些布、棉絮或麻筋则像填充骨架的筋肉，可以使漆器更圆润、饱满。

【注释】〔1〕布筋：形容包裹木胎的布就像木胎的筋络。

〔2〕棬（juàn）榡（sù）：棬，意为弯曲成圈的木条。榡，意为器物未加装饰。《类篇》曰：“榡，器未饰也。”古通“素”。棬榡就是漆器的木胎骨。

〔3〕八柱：在中国古代神话传说中，地有八柱，用以承天。《楚辞·天问》：“八柱何当？东南何亏？” 汉·王逸注：“言天有八山为柱。” 洪兴祖补注：“《河图》言，昆仑者，地之中也，地下有八柱，柱广十万里，有三千六百轴，互相牵制，名山大川，孔穴相通。”

【译文】以上两句所说的布条、麻筋等均用来包裹木胎。木胎弯曲成圈，因为有布条、麻筋的支撑，在其上漆面才不会坍陷，就好比传说中地有八柱，用以承天，使天不坍陷一样。

【黄文】山生，即捎盘并髹几。喷泉起云，积土产物[1]。

【注释】〔1〕积土产物：意思是堆积的土多了可以成为山，比喻事业成功由点滴积累而来。这里有积累而孕育生长万物的意思。战国·荀况《荀子·劝学》："积土成山，风雨兴焉；积水成渊，蛟龙生焉。"

【译文】山生，指捎盘和髹漆的几案。泉水喷出，周围的水汽凝聚成云，泥土堆积成山才能化育万物。

【扬注】泉指滤漆，云指色料，土指灰漆，共用之于其上，而作为诸器，如山之产生万物也。

【译文】泉，指过滤后的漆液；云，指髹漆用的颜料；土，指灰漆。将漆液、颜料、灰漆等按规则运用在木胎上，才能成就各种漆器。这就像山化育生产万物一样。

【黄文】水积，即湿漆[1]。生漆有稠淳[2]之二等，熟漆有揩光[3]、浓[4]、淡[5]、明膏[6]、光明[7]、黄明[8]之六制。其质兮坎[9]，其力负舟[10]。

【注释】〔1〕湿漆：生漆和熟漆的总称。

〔2〕稠淳：大木漆即稠漆，小木漆即淳漆。

〔3〕揩光：揩光漆，应为生漆滤除杂质后，精制而成的半透明红棕色漆。

〔4〕浓：浓漆，应为一种无油黑漆。

采漆方法

采收生漆，也叫“割漆”，即在漆树主干上割口，让漆液流出而取得。割漆时，采漆者会使用特制的刀具，在树干上划一道微微倾斜的割痕，然后在割口正下方五六厘米处，用漆刀向上削一条宽、深各为二毫米左右的缝，再在缝的下端插稳“茧子”，漆液会顺缝隙缓缓流入“茧子”内。

漆树成龄后，割漆的时节通常自“夏至”或“小暑”始，至“霜降”终。

割漆工具

漆刀、蚌壳、刮板和收漆桶是割漆的主要用具。采漆者用的漆刀多为自制，下刀以快、准为佳。割好口后，蚌壳用以插入刀口、收集漆液。除了蚌壳外，采漆者也会用树叶等可塑性强的薄片状物收集漆液，称“茧子”。刮板的作用很多，可以刮剔漆液，也可以抚平割刀口。此外，收漆桶也是需要采漆者随身携带的，轻便且有一定密封性的比较好。割漆是一件无法工业自动化的事，非人工不能完成，所以现代所用的割漆工具与古代区别并不大。

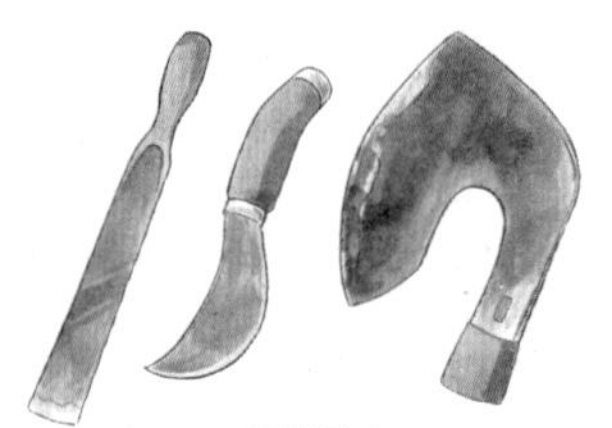
割漆用刀

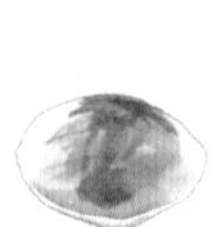
“茧子”

收漆用的笔

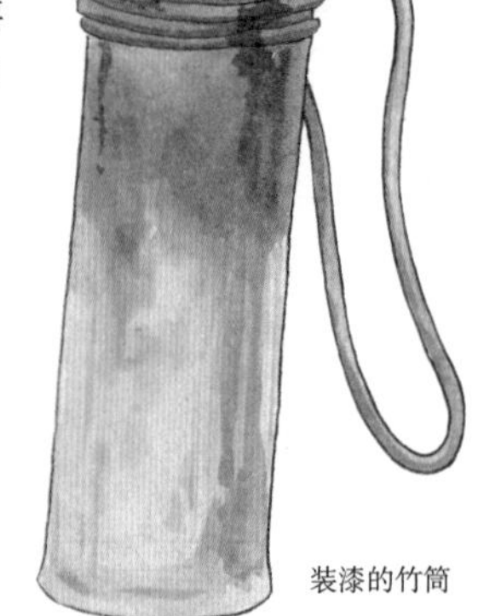
装漆的竹筒

割漆步骤图

漆树长到七八年时，就可以采割了。树龄越大，树干就越粗，其含漆量就越多。一年之中，割漆通常从六月中旬起，到十月中旬止。在这期间，空气湿度大时漆液的产量会高些，所以采漆者多在黎明前、阴天或大雾时割漆。割漆也有一定的制度章程，即割口、割口间距和割漆频率需结合起来，形成一定的采割规律。不按照规律进行采割，轻则影响漆液的产量，重则会导致漆树死亡。

①

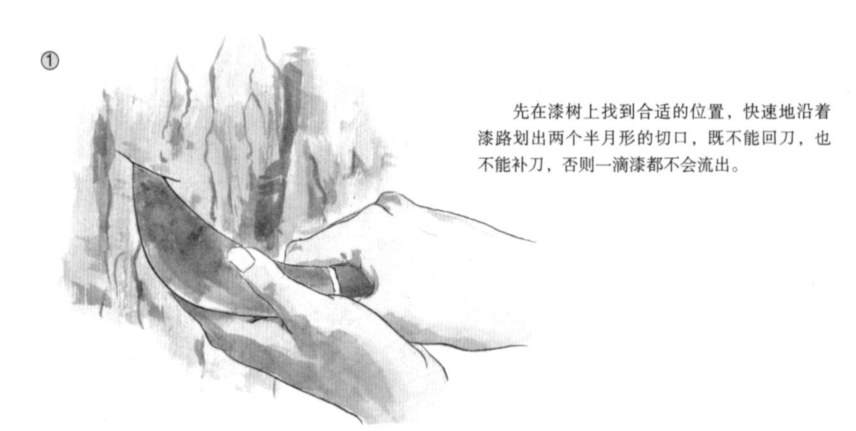

先在漆树上找到合适的位置，快速地沿着漆路划出两个半月形的切口，既不能回刀，也不能补刀，否则一滴漆都不会流出。

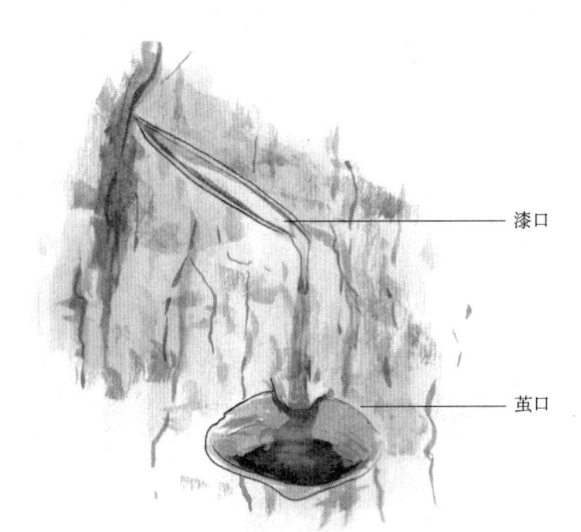

②

割好漆口，在其下方再割一个“茧口”。装上“茧子”，漆液就会顺着割口流到“茧子”里。刚流出的生漆呈乳白色，流到“茧子”里之后，漆酚快速氧化，生漆会变成褐色，这也是古代家具最常见的颜色。

③

收下“茧子”，用刮板或小毛笔将“茧子”中的漆液收入盛漆的竹筒。

④

每收一个“茧子”，都用刮板把漆口抚平，以便它自然愈合。

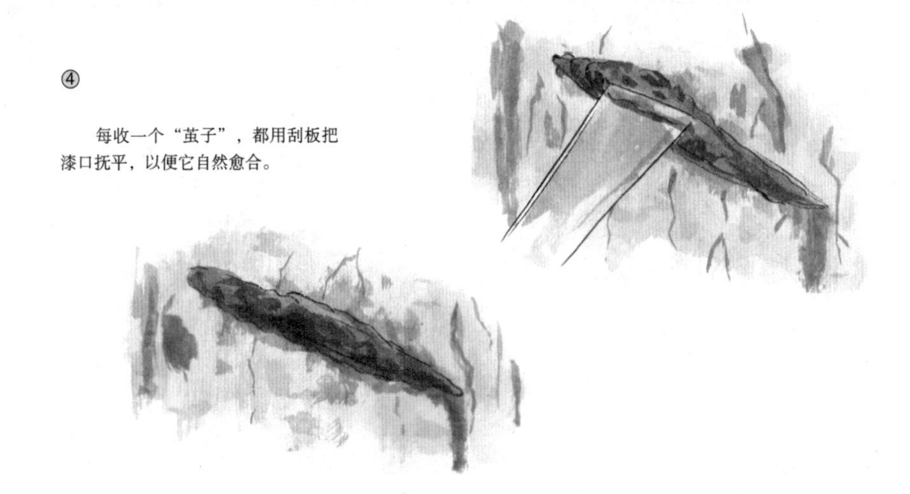

生漆和熟漆

生漆，又叫大漆，即割取漆树汁液所得的天然漆的总称。其漆液中近80%的成分是漆酚，其余为树胶质、氮、水分及微量的挥发酸等，其味略似酸苹果。我们现在常说的生漆，是粗生漆经过过滤净化制得，也叫精制生漆。生漆经过进一步加工精制，可得到熟漆。

精制生漆，由粗生漆、油渣和水配制而成。其制作工艺大致如下：一、用棉布或麻布经绞漆架过滤粗生漆，滤完一道后，可以更换孔眼更小的滤布再滤几次；二、粗生漆过滤后，还会留有漆渣及少量漆液，在其未干固之前及时放进广油或樟脑油等溶剂中浸泡，就可以再提取出这部分漆液；三、将过滤后的粗生漆与从油渣上提取出的漆液一同置于容器中搅拌，先慢搅后快搅，一边搅拌一边加入适量清水，使之充分聚合乳化，生漆就精制而成了。生漆主要用于给漆器打底，或调制灰漆、拼接木料、嵌贴金属薄片等。

生漆

熟漆

精制熟漆，由生漆和水配制而成。熟漆又分透明漆、红推光漆、黑推光漆、红锦推光漆、黑锦推光漆等多种，这些熟漆的区别是制漆时所选粗生漆的产地不同，导致漆性不同，作用也稍有不同。下图为最基本的制法。

熟漆制法

①用棉布或麻布经绞漆架过滤生漆。

②在木盆中倒入过滤好的生漆，加入适量水搅拌。

③搅拌速度约每分钟15～25次，不宜过快，以免发热影响漆质，搅拌时间约持续2～3天。

④

漆液搅拌凉制后，倒入曝漆盘，将曝漆盘置于阳光下暴晒。

⑤

边晒边搅，晒制温度控制在45度以下，时间约3～4小时，直至漆液中的含水量下降至5%左右。

⑥

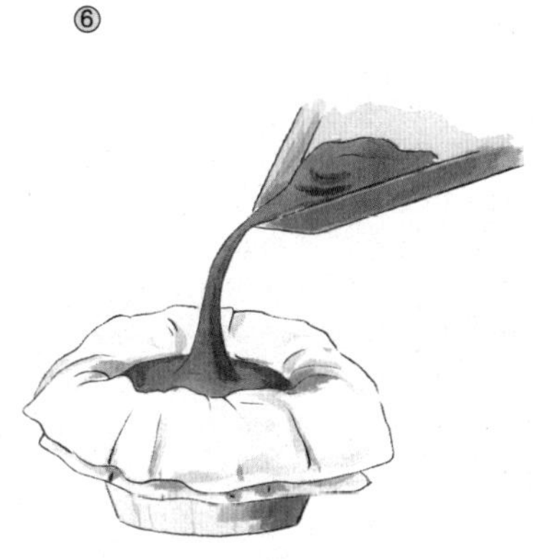

搅拌晒制后的漆液中难免会混入粉尘杂质，须再过滤几道，熟漆就制好了。

⑦

精制好的熟漆。

常用熟漆的种类

		提庄漆	提庄漆为不透明的淡琥珀色，它是由品质较高的生漆细细过滤晾制而成的一种漆液。提庄漆属于半熟漆，专门用于“揩青”。
		红推光漆	红推光漆为半透明红褐色，又叫本色推光漆。“推光漆”，指的是漆液里不加油类物质、有硬度、耐推光的漆。红推光漆色浅、燥性大，多用于调制各种不透明色漆。
		红紧推光漆	红紧推光漆是红推光漆的一种，颜色比较透明、漆性燥、易干。“紧”，指的是红紧推光漆的干燥成膜速度极快，通常1小时左右即可自干。
		黑推光漆	黑推光漆即俗称的黑漆，其炼制过程与红推光漆相似，不同处在于需搅拌至颜色深棕、黏度高，提起漆液时呈梯状下坠，再加入氢氧化铁继续炼制而成。黑推光漆可以用于髹涂漆器、填盖花纹，也可以用来调制其他色漆，如古铜色漆、茶褐色漆等。
		黑紧推光漆	黑紧推光漆是黑推光漆的一种，主要用于中、低档漆器的批量制作。
		透明漆	透明漆为透亮的琥珀黄，炼制末期为增加透明度，漆液中会加入藤黄和广油，“透明”是相对于红推光漆而言，并非无色。透明漆的精制与红推光漆相似，只是选取的粗生漆不同、晒制时温度略低、搅拌的时间稍短。透明漆多用于罩明以及调制各种透明色漆。
		金底漆	金底漆又叫金胶漆、金地漆等，它由红紧推光漆与明油配制而成，是主要用于贴金的漆液。
	丹砂	色漆	透明漆或推光漆中加入适量桐油调匀，然后加入所需的色粉，如丹砂、雄黄、石青等，再细细研磨、调配，所得即为色漆。色漆可以用来彩绘，也可以进行大面积髹涂。
	石青		
	雄黄		

〔5〕淡：淡漆，应为一种无油红光推光漆。

〔6〕明膏：明膏漆，应是一种无干性的透明漆，是用武火煎制的漆，在使用时需加入生漆调制。

〔7〕光明：光明漆，应是一种油光漆，用于最后颜色罩明。

〔8〕黄明：黄明漆，应是一种茶褐色的透明推光漆。

〔9〕坎：八卦之一，卦形是“☵”，代表水。

〔10〕负舟：意为承载舟船。典出汉·焦赣《易林·大有之蛊》“黄龙景星”。原注：“禹渡江，黄龙负舟。”

【译文】水积，指湿漆。刚从树上割下来未经研制的生漆，分为浓稠的大木漆和清淳的小木漆两种。经过搅拌烘烤制成的熟漆，则有揩光漆、浓漆、淡漆、调色用的明膏漆、光明漆和黄明漆六种。漆的质地如水，但是它也具有托起船只的力量。

【扬注】漆之为体〔1〕，其色黑，故以喻水〔2〕。复积不厚则无力，如水之积不厚，则负大舟无力也〔3〕。工〔4〕者造作，无吝〔5〕漆矣。

【注释】〔1〕体：事物的本身或全部。这里说的“漆之为体”即是说“漆的形态本体”。

〔2〕故以喻水：按五行学说，黑色属水。

〔3〕如水之积不厚，则负大舟无力也：语出《庄子·逍遥游》：“且夫水之积也不厚，则其负大舟也无力。覆杯水于坳堂之上，则芥为之舟；置杯焉则胶，水浅而舟大也。风之积也不厚，则其负大翼也无力。”意为如果汇积的水不深，那么就没有负载一艘大船的力量了。

〔4〕工：按照文意，此处“工”指的是工巧，也指优良工巧的匠人。

〔5〕无吝：吝，本义是指小气、舍不得。无吝，指不能过度节约，甚至于不舍得。

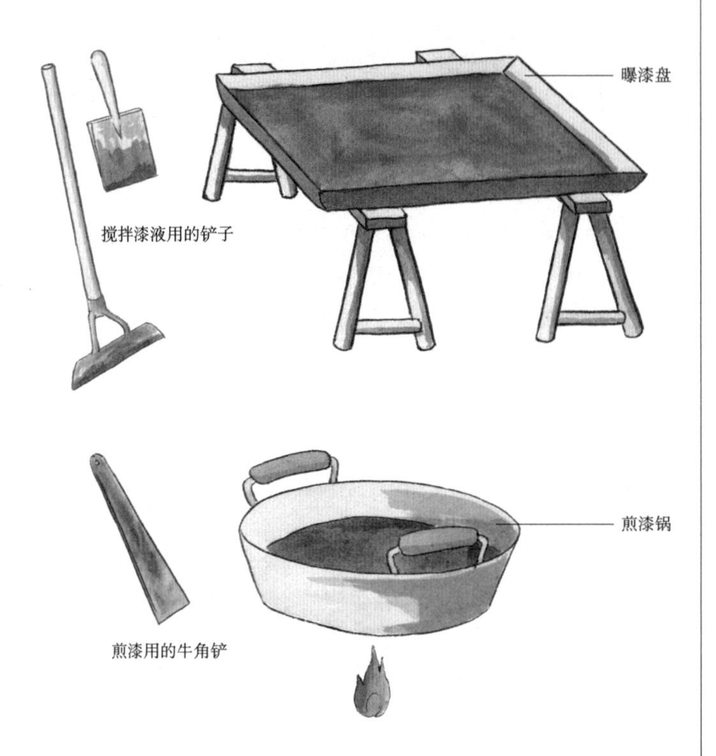

□ **海大**

指晒制漆液的曝漆盘和煎漆锅，用于制备各种熟漆。

【译文】漆的形态本体，颜色上呈黑色，所以用五行中也属于黑色的水来打比方。使用漆液，不反复累积到一定厚度，就没有力量，正如水积得不多，就没有托起船只的力量一样。工匠在制造漆器时，万不可吝惜漆液。

【黄文】海大，即曝漆盘并煎漆锅。其为器也，众水归焉。

【译文】海大，指晒制漆料的曝漆盘和煎制漆料的煎漆锅。曝漆盘和煎漆锅的器型，体现了众水归海的意象。

【扬注】此器甚大，而以制熟诸漆者，故比诸海之大，而百川归之矣。

【译文】（因为）这两个器物的形体很大，而专门用来制作各种熟漆。所以，将之比喻为大海，而各种漆液（在里面炼制）自然也就像百川归海一样。

【黄文】潮期，即曝漆挑子。鳝尾[1]反转，波涛去来。

【注释】〔1〕鳝（qiū）尾：鳝，又作“鳅”，上古传说中的一种大鱼。《水经》曰：“鳝鱼长数千里，穴居海底，入穴则海水为潮，出穴则潮退。鱼入有节，故潮水有期。”传说中鳝尾反转无常，不停歇。又作践踏之意。《庄子·秋水》：“然而指我则胜我，鳝我亦胜我。”

【译文】潮期，就是指晒制漆料时使用的挑子。（曝漆挑子在使用时）就像鳝鱼的尾巴一样翻动，从而使漆液像波涛一样起伏。

【扬注】鳝尾反转，打挑子之貌；波涛去来，挑翻漆之貌。凡漆之曝熟有佳期，亦如潮水有期也。

【译文】传说中，鳝鱼尾巴的反转，与使用曝漆挑子的动作相似；波涛来去，是比喻挑漆料和翻转漆料的动作。凡是使用晒制工艺炼制漆料，均有较合适的时间，这也像潮水的起落一样，有固定的时间。

【黄文】河出[1]，即模凿并斜头刀、剉刀[2]。五十有五，生成千图。

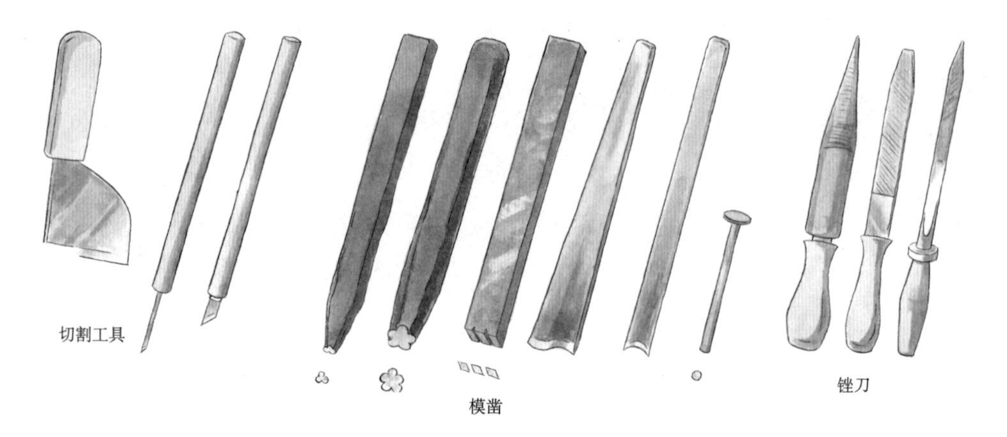

□ **河出**

河出，即镶嵌螺钿时用的模凿、斜头刀和锉刀。做软螺钿镶嵌时，为使钿片形状工整一致，漆工使用各式模凿进行裁切。漆器上的花纹图案，往往由许多三角、菱形、圆点等不同形状的基本图案拼接嵌成。

【注释】〔1〕河出：河出图。指黄河出现河图，出自《易·系辞上》："河出图，洛出书，圣人则之。"后以"河出图"为吉祥的征兆。

〔2〕剉（cuò）：本义为折伤，古同"锉"。《说文》曰："锉，折伤也。"即，用锉刀去掉物体的芒角。

【译文】河出，指制作镶嵌螺钿的漆器所使用的模凿、斜头刀、锉刀等。（钿片的种类）有五十五种之多，这样才可以制作出各种各样的镶嵌螺钿图案。

【扬注】五十有五，天一至地十之总数〔1〕，言蜔〔2〕片之点、抹、钩、条，总五十有五式，皆刀凿刻成之，以比之河出图也。

【注释】〔1〕天一至地十之总数。《直方周易》系辞上："天一，地二；天三，地四；天五，地六；天七，地八；天九，地十。天数五，地数五。五位相得而各有合，天数二十有五，地数

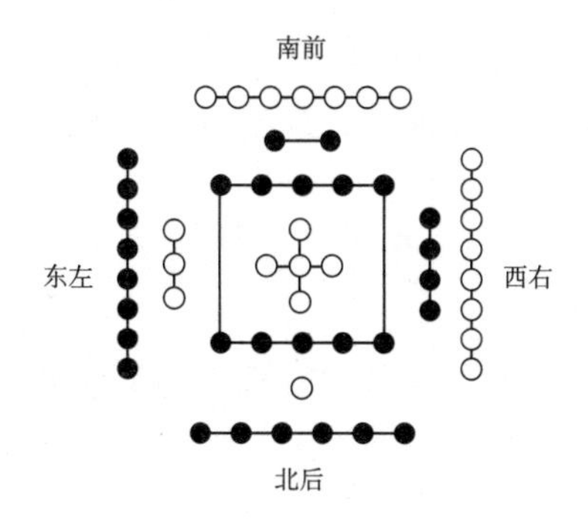

□ **河图**

河图源于天上的星宿，是从中国古代流传下来的神秘图案。“河”，指星河。河图在天为象，即三垣二十八宿，在地成形，即青龙、白虎、朱雀、玄武、明堂。河图本是星图，文中用“河出”比喻切割螺钿的横凿、斜头刀和锉刀；用河图上的黑点和白点形容螺钿切割所得的众多基本形状。

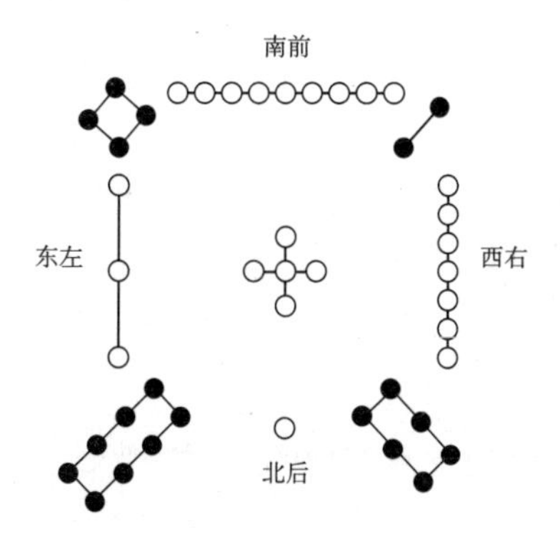

□ **洛书**

洛书是关于天地空间变化脉络的图案，亦为上古文明的产物。“洛”即脉络。洛书上，纵、横、斜三条线上的三个数字，其和皆为十五。文中用“洛现”比喻画出漆器纹饰的笔觇和揞笔觇；用洛书的数字排列，形容绘制图案时应合乎法式，注意位置的分布排列。

三十，凡天地之数五十有五，此所以成变化而行鬼神也。”

〔2〕蜔（diàn）：螺钿，一种手工艺品，意为用螺蛳壳或贝壳镶嵌在器物表面作装饰。

【译文】五十有五，是《易经》中从天一到地十的数字总和，这里是说钿片的点、抹、钩、条等式样，总共有五十五种。这些式样都是用刻刀雕凿而成，这里用“河图”出现来比喻。

【黄文】洛现〔1〕，即笔觇〔2〕并揢笔觇〔3〕。对十中五，定位支书。

【注释】〔1〕洛现：洛现书。指洛河里出现的“洛书”。洛书，是远古文明的产物，是一种关于天地空间变化脉络的图案。洛书1—9数是天地变化数，万物有气即有形，有形即有质，有质即有数，有数即有象，“气、形、质、数、象”五要素用河图洛书等图式来模拟表达，它们之间巧妙组合，融于一体，以此建构一个宇宙时空合一，万物生成演化运行的模式。

洛书与上文的河图，并称为“河图洛书”，是中国古代流传下来的两幅神秘图案，蕴含了深奥的宇宙星象之理，被誉为“宇宙魔方”，是中华文化、阴阳五行术数之源。河图上，排列成数阵的黑点和白点，蕴藏着无穷的奥秘；洛书上，纵、横、斜三条线上的三个数字，其和皆等于十五。河图洛书可与二十八星宿、黄道十二宫对照，它们之间有着密切联系。

河图中的五行生成数，象征自然界万物的生长及终了，与人体脏腑的生理特征密切相关。古人认为，“天一生水”与肾为月脏；“地二生火”与心为火脏；“天三生木”与肝为风脏；“地四生金”与肺为金脏；“天五生土”与脾为土脏。洛书的数字代表着方位和光热温度，代表着古人对宇宙规律的理解，具有一定实践意义。

〔2〕笔觇（chān）：笔掭，是觇笔之器。“笔觇”一词，最早出现于明代，明后期文房清玩的风气愈渐兴盛，古人运笔除了可在砚上掭笔外，更备有掭笔之物，谓之笔觇。有瓷制、玉制、琉璃制、水晶制等。

〔3〕揢笔觇：揢（tà），指套子。这里指放置笔和砚台的套子。

【译文】洛现，指在漆器上画出各种图案时，用于调整漆色的笔掭以及放置笔觇的套子。（这就像“洛书”中的数字）两头相加是十，而中间的数字始终是五，如同在漆器上描饰时用笔觇调定颜色以供书写。

【扬注】四方四隅[1]之数皆相对得十，而五乃中央之数，言描饰十五体[2]皆出于笔觇中，以比之龟书出于洛也。

【注释】〔1〕四隅：意为四角，出自《礼记·檀弓上》。

〔2〕十五体：应指河图洛书中的基本数“十五”，即“天五生土，地十成之”，意指万物的中极、核心、根本。“五”为河图生数的极大值，居天数中位；“十”为成数的极大值，居地数中位。此处以“十五体”比喻用笔觇调制的各种颜色，言其包罗万象在一觇之中。

【译文】在洛书上四方和四角的数字总是相对相加得十，而五是洛书中央的数字。这里是说描饰工艺的若干种色彩都是出于笔觇的，这就好比洛河中神龟浮出，背驮图案。

【黄文】泉涌，即滤车并幦[1]。高原混混[2]，回流涓涓[3]。

【注释】〔1〕幦（mì）：本义为漆布。古代车前横木上的覆盖物。

〔2〕混混：形容水流滔滔不绝。语出《楚辞·九思·伤时》：“时混混兮浇饡。”《文子·上德》：“混混之水浊，可以濯吾足乎？”

〔3〕涓涓：细水慢流的样子。语出《荀子·法行》：“《诗》曰：‘涓涓源水，不雝不塞。’”汉·刘向《说苑·敬慎》：“涓涓不壅，将成江河。”南朝·宋·范晔《后汉书·丁鸿传》：“夫坏崖

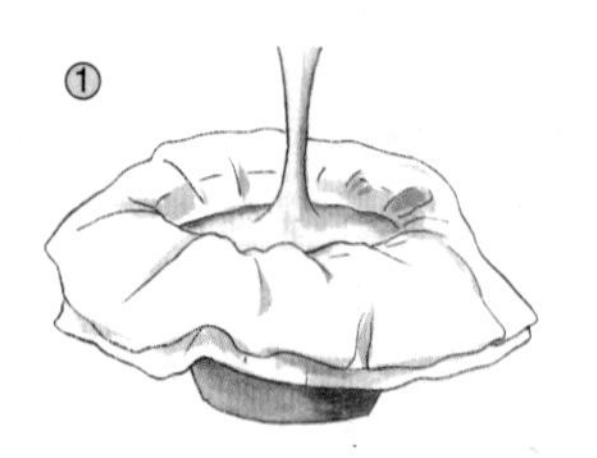

① 将待滤的漆挑入滤漆的棉布或麻布中。若漆量较多，需在碗中多垫几层布，再倒入漆液。

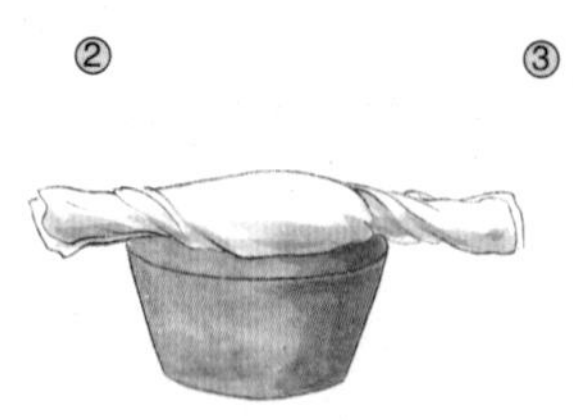

② 手捏棉布两端轻轻卷好形状，将漆包起并旋紧。

③ 将裹好漆的棉布穿入绞漆架的圆孔。

④ 用绳子缠紧靠近绞漆架把手一端的棉布，另一端在绞漆架上固定牢。

⑤ 手握绞漆架把手旋转，精滤的漆液就从棉布布眼中渗出，涓涓流下。

□ **泉涌**

泉涌，指用于滤漆的滤车和滤漆布。无论选用何种粗生漆或精制何种熟漆，都需要过滤漆液，为的是除去漆液中所含的杂质。以上为滤漆图示。

破岩之水，源自涓涓；干云蔽日之木，起于葱青。”

【译文】泉涌，就是滤漆用的滤车和漆布。（工匠滤漆时）高处的漆液源源不断地流下去，（在搅动滤车时）漆液则从漆布上涓涓流下。

【扬注】漆滤过时，其状如泉之涌，而混混下流也。滤车转轴回紧，则漆出于布面，故曰回流也。

【译文】漆在过滤的时候，其情状像泉水涌出，源源不断地向下流淌。滤漆车转轴回紧时，漆液就会从漆布上流出，因此，这里要说是“回流”。

【黄文】冰合，即胶，有牛皮，有鹿角，有鳔〔1〕。两岸相连，凝坚可渡。

【注释】〔1〕鳔（biào）：某些鱼类体内可以胀缩的囊状物。

【译文】冰合，就是指黏合漆器胎骨所用的胶质。有用牛角、鹿角、鱼鳔等不同材质熬制而成的胶质。胶质的功能是使胎骨的两面粘连，就像冰冻结过的湖面那样可以供人自由行走。

【扬注】两岸相连，言二物缝合；凝坚可渡，言胶汁如冰之凝泽，而干则有力也。

【译文】两岸相连，就是指两个物体之间的黏合工艺。凝坚可渡，就是说胶液要像冰冻的湖面可以让人自由行走一样，干后黏合有力。

鱼鳔胶制法

冰合，指在漆胎上粘固东西的胶。制作漆器用的胶，其材料有牛皮、猪皮、鱼鳔和骨等，其中鱼鳔胶性软、黏性最好，下面所示为传统的鱼鳔胶制法中的一种。

①

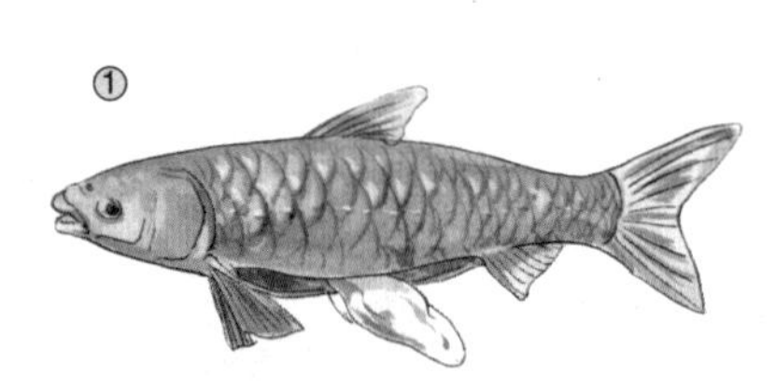

取大草鱼的鱼鳔。

②

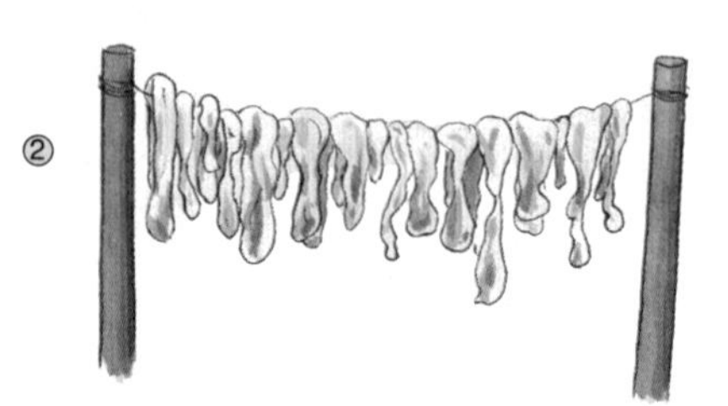

鱼鳔取出后，悬挂在阴凉通风处自然晾干。

③

晾干的鱼鳔，用清水浸泡一天，其间最好勤换水。

④

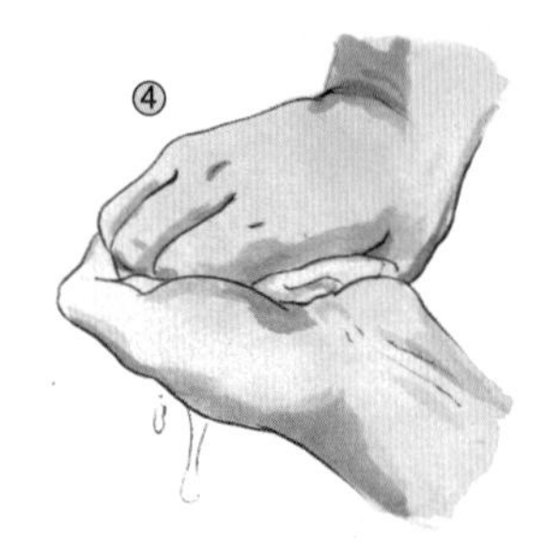

浸泡好的鱼鳔取出攥干水分。

⑤

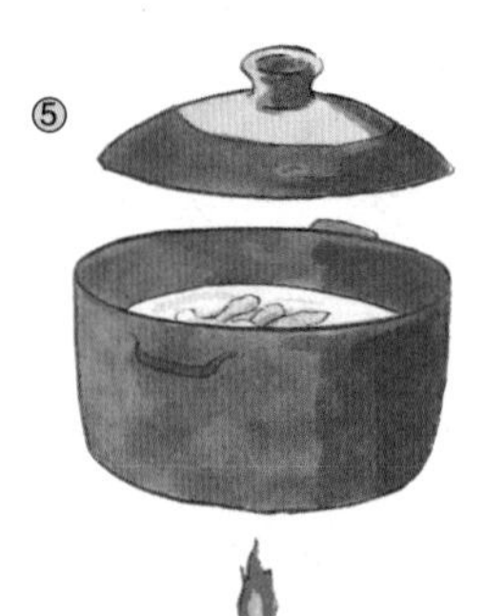

鱼鳔上锅蒸1小时。

⑥

蒸好的鱼鳔中加热水。

⑦

加过热水的鱼鳔放入臼子里舂捣成泥，这是为了使鱼鳔中的胶质更好地析出。

⑧

舂成泥状的鱼鳔汁液里再加入少许水，再次上锅，隔水加热。

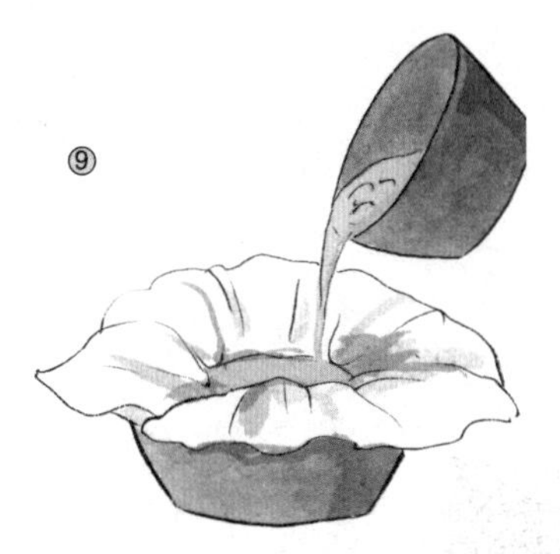

加热好的胶液用棉纱过滤几道，除去渣状杂质。

手握纱布过滤胶液。

将滤净后的胶液倒入托盘晾凉。胶液晾凉后，会自然凝固成膏状。

将膏状胶块从托盘中取出，切成薄薄的小块。

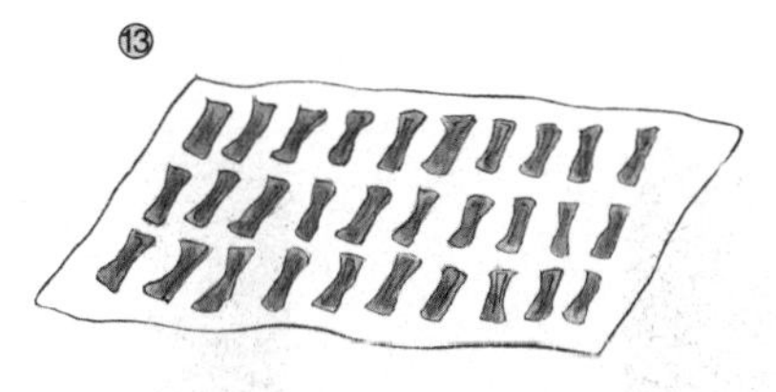

膏块置于阴凉处晾干后，鱼鳔胶就制好了。

使用时，提前将晾干的鱼鳔胶块用水浸泡一晚。

次日，碗中加与鳔胶齐平的水，再将碗中的胶块和水加热、隔水融化、调拌均匀即可使用，鳔液呈银耳汤状的浓度最好。水浴后的鳔液若短时间不会再用，则可倒入大平底容器中，置于通风处使其自然干燥，干燥后亦可长久保存。

◎早期漆器

天然漆的使用，最初应该是在新石器时代，主要用于生产工具的黏接与加固，其后逐渐发展到对日用品的漆制髹饰。从单纯的漆树液，发展到调色的色漆，经历了漫长的岁月。

陶胎

胎地为轮制黑陶。即用轮车的旋力拉坯塑形所制陶器。轮制法始于大汶口文化晚期，所制器具厚薄均匀，器形规整。

器形

颈部短直，腹部偏上有束腰，底为圈足。

漆绘

表面几何纹样用彩漆描绘。颈部有黄色和棕红色弦纹，上腹部和下腹部绘有几何纹。

几何纹黑漆陶罐　良渚文化

（高8.6厘米，口径6厘米）

嵌玉漆杯　良渚文化

通体髹涂朱漆，彩绘出卷曲盘绕的纹样。朱漆螺旋内有玉粒镶嵌，共141颗，大如黄豆，小如芝麻。

朱漆木筒　良渚文化

木筒挖凿而成，口部向内削敛，外部髹涂朱漆，底部髹涂黑漆。

缠藤黑漆木筒　河姆渡文化

通体髹涂黑漆，外壁缠绕藤条，既有加固作用，也美观。

楷法第二

【扬注】 法者，制作之理也。知圣人之意而巧者述之，以传之后世者列示[1]焉。

【注释】〔1〕列示：罗列呈示之意。

【译文】 法度，就是制作（漆器）需要遵守的规律。知道圣人的思想，然后能工巧匠将之记述下来，把可以传之后世的法度列示在这里。

【黄文】三法：巧法造化，质则人身[1]，文象阴阳[2]。

【注释】〔1〕质则人身：质，即质地、本质之意。这里指漆器的胎质要以人的身体比例作为法则。

〔2〕文象阴阳：文，即纹饰、装饰之意。这里指漆器的纹饰装饰要注意遵循阴阳协和的关系。

【译文】（漆器制作的）三种法度：工艺技巧要师法天地造化，胎质则要效法人的身体比例，装饰纹样要仿效阴阳协和。

【扬注】 天地和同[1]万物生，手心应得百工就。骨肉皮筋巧作神，瘦肥美丑文为眼。定位自然成凸凹，生成天质见玄黄[2]。法造化者，百工之通法也；文、质[3]者，髹工之要道[4]也。

【注释】〔1〕天地和同：意为天地相互涵容而达到一种和谐

发展的境界。最早见于《礼记·月令》："是月也：天气下降，地气上腾，天地和同，草木萌动。"

〔2〕玄黄：玄黄是指天地的颜色。玄为天色，黄为地色。《易·坤》："夫玄黄者，天地之杂也，天玄而地黄。"这里指天地。

〔3〕文、质：文与质是儒家评价体系中的术语，它包括"文"与"质"两个方面。最早见于孔子《论语·雍也》："质胜文则野，文胜质则史，文质彬彬，然后君子。"在这里"质"是指朴实、自然，无修饰；"文"是指文采、经过修饰，在这里可以理解成各种礼节，也可以理解成某种"形式之义"。因此，孔子讲的文质关系是指人的内在思想品质与外在的礼节学问之间的关系。后来，南朝梁文学理论批评家刘勰在《文心雕龙·情采》中提出了"文附质""质持文"、文质并茂的观点，并认为布文和质巾，"质"占主导地位，"文"充分表现"质"，强调在创作过程中要克服"力文造情"的形式主义倾向，坚持"为情造文"的创作原则。从刘勰开始，文质关系被引申到中国古典文艺理论、文学创作、工艺美术评论、佛学等更加广阔的领域。这里的"文""质"主要是指漆器的纹饰与胎之间的关系。本文此处，扬明所秉持的文质观与刘勰较为一致。

〔4〕道：意为万事万物的运行轨道或轨迹，也可以说是事物变化运动的情况。"道"的概念语出《老子》，由老子首创。

【译文】天地协同万物才得以生长，心灵和手艺彼此呼应百工才能制作出美器。骨骼、肌肉、皮肤、筋髓等只要安排巧妙就能成就其精神，瘦肥美丑只要装饰得当也能画龙点睛。漆器制作时，只要能够按照自然法则进行定位，凹凸形制就自然巧妙，器物制作均遵循自然法则，就能达到宛若天成的完美。以天地造化立法为师，是天下一切工匠均遵守的通法；装饰纹样、材质，是髹漆工匠要掌握的最重要的道。

【黄文】二戒：淫巧荡心〔1〕，行滥〔2〕夺目〔3〕。

【注释】〔1〕淫巧荡心：意思是过于精巧而无益的技艺与制品，浮华纤巧，惑乱心志。宋·欧阳修《南省试策》之一："奇技淫巧之荡心，覊良杂苦之牟利，安于所习，未足敦风。"

〔2〕行（xíng）滥：行，指做、从事、实施等意；滥，指次、劣等意。这里指将次品、劣等品等加以掩饰以充好。

〔3〕夺目：指光彩耀眼，形容因超群出众而使其他所有的物体或东西都黯然失色。南朝梁·闻人倩《春日》诗："林有惊心鸟，园多夺目花。"

【译文】两个方面的戒谕是指：使用过度精巧而无益的技艺会惑乱心志；以次充好，经过装饰的夺目是一种欺骗。

【扬注】过奇擅艳，失真亡实[1]。其百工之通戒[2]，而漆匠须尤严矣。

【注释】〔1〕亡实：意为不符合事实。东汉·班固《汉书·高帝纪下》："虚言亡实之名，非所取也。"宋·岳珂《桯史·吴畏斋谢贽启》："诞谩败事，而巽懦则有馀；浮躁大言，而矜夸之亡实。"

〔2〕通戒：通行的戒律。戒，指约束禁止某些行为的规条，或泛指禁止做的事。《说文解字》："戒，警也。"

【译文】过于追求技巧和炫耀装饰，就会让技艺失真而不符实。这是天下所有工匠的通用戒律，而漆工尤其需要严格遵守。

【黄文】四失：制度[1]不中[2]，工过[3]不改，器成不省，倦懒不力。

【注释】〔1〕制度：一般情况下是指在一定历史条件下形成

的法令、礼俗等规范，又指制订法规、规定等，这里指制作方法。语出《易·节》："天地节，而四时成。节以制度，不伤财，不害民。"

〔2〕不中：指不合适、不恰当、不符合。《荀子·正论》："然而不材不中，内则百姓疾之，外则诸侯叛之。"《商君书·君臣》："行不中法者，不高也；事不中法者，不为也。"《庄子·逍遥游》："吾有大树，人谓之樗，其大本拥肿而不中绳墨。"这里指不符合漆器制作的程序和法度。

〔3〕工过：工，指工序、流程。过，指超过某个范围和限度。这里指工匠没有按照工序和流程进行操作。

【译文】四个方面的过失是指：所制作的器物不符合规定的法度；制作程序、流程超过规定范围，不正确而又不加以修改；在器物完成之后不加以检查；在制作时懒惰懈怠、偷工减料。

【扬注】不鬻[1]市。是谓过。不忠乎[2]？不可雕[3]。

【注释】〔1〕鬻（yù）：卖。

〔2〕不忠乎：指没有尽心竭力。语出《论语·学而》："曾子曰：'吾日三省吾身：为人谋而不忠乎？与朋友交而不信乎？传不习乎？'"

〔3〕不可雕：意为腐烂的木头无法雕刻。语出《论语·公冶长》："宰予昼寝。子曰：'朽木不可雕也，粪土之墙不可杇也！于予与何诛？'"

【译文】第一种过失（所生产的产品）不能流入市场上去销售；第二种过失是可以改正而固执不改，那便是真正的错误；第三种过失是对漆器本身和对使用者（也包含对制作者本人）不负责任；第四种过失，会使这个工匠像朽木一样不可雕琢，不能培养。

【黄文】三病：独巧不传，巧趣不贯，文彩[1]不适。

【注释】〔1〕文彩：指艳丽而错杂的色彩，也指华美的纺织品或衣服。汉·徐淑《报秦嘉书》：“镜有文彩之丽，钗有殊异之观。”《新唐书·文艺传中·王维》：“兄弟皆笃志奉佛，食不荤，衣不文彩。”

【译文】三个方面的毛病是指：守着一技之长却密不传人，追求局部的意趣却造成整体的不协调，纹饰与色彩不匹配。

【扬注】国工[1]守累世，俗匠擅一时。如巧拙造车，似男女同席。貂、狗何相续[2]，紫、朱岂共宜[3]？

【注释】〔1〕国工：意思为一国中技艺特别高超的人。《周礼·考工记·轮人》：“故可规、可万、可水、可县、可量、可权也，谓之国工。”郑玄注：“国之名工。”孙诒让正义：“谓六法皆协，则工之巧足擅一国者也。”

〔2〕貂、狗何相续：原意是指封官太滥，亦比喻拿不好的东西补接在好的东西后面，前后两部分极不相称。典出《晋书·赵王伦传》：“奴卒厮役亦加以爵位。每朝会，貂蝉盈坐，时人为之谚曰：‘貂不足，狗尾续。’”

〔3〕紫、朱岂共宜：古人认为紫是杂色，大红色是正色。原指厌恶以邪代正；后喻以邪胜正，以异端充正理。典出《论语·阳货》：“恶紫之夺朱也；恶郑声之乱雅乐也；恶利口之覆邦家者。”

【译文】一国中技艺最高超的工匠，看重的是技艺的累世传承，而世俗的普通工匠就只能擅技一时。就像让工巧的良匠和平庸的工匠同造一辆车，又如男女两个人在一个竹席上，差别是显而易见的。貂尾和狗尾怎么能互相接续，紫色和朱红又怎么能相宜而不淆乱呢？

【黄文】六十四过[1]。

【注释】〔1〕这是制作过程中可能会出现的一些过失，共计六十四条，从“髹漆之六过”始，到“补缀之二过”止。

【译文】六十四个过失。

【黄文】髹漆之六过：冰解，泪痕，皱散[1]，连珠，颣点[2]，刷痕。

【注释】〔1〕散（què）：意为树皮粗糙坼裂的样子。
〔2〕颣（lèi）点：颣，指绞在一起的杂丝团。颣点，形容漆面上凸起的小点粒。

【译文】髹漆过程中六个方面的过失是指：漆液出现冰块融化般的痕迹，漆面出现眼泪般流动的痕迹，漆面出现树皮般的皲裂，漆面出现连珠状的起伏，漆面留下颣点，漆面留有刷子的痕迹。

【扬注】《说文》[1]曰：“髹漆，垸[2]已，复漆之也。”

【注释】〔1〕《说文》：《说文解字》。作者为许慎。是中国第一部系统地分析汉字字形和考究字源的字书，也是世界上较早的字典之一。编著时首次对“六书”做出了具体的解释。《说文解字》是首部按部首编排的汉语字典，原书作于汉和帝永元十二年（100

□ **冰解的预防**

髹涂平面的器物或只在器物的某个平面上作髹涂的，髹漆以后不需要定时翻转器物。但碗、瓶等圆形器皿或筒形器皿髹漆后，为预防“冰解”，需要不时地翻转一下，使漆液能够均匀地流平、干固。髹漆以后翻转器物的时间，则视漆液漆性、天气冷暖和器壁的形状等诸多因素而定。

年）到汉安帝建光元年（121年）。

〔2〕垸（huán）：意为用漆和灰涂抹器物，特指漆器工艺中上灰漆的工艺。

【译文】《说文解字》说：“㯃漆，就是在做完灰漆以后，再进行髹漆。”

【扬注】漆稀而仰俯〔1〕失候〔2〕，旁上侧下，淫泆〔3〕之过。

【注释】〔1〕仰俯：原意是指头仰起又俯下，代指施礼应酬。这里是指对漆器的翻动不使漆液流向一面。

〔2〕失候：指错过适当的时刻。北魏·贾思勰《齐民要术·造神麴并酒》：“但候麴香沫起，便下酿。过久，麴生衣，则为失候；失候，则酒重钝，不复轻香。”

〔3〕泆（yì）：古通“溢”。

【译文】（冰解指）漆液过于清稀，在翻转髹漆的时候又没有掌握好节奏，器物的不同表面上漆厚度不均，这是漆液太多而满溢造成的过失。

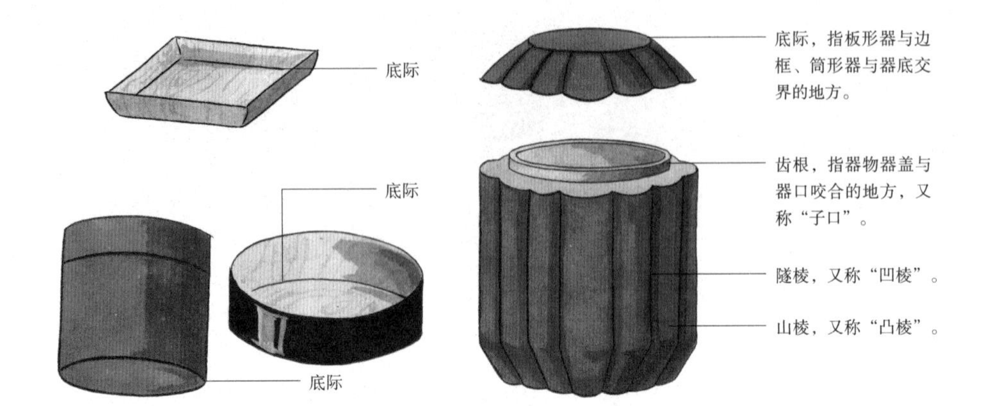

底际
底际
底际
底际，指板形器与边框、筒形器与器底交界的地方。
齿根，指器物器盖与器口咬合的地方，又称“子口”。
隧棱，又称“凹棱”。
山棱，又称“凸棱”。

□ **连珠**

隧棱、山棱、底际、齿根等处髹漆过后，容易有漆液聚集形成“连珠”。事实上，相较于隧棱，在山棱等凸出的结构处，漆液往往较稀薄，不容易聚集。

【扬注】漆慢〔1〕而刷布不均之过。

【注释】〔1〕漆慢：漆工的专业术语，漆液清稀被称为漆慢。

【译文】（泪痕指）漆液太稀，或者刷上去时不均匀造成的过失。

【扬注】（皱散指）漆紧〔1〕而荫室过热之过。

【注释】〔1〕漆紧：漆工的专业术语，漆液浓稠被称为漆紧。

【译文】漆液太稠，荫室温度过高造成的过失。

【扬注】隧棱，凹棱也。山棱，凸棱也。内壁，下底际也。龈际，齿根也。漆潦之过。

【译文】像隧道一样的棱，是凹棱。像山丘一样的棱，是凸棱。内壁，是底部边际的地方。龈际，是在器物勾结的接合部。这些地方，容易形成连珠的问题，都是漆上得太厚造成的过失。

【扬注】髹时不防风尘，及不挑去飞丝[1]之过。

【注释】〔1〕飞丝：因操作不当导致漆液拉丝。

【译文】（颣痕指）在髹漆制作的过程中，没有注意防风和飞扬的尘土，以及不能及时挑去漆面的飞丝而造成的过失。

【扬注】（刷痕指）漆过稠，而用硬毛刷之过。

【译文】漆液过于浓稠又用很硬的毛刷进行操作造成的过失。

【黄文】色漆[1]之二过：灰脆，黯暗[2]。

【注释】〔1〕色漆：加入颜料调和过的漆。

〔2〕黯暗：意为暗昧不明。语出宋·李纲的《奉诏条具边防利害奏状》："然自昔抱不群之材者，多为小人之所忌嫉；或中之以黯暗，或指之为党与，或诬之以大恶，或摘之以细故。"

【译文】色漆工艺两个方面的过失是指：漆面如灰地般脆裂，漆面显得灰暗而无光。

【扬注】漆制和油多之过。漆不透明，而用颜料少之过。

【译文】（灰脆是）在调制漆液的过程中，加入桐油较多造成的过失。（黯暗是）漆液不够透明，而在使用颜料时又用得太少造成的过失。

【黄文】彩油之二过：柔粘，带黄。

【译文】彩色油饰工艺中两个方面的过失是指：桐油黏黏糊糊，不能及时干固；油料颜色出现焦黄。

【扬注】油不辨真伪之过。煎熟过焦之过。

【译文】在使用桐油时，不能分辨桐油的真假造成的（漆面黏糊不干固）过失。桐油在煎制的过程中将桐油煎得过焦造成的（漆面泛黄）过失。

【黄文】贴金之二过：癜斑[1]，粉黄。

【注释】〔1〕癜（diàn）：医学术语，一种皮肤病名。癜斑是指得了皮肤病后，皮肤上出现的白色或紫色斑点。

【译文】贴金工艺两个方面的过失是指：漆面部分地方没有贴上金箔，现出癜斑，或者漆面的黄色不够金亮。

【扬注】粘贴轻忽漫缀之过。衬漆厚而浸润之过。

【译文】粘贴金箔时掉以轻心，散漫随意就会造成

（漆面出现瘢斑）的毛病；衬漆打得太厚，以至于衬漆过多而浸润金面，就会出现（色泽不够金亮）的毛病。

【黄文】罩漆〔1〕之二过：点晕〔2〕，浓淡。

【注释】〔1〕罩漆：是指用透明的漆，漆在各种不同漆地的器物上。被透明漆罩的不同漆地上，有的是一色漆器，有的是纹饰的漆器。因罩漆下面漆地的底色不同，而又种种不同的名称，有罩朱髹、罩黄髹、罩金髹、洒金几种做法，统称之为罩漆。

〔2〕点晕：是指光影、色彩四周模糊的部分。这里是指罩漆上出现污点并形成晕圈。

【译文】漆器罩明工艺两个方面的过失是指：罩明漆干后漆面出现点晕，以及罩明漆的浓淡不均匀。

【扬注】滤绢不密及刷后不挑去颣〔1〕之过。刷之往来，有浮沉之过。

【注释】〔1〕颣（lèi）：本义指绞在一起的杂丝团，泛指疙瘩、颗粒。这里指罩明漆上有细微的颗粒而没有及时清除。

【译文】过滤罩明漆所使用的滤布不够细密，罩明漆中存在杂质，刷抹之后又不在漆液干固之前及时挑去，就会出现（罩明漆面点晕的）毛病。在使用刷子刷抹罩明漆时，用力不匀就会造成（罩明漆面浓淡不均的）毛病。

【黄文】刷迹〔1〕之二过：节缩，模糊。

【注释】〔1〕刷迹：这里主要是指髹漆技艺中的刷丝工艺，

即用漆刷将色漆在漆器面刷出所设想的刷丝纹图案，例如刷丝水波纹。刷丝技艺之美，在于其丝丝如发的质感、含蓄而饱满的光泽，充分体现了漆艺中材料与装饰技艺巧妙结合的魅力。与髹漆工艺中的“刷痕”毛病要区分开来。

【译文】刷丝工艺两个方面的过失是指：刷丝漆面出现脱节收缩，或刷丝漆面模糊不清。

【扬注】用刷滞，虷[1]行之过。漆不稠紧，刷毫软之过。

【注释】〔1〕虷（hán）：孑孓，蚊子的幼虫。

【译文】在刷丝工艺中用刷不利索，像蚊子的幼虫一样抖搂蠕动就会出现（刷丝漆面节缩的）过失。漆液不够浓稠，漆刷的毛软而无力就会出现（刷丝漆面模糊的）过失。

【黄文】蓓蕾之二过：不齐，溃痿。

【译文】蓓蕾漆工艺中两个方面的过失是指：蓓蕾漆面的蓓蕾头颗粒不均匀，有高有低；蓓蕾漆面漆液流动不能形成饱满的颗粒状蓓蕾头。

【扬注】漆有厚薄，蘸起有轻重之过。漆不粘稠，急紧之过。

【译文】在蓓蕾漆工艺中漆液的厚薄，和在用蘸子起蓓蕾头的过程中用力的轻重，均有可能造成（漆面蓓蕾头不均匀的）问题。在漆液还没有干到可以起蘸子的

方法一，髹涂色漆后静置片刻，待漆稍加干固后变稠厚，再用打起蓓蕾的蘸子压覆于漆面，拍打出蓓蕾般的花纹。

方法二，直接用打起蓓蕾的蘸子蘸稠漆，在漆面打起花纹。在这里，所蘸取的漆液必须稠厚且干燥性好，否则就会“溃萎”，难以成花。

□ **蓓蕾漆的做法**

蓓蕾漆，即用各式自制的蘸子打起微微高于漆面的漆液颗粒作花纹，这种纹饰形似蓓蕾，故名。上图所示为蓓蕾漆的做法。

时候，而漆工过于急迫，提前起蘸子就会造成（漆面蓓蕾头不能成型的）过失。

【黄文】揩磨〔1〕之五过：露垸〔2〕，抓痕〔3〕，毛孔〔4〕，不明〔5〕，黴黕〔6〕。

【注释】〔1〕揩磨：是指漆器的揩光和退光。

〔2〕露垸：是指在磨漆过程中用力过猛，将打底的垸漆磨得裸露出来。

〔3〕抓痕：是指在进行揩光工艺时漆工用力过猛，在漆面形成磨痕而不光洁。

〔4〕毛孔：是指漆液中含水量较高，在漆液干固的过程中漆面

形成的毛孔般的水泡。

〔5〕不明：是指漆面不光滑没有光泽，显得暗淡。

〔6〕黴（méi）黕（dǎn）：黴，古同“霉”。《说文解字·卷十·黑部·黴》：“中久雨青黑。从黑，微省声。”黕，污垢，指在漆面出现霉暗的斑点或污点。

【译文】漆器揩光工艺五个方面的过失是指：露出打底的垸漆，漆面出现擦伤，漆面留有小水泡，漆面不明亮没有光泽，漆面出现霉变的污点。

【扬注】觚棱〔1〕、方角〔2〕及平棱〔3〕、圆棱〔4〕，过磨之过。

【注释】〔1〕觚（gū）棱：亦作“柧棱”。原指殿堂上最高的地方。此处指漆器顶面的棱瓣之形。

〔2〕方角：是指漆器中方形器物的立面边角。

〔3〕平棱：是指漆器表面用于装饰的凸起成锐角的部分。

〔4〕圆棱：是指漆器表面用于装饰的凸起成半圆的部分。扬州等地漆器工匠称作“出筋”的部分即是指此。

【译文】在器物的觚棱、方角及平棱、圆棱等部位，容易出现因为用力过猛而（将打底的垸漆）磨得裸露的过失。

【扬注】平面车磨用力及磨石有砂之过。

【译文】漆器在进行退光和揩光工艺时，如果用机磨，力道太大，或者磨石中含有砂石等硬物，就会造成（漆面存在磨痕的）过失。

【扬注】漆有水气及浮沤[1]不拂之过。

【注释】〔1〕浮（fú）沤（ōu）：意为水面上的泡沫。

【译文】在进行揩光时，若漆器上漆液的水分较重，以及出现浮沫而没有及时清除，就会存在（漆面出现孔隙的）过失。

【扬注】揩光油摩，则漆未足之过。

【译文】揩光的时候用油推擦，就会使漆面蒙上一层雾气，漆的光泽就不会显现出来，就会存在（漆面不明的）毛病。

【扬注】退光不精，漆制失所[1]之过。

【注释】〔1〕失所：意为失宜、失当。也指失去安身之处。《左传·哀公十六年》："失志为昏，失所为愆。"

【译文】在进行漆器退光打磨的时候，不够精细，以及漆液在炼制的时候不得法，上在漆器表面的时候，就会存在（漆面出现霉变污点的）过失。

【黄文】磨显[1]之三过：磋迹[2]，蔽隐[3]，渐灭。

【注释】〔1〕磨显：漆器工艺的一种，即先将色漆或钿片等黏合在漆器上，再经过打磨而显露出来规整的图案。

〔2〕磋迹：漆器由磨磋而显露纹样，由于磨磋躁急，磨显不顺而出现的毛病。

〔3〕蔽隐：意为隐藏、遮掩。语出《战国策·秦策三》："明主莅正……不能者不敢当其职焉，能者亦不得蔽隐。"此处指花纹不显。

【译文】进行漆面磨显工艺时的三种过失是指：漆面留下磨磋的痕迹，图案不能完整地显露出来，部分图案被磨损消失。

【扬注】磨磋急忽[1]之过。磨显不及之过。磨显太过之过。

【注释】〔1〕急忽：急，指磨磋太急切。忽，指忽略、疏忽，此处指不太清楚。指磨磋太急切使漆面显现的图案存在磨痕而显得模糊。

【译文】在磨显的过程中，磨工太急就会出现（漆面图案有磨磋痕迹的）过失。在磨显的时候磨工不到位，隐藏在漆液下面的图案无法充分显现，就会出现（漆面图案隐蔽不完整的）毛病。磨显过程中，用力太猛、磨得太过，就会出现（漆面部分图案被磨掉的）过失。

【黄文】描写[1]之四过：断续，淫侵，忽脱，粉枯。

□ **彩绘描漆棺板　战国**

此棺板色彩以黑漆作地，地上大面积髹涂银彩，又用黄、赭红、深红等色描绘变体饕餮纹和云纹，色泽鲜亮，纹饰华美。

【注释】〔1〕描写：描漆工艺。又称彩漆、描彩漆，就是在光素的漆地上，用各种色漆描画花纹的装饰方法。描漆包括描漆和描油等。描漆就是在光素的漆地上，用各种彩色漆来描绘花纹；描油，又称描锦，是以桐油代漆，调制出各种鲜艳的颜色绘制出花纹。它是早期漆器中比较常见的漆工艺，也就是在光素的漆地上，用红、黑、蓝、黄褐等颜色的漆，采用单线勾勒(单线条勾勒图案)、平涂设色(在用线条勾勒的范围内平铺涂画所需颜色)等方法描绘出线条流畅、浓淡相宜的颜色。先秦以前，漆器均为描彩漆，自汉代漆器出现油彩以后，油彩的使用日渐增多，使漆器的色彩更加艳丽和丰富。明清两代，漆器上油彩的使用已相当普遍，有的漆器花纹几乎全部使用了油彩。

【译文】在漆器上描绘纹饰时四个方面的过失是指：线条断续不能相连，线条漆液太多而溢出，所描绘的花纹出现脱落，漆面金粉颜色不明亮。

【扬注】笔头漆少之过。笔头漆多之过。荫而过候之过。息气未翳〔1〕，先施金之过。

【注释】〔1〕息气未翳：漆器专业术语，意思是在金胶漆表面哈气，能够形成雾气，即称为“翳”，就表示可以进行贴金操作。哈气而表面未形成雾气，即称为“未翳”，就表示还不能进行贴金操作。

【译文】描绘时所用的笔头上的漆液太少，就会出现（漆面图案线条断续）的过失。笔头上的漆液太多，就会出现（漆面线条漆液浸溢）的过失。在荫房中静置太久，就会出现（漆面脱片）的过失。漆工在漆面上哈气，在漆面还没有形成雾气的时候，就开始进行贴金工艺的操作，就会出现（漆面金粉没有亮色）的过失。

【黄文】识文[1]之二过：狭阔，高低。

【注释】〔1〕识文：用漆或灰漆堆作阳线花纹或平地堆起显现阴线花纹，分识文、识文描金和识文描漆三类。

【译文】制作漆器表面凸起的纹饰时两个方面的过失是指：凸起的线条宽窄不一，线条深浅不同。

【扬注】写起轻忽之过。稠漆失所之过。

【译文】在漆面进行凸起的纹饰工艺时，下笔随意，忽轻忽重，就会造成（漆器凸起纹饰的线条宽窄不一的）过失。描绘凸起图案的漆液浓稠度调制不得当，就会造成（漆面凸起纹饰的线条深浅不一的）过失。

【黄文】隐起[1]之二过：齐平，相反。

【注释】〔1〕隐起：堆起工艺，就是指在漆地上再用漆灰堆起花纹。

【译文】堆起工艺两个方面的过失是指：堆塑图案高低不分，堆塑图案与实际不符。

【扬注】堆起无心计之过。物象不用意之过。

【译文】在进行堆起工艺时，漆匠不够用心就会出现（堆塑图案高低不分的）过失。在用堆起工艺时描摹物象不用心，就会存在（堆塑图案与实际物象不符的）过失。

【黄文】洒金[1]之二过：偏垒，刺起。

【注释】〔1〕洒金：洒金工艺。又名砂金漆，漆艺中金漆髹饰技法之一，即在漆器上进行洒金的一种装饰手法，是传统漆艺中的工艺技法，兴盛于明清，后这一高超技艺“流失”海外，在日本大放异彩。一般为在打磨髹饰后的漆胎上髹涂一层较薄的透明漆，待漆将干未干之际，将金粉放进罗筒，经过罗筒中罗绢孔筛下，附着到透明漆面上，形成独特的疏密金色纹理。也有为制作独特纹理，先用透明漆描绘出纹理形状，再进行洒金的。由于洒下的细砂金为砂金屑末，会在漆面上形成一定的厚度，所以细分之下人们把这种技法又称之为“末金镂”，“末金镂”这一技法也是日本莳绘技法的前身。

【译文】漆器洒金工艺两个方面的过失是指：金箔碎片或金粉形成堆积，金箔碎片在漆面如刺般竖起。

【扬注】下布不均之过。麸片不压定之过。

【译文】在漆器上进行洒金工艺时，金箔或金粉洒得不均匀就会出现（漆面金粉或金箔碎片堆积的）过失。金箔碎片洒布在漆面后，应用棉球压实，没有压实就会出现（金箔碎片在漆面起刺的）过失。

【黄文】缀蛔[1]之二过：麤[2]细，厚薄。

【注释】〔1〕缀蛔：螺钿工艺。螺钿是一种用经过研磨、裁切的贝壳薄片作为镶嵌纹饰来装饰漆器的一种工艺，螺钿漆器是中国传统漆器品种之一。薄螺钿漆器约创始于北宋，所谓薄螺钿是通过精心选用夜光螺等优质贝壳，将其剥离成薄片，裁切成纤细的点、线、片，然后一点一点地嵌贴于漆器底地上，有时还间以金、银的条、片、屑等，再经髹饰、推光而成，作品五光十色，灿若虹霞，精致纤巧。

〔2〕麤（cū）：古同“粗”。

【译文】在漆器上镶嵌螺钿工艺时两个方面的过失是指：螺钿粗细不一，厚薄不均匀。

【扬注】裁断不比视[1]之过。琢磨有过、不及之过。

【注释】〔1〕比视：测量。这里指在进行螺钿填片的过程中没有经过测量，造成镶嵌位置不准确。

【译文】镶嵌螺钿的过程中，在裁剪螺钿构件时，不依据规范做测量，就会出现（粗细不一的）过失。在打磨螺钿时，要么磨得太过，要么没有磨到位，就会出现（厚薄不均的）过失。

【黄文】款刻[1]之三过：浅深，绦缕，龃龉[2]。

【注释】〔1〕款刻：款，就是刻的意思。《汉书》卷二十五上《郊祀志》：“鼎大异于众鼎，文缕，无款识。”注：“韦昭曰：款，刻也。”又明·陶宗仪所著《南村辍耕录·古铜器》：“所谓款识，乃分二义：款，谓阴字，是凹入者，刻画成之；识，谓阳字，是挺出者。”这里是指漆器的阴刻工艺。

〔2〕龃（jǔ）龉（yǔ）：原指牙齿上下对不上，比喻意见不合。这里比喻刻痕不平正、参差不齐。

【译文】漆器的阴刻工艺有三个方面的过失：刀迹深浅不一，刀锋越轨画上漆面，刀迹参差不齐。

【扬注】剔法无度之过。运刀失路之过。纵横文不贯之过。

【译文】阴刻工艺中剔刻没有把握好分寸，就会出现（刀迹深浅不一的）过失。用刀的过程中刀锋出现偏差，就会出现（刀锋越轨划伤漆面的）过失。所刻的图案在用刀锋表现时纵横不能连贯，就会出现（刀迹参差不齐的）过失。

【黄文】戗划〔1〕之二过：见锋，结节。

【注释】〔1〕戗（qiāng）划：是指在漆器表面划出细浅的花纹，里面再填上各种色彩的工艺。

【译文】戗划工艺中两个方面的过失是指：划槽不圆滑而露锋露角，划槽顿挫不匀不够流畅。

【扬注】手进刀走之过。意滞刀涩之过。

【译文】用刀时手掌握刀具不稳就会出现（划槽不圆滑而露锋露角的）过失。用刀时不够流畅时走时停，就会出现（划槽顿挫不匀不够流畅的）过失。

【黄文】剔犀〔1〕之二过：缺脱，丝绠〔2〕。

【注释】〔1〕剔犀：一种漆器工艺。一般情况下使用两种色漆（多以红黑为主），在胎骨上先用一种颜色漆刷若干道，积成一个厚度，再换另一种颜色漆刷若干道，有规律地使两种色层达到一定厚度，然后用刀以45度角雕刻出回纹、云钩、剑环、卷草等不同图案。

〔2〕绠（gēng）：动词，急、紧之意。《淮南子·缪称》：“治国譬若张瑟，大弦绠则小弦绝矣。”

【译文】剔漆工艺两个方面的过失是指：剔犀花纹缺损脱落，刀口断面花纹错乱。

【扬注】漆过紧，枯燥之过。层髹失数之过。

【译文】漆液干得太快，在十分干燥的漆面再次上漆，就会出现（剔犀花纹缺损脱落的）过失。剔犀工艺在变换各层漆的花色时，颜色混乱不清就会出现（刀口断面花纹错乱的）过失。

【黄文】雕漆之四过：骨〔1〕瘦，玷缺〔2〕，锋痕，角棱。

【注释】〔1〕骨：漆艺专业术语，指木胎。木胎上的灰和漆被称为“肉”。

〔2〕玷缺：亦作“玷阙”，原指白玉上的斑点、缺损，也指玉上出现斑点、缺损，这里比喻缺点、过失。语出东汉·班固《汉书·韦玄成传》：“玄成复作诗，自著复玷缺之艰难，因以戒示子孙。”唐·皮日休《三羞》诗之一：“王臣方謇謇，佐我无玷缺。”

【译文】雕漆工艺四个方面的过失是指：所刻漆器的漆面有失丰腴显得瘦骨嶙峋，不应雕刻部分漆面受损残缺，漆面划伤出现不必要的刻痕，雕刻后打磨不精致使所刻图案显出棱角。

【扬注】暴刻无肉之过。刀不快利之过。运刀轻忽之过。磨熟不精之过。

【译文】漆工雕刻过猛，使器物表面的漆层变薄，就会出现（漆器失去丰腴而瘦骨嶙峋的）过失。雕刻时刻刀不够锋利，就会出现（漆面不应雕刻部分受损残缺的）过失。雕刻时用刀草率，刀锋划痕不稳就会出现（漆面划伤出现不必要的刻痕的）过失。雕刻之后，磨漆过程不精到，没有很好地藏住刀的锋芒，就会出现（雕刻图案显出棱角的）过失。

【黄文】裹〔1〕之二过：错缝，浮脱。

【注释】〔1〕裹：漆艺专业术语，指在器物胎骨上包裹上皮、罗衣、纸衣等后，不再粘贴麻布衬底就直接上漆灰，此种工艺即被称为“裹衣”。

【译文】裹衣工艺两个方面的过失是指：裹衣衔接处出现错位留有缝隙，或裹衣不紧而致脱落。

【扬注】器衣不相度之过。粘著有紧缓之过。

【译文】器物木胎与裹衣之间没有经过精准测量，尺寸有出入，就会出现（衔接处错位或留有缝隙的）过失。在黏接裹衣之时松紧不一，就会出现（裹衣不紧而致脱落的）过失。

【黄文】单漆〔1〕之二过：燥暴，多颣。

【注释】〔1〕单漆：漆艺专业术语。指在器物底漆上不经其他工艺而直接上漆。

【译文】单漆工艺两个方面的过失是指：单漆面显得枯燥不圆润，漆面出现瑕疵或污点。

【扬注】衬底未足之过。朴素[1]不滑之过。

【注释】〔1〕朴素：朴，本义指未经细加工的木料，引申为“不加修饰的”。出自《庄子·天道》：“静而圣，动而王，无为也而尊，朴素而天下莫能与之争美。”素，本义指未经加工的细密的本色丝织品，后引申指白色，又引申指颜色素雅，再引申为不加修饰，还引申指本性、本质。在这里，朴素指未经髹漆的木胎。

【译文】器物的底漆做得不够精到，就会出现（单漆漆面枯燥不圆润的）过失。未经髹漆的木胎打磨不到位，胎面不够光滑，就会出现（单漆漆面出现瑕疵或污点的）过失。

【黄文】糙漆之三过：滑软，无肉，刷痕。

【译文】糙漆工艺三个方面的过失是指：糙漆漆面滑软不结实，漆面偏薄不饱满，漆面出现刷痕。

【扬注】制熟用油之过。制熟过稀之过。制熟过稠之过。

【译文】煎制熟漆时使用或掺入了油，就会出现（糙漆漆面滑软不结实的）过失。煎制熟漆过程中，漆液过于清稀，就会出现（糙漆漆面薄而不饱满的）过失。煎制熟漆过程中，漆液过于浓稠，就会出现（糙漆漆面出现划痕的）过失。

【黄文】丸漆[1]之二过：松脆，高低。

【注释】〔1〕丸漆：垸漆工艺。丸通“垸”。《庄子·达生》作“累丸”。《淮南子·时则》：“规之为度也，转而不复，员而不垸。”高诱注：“垸，转也。”

【译文】垸漆工艺两个方面的过失是指：灰漆脆而易脱落，厚薄不均而高低不平。

【扬注】灰多漆少之过。刷有厚薄之过。

【译文】垸漆过程中，灰漆的漆液少而灰多，就会出现（灰漆脆而易脱落的）过失。在加工灰漆时，漆工使用刷子不稳当，就会出现（灰漆厚薄不均匀的）过失。

【黄文】布漆之二过：邪宼〔1〕，浮起。

【注释】〔1〕宼（wà）：将瓦盖在屋上。

【译文】布漆工艺两个方面的过失是指：布纹像屋顶盖斜的瓦沟，衬布浮起于漆面。

【扬注】贴布有急缓之过。黏贴不均之过。

【译文】布漆工艺中贴布时用力不匀，造成松紧不一，就会出现（布纹被拉斜的）过失。粘贴衬布时，漆液分布不均匀，就会造成（衬布浮起的）过失。

【黄文】捎当〔1〕之二过：盬恶〔2〕，瘦陷。

【注释】〔1〕捎当：又作梢当，漆艺专业术语。指用漆灰对器物进行打底，或用灰漆和麻布填补木胎缝隙，使胎面平正完整的一

金缮做法

金缮，即使用漆艺技法对破裂或破损的器物进行修补的一种方法。如果金缮使用得当，不仅可以修复原作，还能给人以“残缺美感”。金缮修复适用的范围很广，但用以修复瓷器和紫砂器居多，玉器、竹器、象牙器、小件木器等也可以用金缮修补。下面以破碎的瓷碗为例，展示金缮的做法。

①

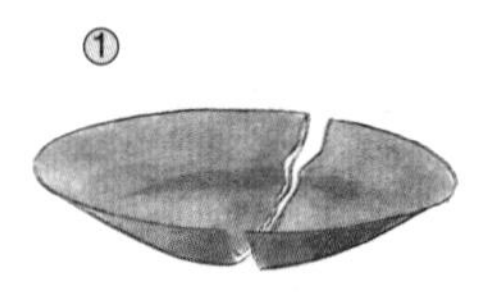

此为破损的瓷碗。

②

调制漆糊——糯米粉中加水制成面团，逐量加入生漆揉炼，直至黏度可以使漆糊拉起数厘米而不断。

③

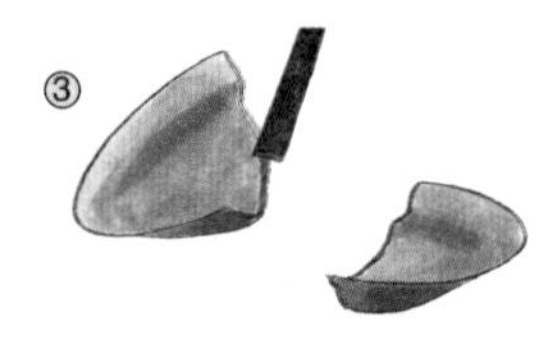

用刮板取漆糊涂在瓷碗破损处的两个截面，应均匀薄涂、全面覆盖。

④

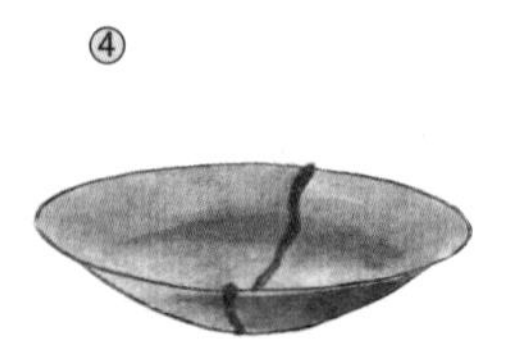

沿破损截面缓慢地切入，拼合碎片。

⑤

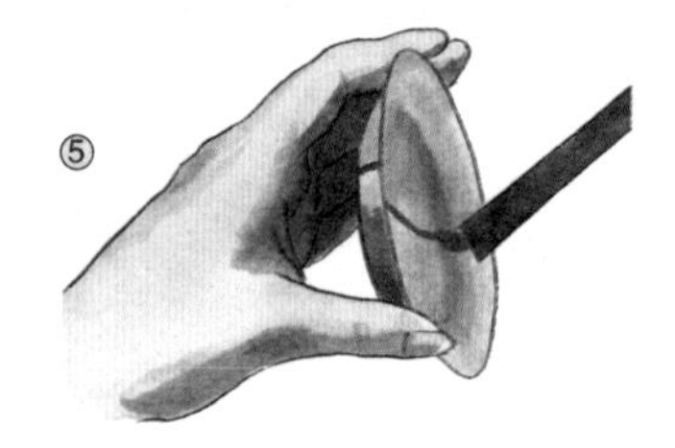

慢慢加大力度按压接缝，用刮板刮除接缝中挤出来的漆糊，这也能够确认接缝处两侧是否有落差。

⑥

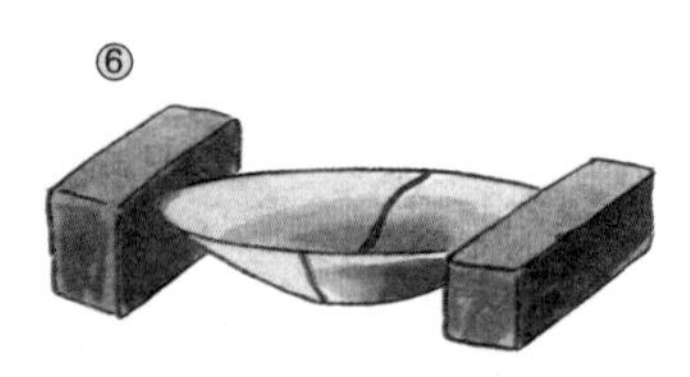

用砖块或硬木块夹紧粘好的瓷碗，这是为了给瓷片的接缝处一个作用力，使它黏合得更紧密。

⑦

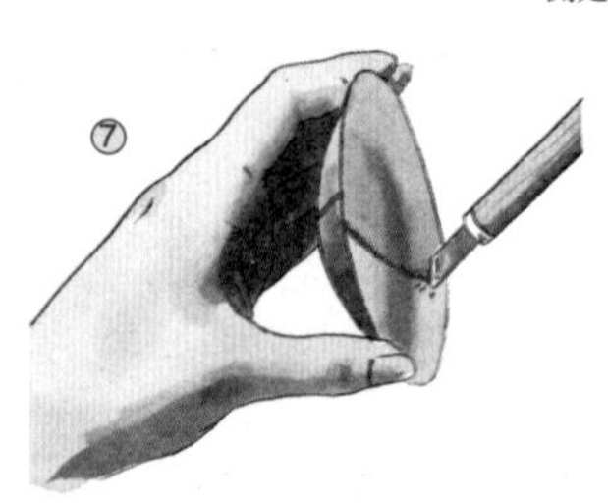

漆糊晾干后，轻轻挪开砖块，用刮刀剔除接缝附近多余的漆渍。

⑧

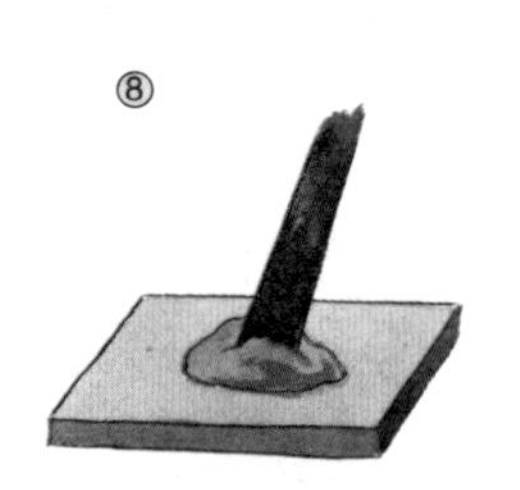

调制灰漆——极细的瓦灰中调入少量水制成灰糊，再加入适量生漆拌匀。

⑨

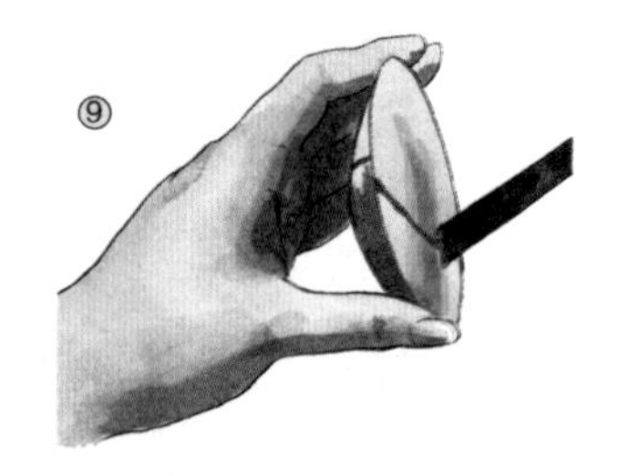

刮板蘸灰漆，对接缝处微小的缝隙或孔洞做进一步填补。

⑩

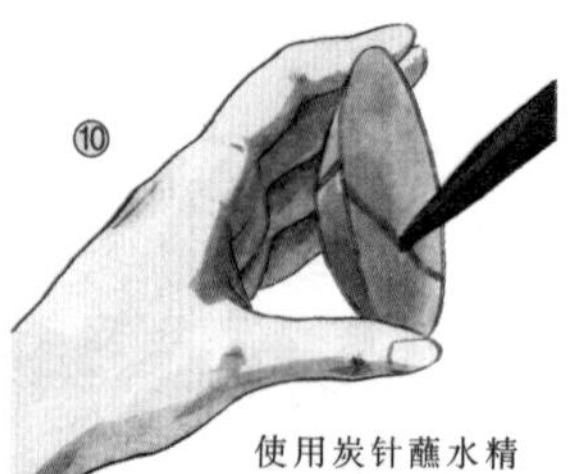

使用炭针蘸水精细打磨接缝处，注意不要伤到瓷器的釉面。

⑪

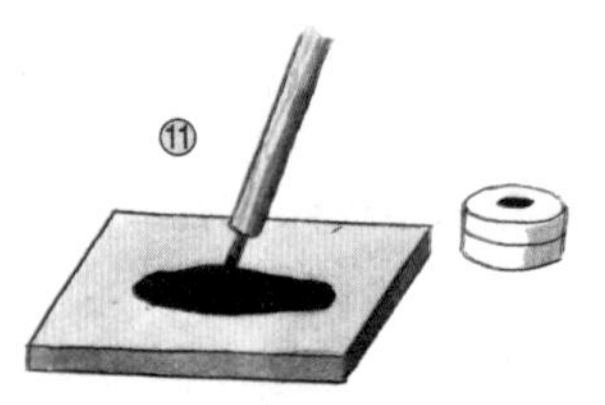

取等量黑漆和生漆混合。

⑫

用笔在接缝处的灰漆上髹涂，内外两侧都需要髹漆，髹涂时最好保持线条粗细一致。

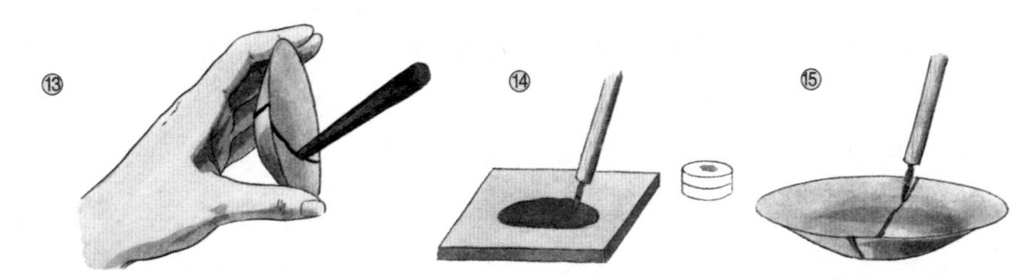

髹涂好的碗放入荫房，待干后，用炭针蘸水打磨接缝处的漆面。

在朱漆中加入适量樟脑油调制金底漆，这使漆液流平性更好，便于扫敷金粉。

沿着之前髹涂黑漆的接缝处运笔，不要漏涂。

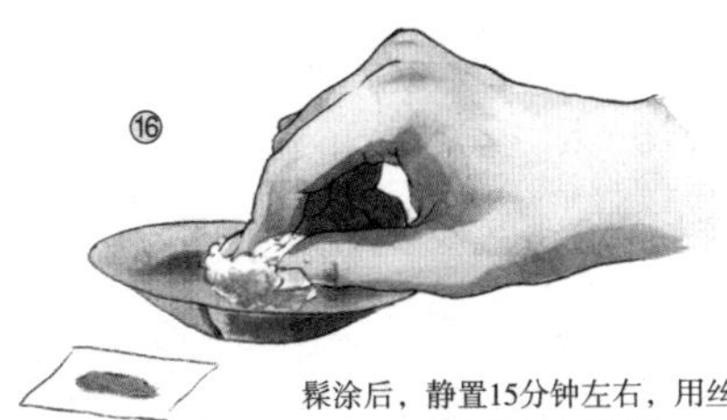

髹涂后，静置15分钟左右，用丝绵球蘸金粉扫敷在碗内外的所有髹漆处。

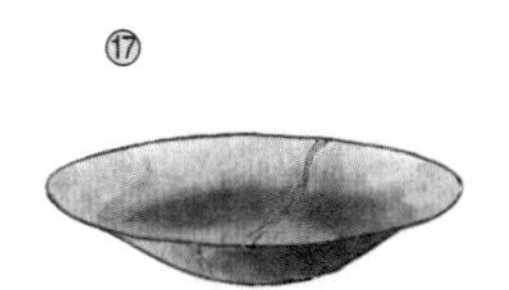

放入荫房内晾干。

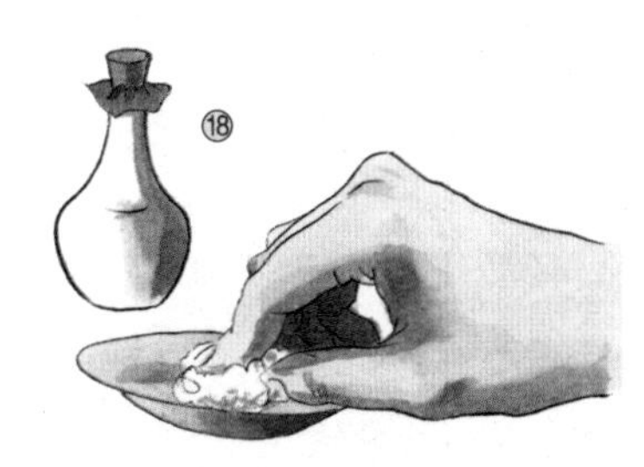

用丝绵球蘸取酒精，擦去碗内外多余的金粉。

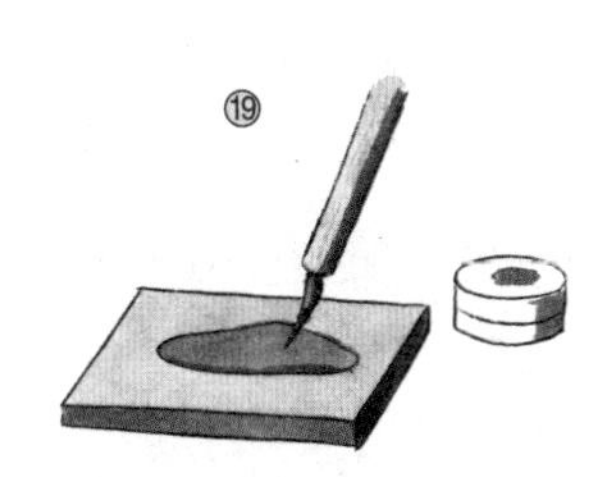

透明漆中混合少许生漆调制，在调好的漆液中再加入两倍量的樟脑油，稀释漆液。

蘸取稀释好的漆液点在接缝处的金粉上，让漆液渗入粉末里。

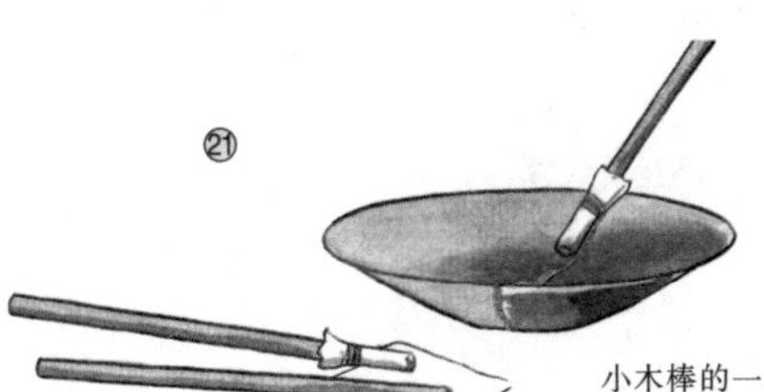

小木棒的一端缠绑棉布制成棉棒。让漆液在接缝处短暂停留，数分钟后用棉棒擦去。多余的漆如果不及时擦掉，漆干燥后会变黑影响金粉呈色。

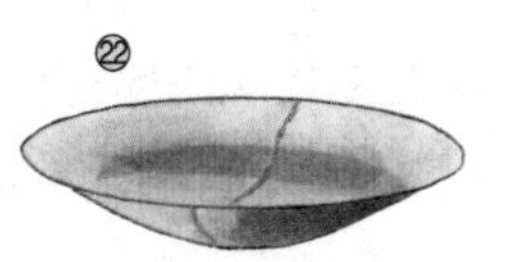

放入荫房内晾干，待干后，一只破损的瓷碗就金缮好了。

道工序。明朝陶宗仪《南村辍耕录·髹器》："凡造碗碟盘之属，其胎骨则梓人以脆松劈成薄片，于旋床上胶黏而成，名曰捲素。髹工买来，刀刳胶缝，干净平正，夏月无胶汎之患，却炀牛皮胶，和生漆，微嵌缝中，名曰梢当。"

〔2〕盬（gǔ）恶：意为器物不坚固。

【译文】捎当工艺两个方面的过失是指：填补部分不坚固，被填补的地方出现凹陷。

【扬注】质料多，漆少之过。未干固辄垸之过。

【译文】在进行捎当工艺时，所用的填充物多，而漆液少，就会出现（填补部分不坚固的）过失。填补的地方还没有全部干固，即上灰漆进行髹漆，就会出现（漆面凹陷的）过失。

【黄文】补缀之二过：愈毁，不当。

【译文】修补古旧漆器时两个方面的过失是指：修补过多而损毁原物，漆色差异过大而无法衔接。

【扬注】无尚古之意之过。不试看其色之过。

【译文】修补古旧漆器时，不按照原来的古旧风格进行修饰，就会出现（修饰过多而损毁原物的）过失。不反复比对测试颜色就开始修补，就会出现（漆色差异过大而不相衔接的）过失。

◎商

商代漆器虽无大量实物出土，但早在1928年，河南安阳西北岗武官村殷墟大墓中已发现许多雕花木器印在土上的朱色花纹，这种有花纹的土被称为“花土”，是雕花木器上绘有色漆的证据。在其他商代墓葬中，也都发现了大量此类花土。据分析，这些装饰花纹有饕餮纹、夔纹、回纹、蕉叶纹等，基本与青铜器相似。

《礼记·表记》有言：“殷人尊神，率民以事神，先鬼而后礼。”殷商漆饰大多是威严、神秘、具有高度慑服力的纹样，以体现神权，多用稳重、庄严的直线，装饰也对称、规整，其宗教意义也大于审美意义。

朱漆木雕残痕

（长112.8厘米，宽41.3厘米）

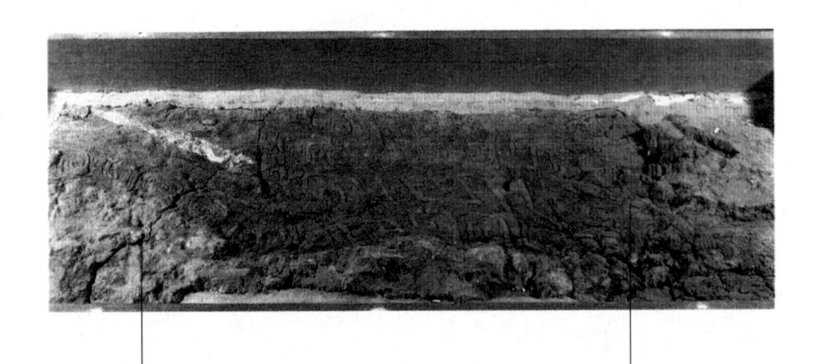

残痕

残痕的形成有几种说法，一说此原为表面饰有纹样的木器，木器随葬，数千年后木头腐朽，漆绘的图案遗存；一说为铸造青铜器用的模具。现在普遍认同第一种说法。图中为残存的椁板遗痕。

髹饰

图中可见抽象的虎形花纹，细部饰有雷纹，残存的朱漆痕迹仍很明显。此花纹式样与当时青铜器上的纹样相似。

坤集

“坤集”共十六章，第三章至第十六章分别列举了漆器的各种髹饰技法；第十七章为漆器胎骨的制作；第十八章讲解古代漆器的断纹、修复及新器做旧等问题。在漆器的髹饰中，“阴”“阳”是区分纹饰的标准，其中，光素无花纹的为“阴”，有花纹的为“阳”。纹饰也有阴阳之分，在器表刻、画，凹下去的纹样为“阴”；在器表画、堆、塑等，凸起的纹样为“阳”。漆器的髹饰需要阴阳相调，像自然中阴阳化生万物那样。

【黄文】凡髹器，质为阴，文为阳。文亦有阴阳：描饰为阳。描写以漆。漆，木汁也，木所生者火[1]而其象凸，故为阳。雕饰为阴，雕镂以刀。刀，黑金也，金所生者水[2]而其象凹，故为阴。此以各饰众文皆然矣。今分类举事而列于此，以为《坤集》。坤所以化生万物，而质、体、文、饰，乃工巧之育长也。坤德至哉！

【注释】〔1〕木所生者火：木生火是五行相生的一种。五行相生的规律是——木生火，火生土，土生金，金生水，水生木。

〔2〕金所生者水：金生水是五行相生的一种。这里的金，是指金石，即山川。

【译文】所有的漆器，纯素而没有花纹的，是“阴”，用花纹装饰过的，是“阳”。同时，纹饰也分阴阳，描绘的纹饰为“阳”。描绘要用漆，漆是漆树的汁液，（按照五行相生的观点）是木所生的火，而描绘的图案凸起于漆面，所以是“阳”。雕刻的装饰为“阴”，雕刻所用的是刀，（在五行的属相中）刀属黑金，金生水，而雕刻是凹陷于漆面的，所以是“阴”。以此来研究各种纹饰和工艺，就都明白了。现在，将漆器装饰分类列举如下，就是《坤集》。坤（在卦象中就是大地），是化生万物之所在，而质地、胎体、花纹、装饰等，都是工匠所化育生长的。地德真是最广大的啊！

质色第三

【扬注】纯素无文者，属阴以为质[1]者，列在于此。

【注释】〔1〕质：本体。这里指漆地。

【译文】漆面纯素、不施文饰的、展示漆地之美的器物，就被列为“阴”，均罗列在这里。

【黄文】黑髹，一名乌漆，一名玄[1]漆，即黑漆

退光

退光即黑髹干透以后，用灰条、桴炭等磨退漆面的漆籽和浮光，使之呈现如乌木般古朴的效果。其特点是光彩内敛，乌黑发亮。

黑漆南官帽扶手椅　清

黑漆钵　南宋

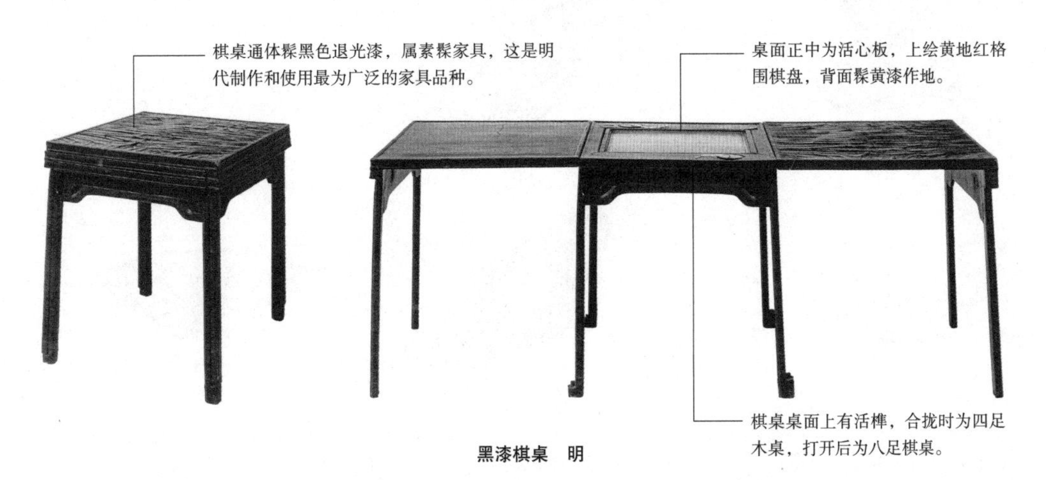

棋桌通体髹黑色退光漆，属素髹家具，这是明代制作和使用最为广泛的家具品种。

桌面正中为活心板，上绘黄地红格围棋盘，背面髹黄漆作地。

棋桌桌面上有活榫，合拢时为四足木桌，打开后为八足棋桌。

黑漆棋桌　明

底胎制作

底胎是漆器的基本，没有坚实优良的底胎就不可能做出质优的器物。底胎制作需要经过裱布、刮灰等多个繁琐工序，历时漫长，但底胎工序做得越仔细，最后完成的髹涂效果就越好。所以底胎制作是最基本，也是最困难的工作。底胎的做法有很多种，根据所制器物及其表面髹饰的不同而有区别，下面展示的是一种常见的底胎制作方法。

①

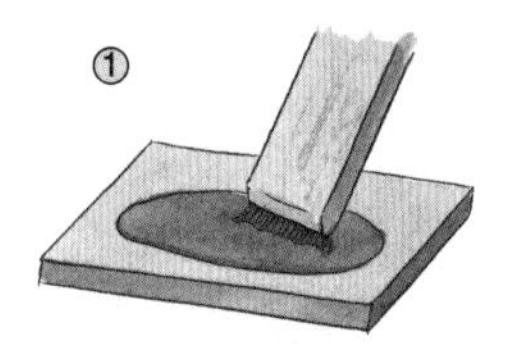

同比例的生漆和樟脑油混合，用于封固木胎。

②

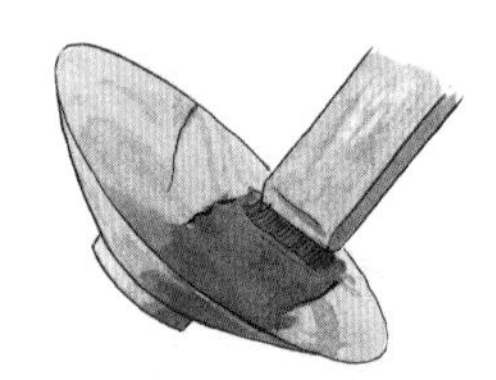

漆刷吸饱漆液，由内向外髹涂。动作要缓，使漆充分渗入木胎中。

③

放入荫房荫干。

④

⑤

检查木胎，如有裂缝、结疤、凹痕等，需先将虚松的木头剔刮干净，而后填充厚泥状的漆糊木粉料补胎，待其干固后稍加打磨，底胎便基本平顺。

⑥

⑦

生漆调配糯米糊制成黏稠漆液，全面髹涂木胎。

⑧

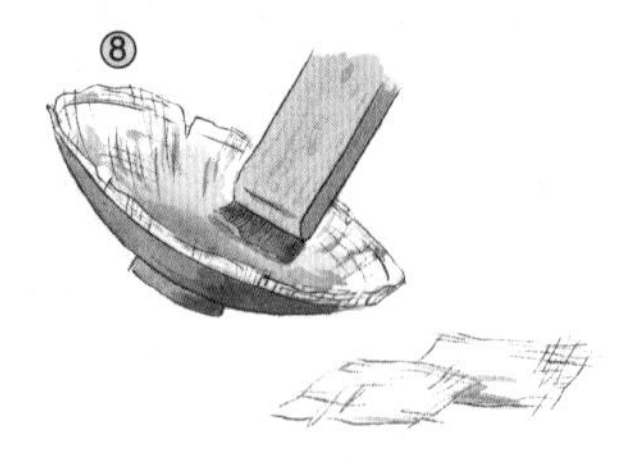

利用漆液的黏性在木胎上贴糊麻布，贴好后放入荫房待干。

⑨

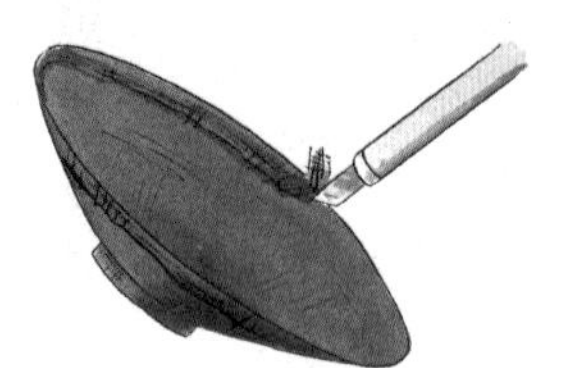

底胎干固后，削去重叠的部分和多余的布片等。

⑩

打磨平整，裱布即完成。

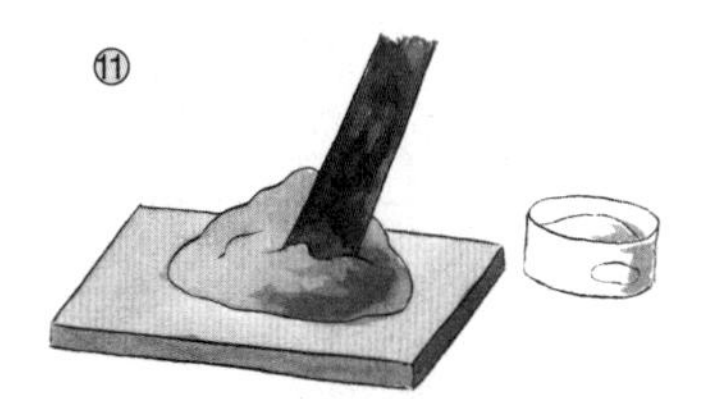

调制粗灰，大致比例为漆四、糯米糊二、瓦灰四，调拌成泥状粗灰。

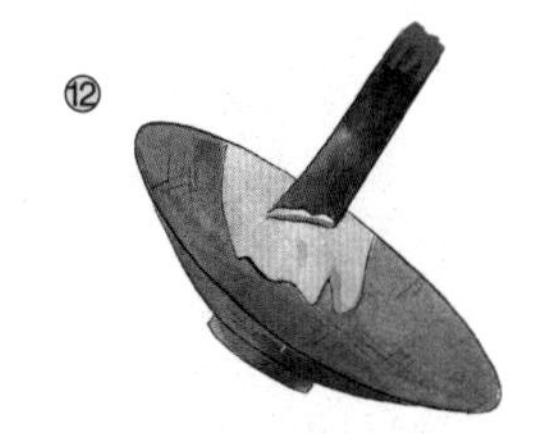

用刮板给木胎均匀刮涂一道灰漆，而后放入荫房待干。

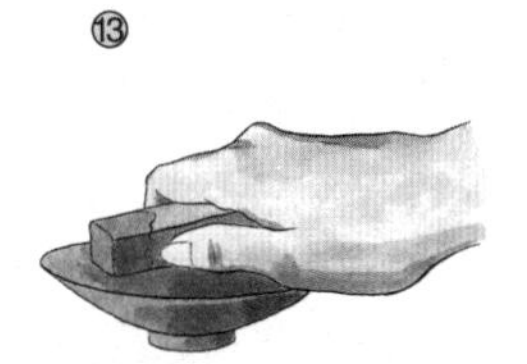

灰漆干固后，用灰条将木胎通体打磨一次。

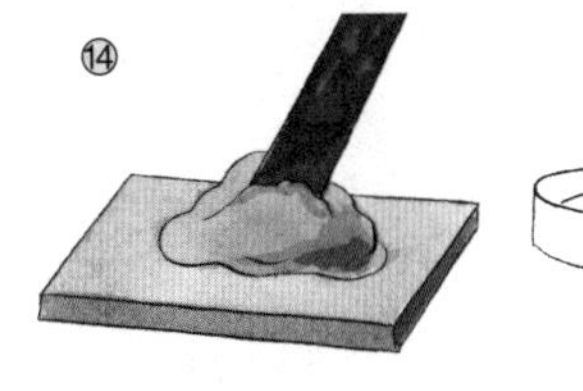

调制中灰，大致比例为生漆四、糯米糊一、细瓦灰二、细黄土灰三。适量多次分批调匀。

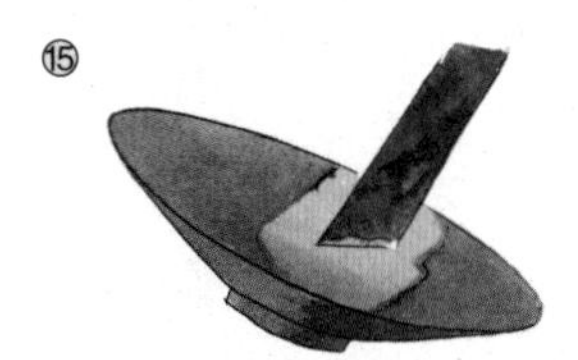

用刮板给木胎均匀刮涂一道灰漆，而后放入荫房待干。

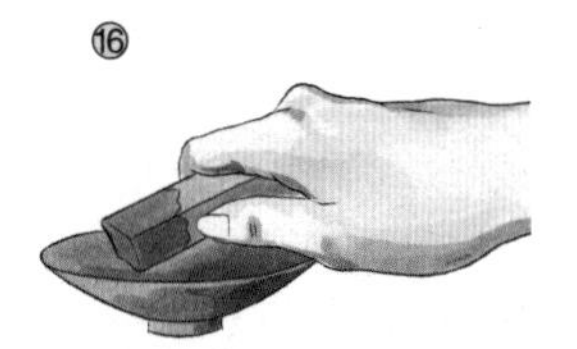

灰漆干固后，用稍细的磨石蘸水打磨平滑。

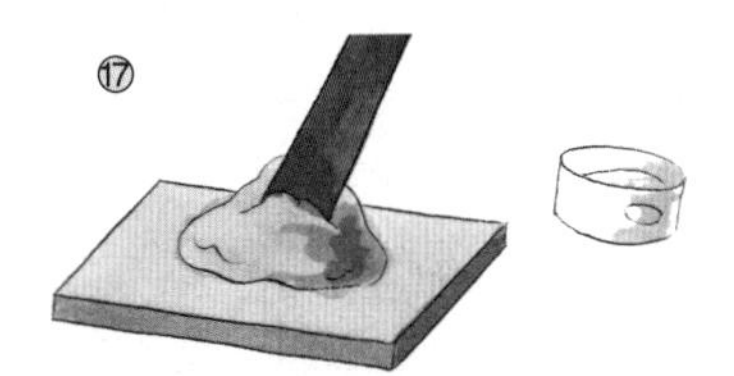

调制细灰，大致比例为漆五、细黄土灰五。适量多次分批调匀，然后加入少量清水稀释至稀泥状。

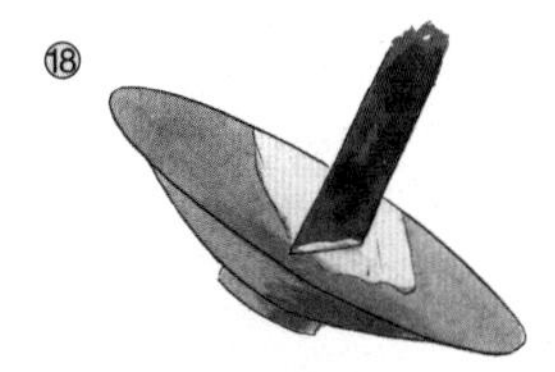

用刮板给木胎均匀刮涂一道灰漆，而后放入荫房待干。

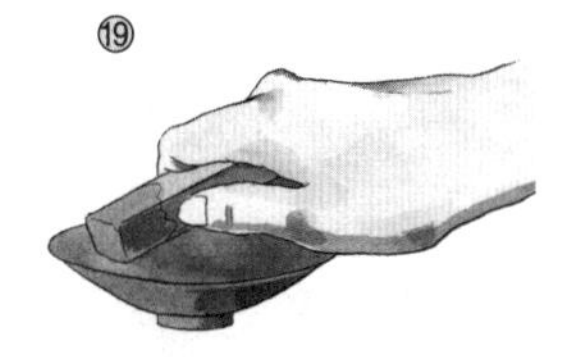

灰漆干固后，用磨石蘸水打磨平滑。漆灰每层需要刮几次，视物件大小、形制而定。大件器物每层漆灰需要刮两到三次；小件器物每层刮一次即可。

调制漆液，精制黑漆中加适量樟脑油做稀释。

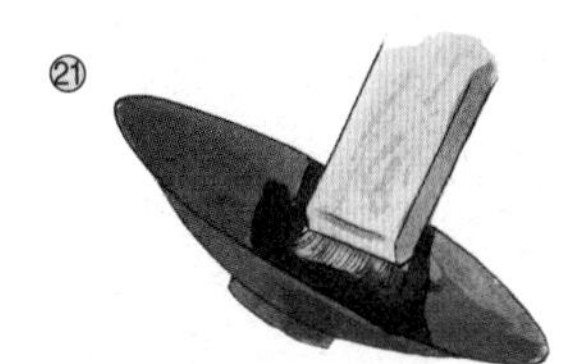

给木胎均匀髹涂一道黑漆，而后放入荫房待干。

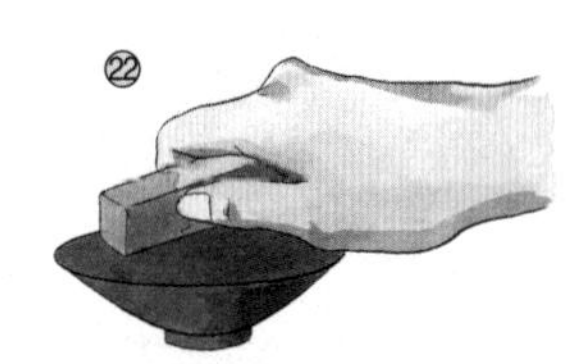

漆液干固后，使用更细致的磨石将漆面打磨平滑。

再髹涂一道黑漆，而后放入荫房待干。

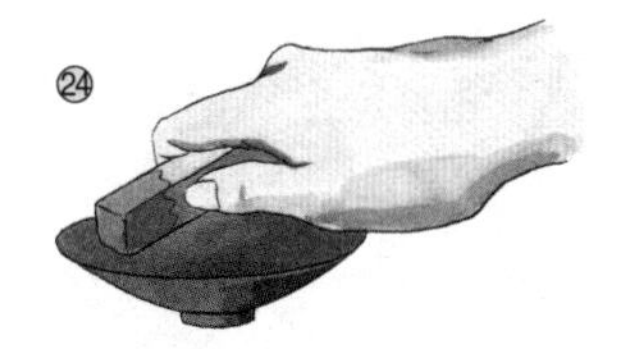

干固后，再次将漆面打磨平滑。

一个平滑坚实的木碗底胎就完成了，在细致的底胎上能够更好地做出复杂精美的髹饰。

也，正黑光泽为佳。揩光要黑玉，退光要乌木。

【注释】〔1〕玄：赤黑色。

【译文】黑髹，又叫乌漆，也叫玄漆，就是黑漆的意思，黑漆漆器以正黑色而充满光泽为最好。黑漆揩光要达到黑玉一样的效果，退光要达到乌木一样的效果。

【扬注】熟漆不良，糙漆不厚，细灰不用黑料，则紫黑。若古器，以透明紫色为美。揩光欲黸[1]滑光莹，退光欲敦朴[2]古色。近来揩光有泽漆[3]之法，其光滑殊为可爱矣。

【注释】〔1〕黸（lú）：意为黑色。《扬子·法言》："彤弓黸矢。"

〔2〕敦朴：敦厚朴素。《史记·孝文本纪》："上常衣绨衣，所幸慎夫人，令衣不得曳地，帏帐不得文绣，以示敦朴，为天下先。"

〔3〕泽漆：有研究者认为泽漆工艺即福建漆工所称的"揩青"。这一工艺是在漆面退光后，用脱脂棉球蘸"提庄漆"薄薄揩擦漆面，不使漆面堆积漆液，入窨候干的工艺。

【译文】如果揩光使用的熟漆不好，或者打底的糙漆不够厚，垸漆用的细灰不是黑的，则做出来的漆器就是紫黑色的（而非黑髹所要求的正黑色）。如果是仿制古代黑髹漆器，可以将黑髹磨退后罩透明漆，漆面就会呈现出透明紫色，比正黑更为美丽。揩光要达到正黑滑爽充满光泽，退光要达到敦厚朴素的古色。近来，在揩光工艺方面发展出了泽光漆的方法，能够使漆面更光滑，所作器物更可爱。

制作朱漆

调制色漆是一项费力的工作，如果漆液揉炼到位，就能更好地完成后续的髹涂，制出品相极佳的器物。下面是朱漆的调制图示。

①

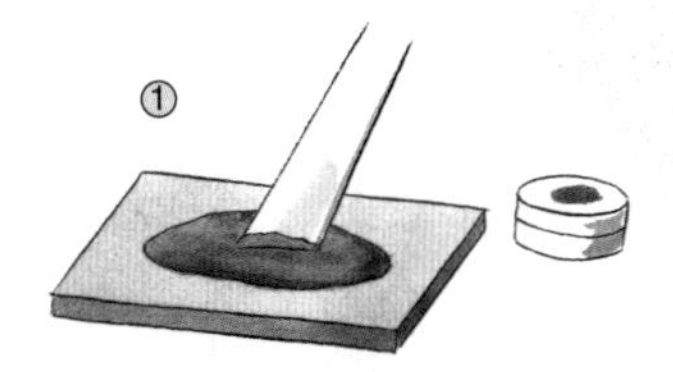

精制的透明漆中加入少量广油和樟脑油，调拌均匀。

②

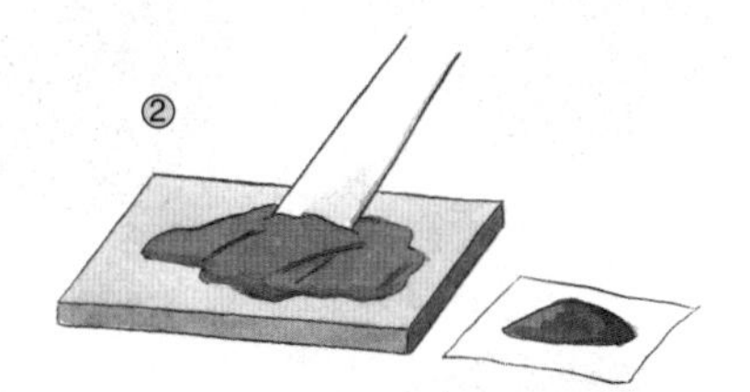

稀释好的透明漆中加入朱色颜料，用刮板反复按压研磨，调拌均匀。

③

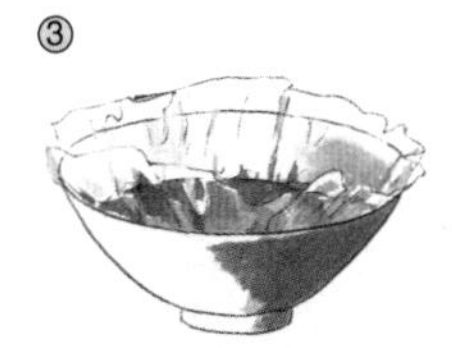

二者混合到一定程度后，将其装入碗中并用皮纸盖好，隔绝空气，静置一晚。

④

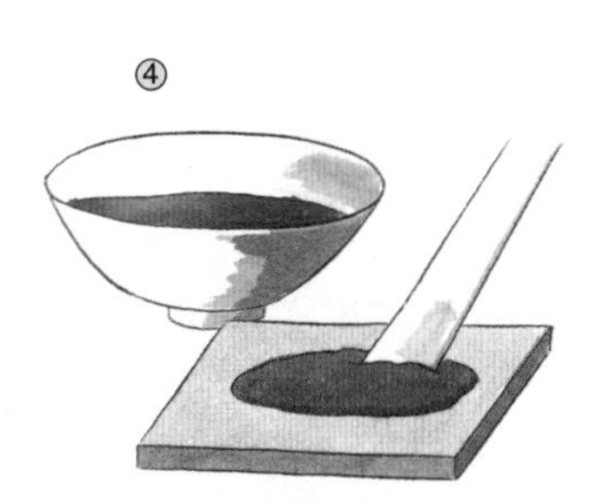

将静置好的朱漆倒在调色板上。

⑤

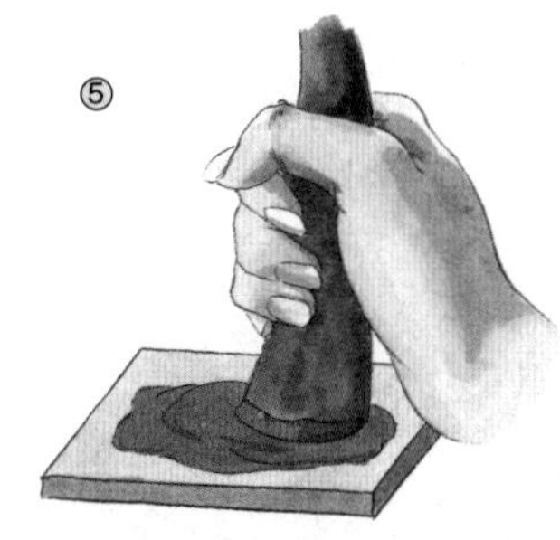

使用研磨棒反复揉炼，直至感觉细腻黏稠。

⑥

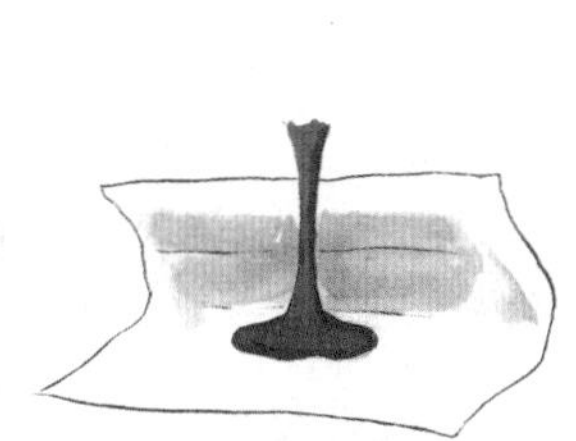

将漆液挑入绵纸中。

⑦

用手拧住绵纸两端，慢慢转动，过滤漆液。

⑧

髹涂用的朱漆就制好了。

碗表里皆素髹朱色漆，漆色鲜艳，娇俏可人。

盖内及碗心髹黑漆后，刀刻填金隶书乾隆御制诗《题朱漆菊花茶杯》："制是菊花式，把比菊花轻。啜茗合陶句，裛露掇其英。" 末署"乾隆丙申春御题"及"太璞"印章款。

脱胎朱漆菊瓣式盖碗　清

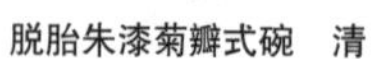

脱胎朱漆菊瓣式碗　清

脱胎朱漆菊瓣式盒　清

脱胎朱漆菊瓣式盘　清

□ 朱髹

朱髹，即用朱红色推光漆作髹涂。朱红色推光漆中加入银朱，漆面退光、揩光后，能呈现如红珊瑚般典丽的效果。髹涂朱红色推光漆，适宜在湿润温暖的春夏时节，漆色能更红亮；如果在秋天髹涂，漆色就会殷红；而寒冷的冬天就不适合髹涂了。

【黄文】朱髹，一名硃红漆〔1〕，一名丹漆，即朱漆也。鲜红明亮为佳。揩光者，其色如珊瑚，退光者朴雅〔2〕。又有矾红〔3〕漆，甚不贵。

【注释】〔1〕硃（zhū）："朱"。泛指大红色，指朱砂。

〔2〕朴雅：意为淳朴而高雅。唐·元稹《叙诗寄乐天书》："朝廷大臣以谨慎不言为朴雅，以时进见者不过一二亲信，直臣义士往往抑塞。"一般用来形容人，这里是将漆器拟人化的用法。

〔3〕矾红：一种以氧化铁为着色剂，即用绛矾配制的红漆。

【译文】朱髹，又叫硃红漆，也叫丹漆，就是指朱红色的漆。朱漆以鲜红明亮的为最好。揩光要达到色泽像珊瑚一样，退光要达到色彩淳朴而高雅。有用绛矾配制的红漆，就不那么珍贵了。

【扬注】髹之春暖夏热，其色红亮；秋凉，其色殷红[1]；冬寒，乃不可。又其明暗，在膏漆、银朱调和之增减也。倭漆[2]窃[3]丹带黄。又用丹砂者，暗且带黄。如用绛矾，颜色愈暗矣。

【注释】〔1〕殷（yān）红（hóng）：中国传统色彩名称，是指鲜红色中透出黑色。也指深红色，即红中带黑之色。唐·杜甫《韦讽录事宅观曹将军画马图歌》：“内府殷红玛瑙盘，婕好传诏才人索。”

〔2〕倭（wō）漆：倭，是中国古代对日本的称呼。倭漆即日本漆器。

〔3〕窃：据王世襄先生考证，窃乃古“浅”字。

【译文】在温暖的春天和炎热的夏天，（制作出来的朱髹）其颜色就红亮；秋天气候变凉，（制作出来的朱髹）其颜色变得殷红；冬天寒冷，不适合制作朱髹漆器。朱漆的明暗，主要是通过对推光用的膏漆和银朱调和的比例增减来把握。日本的朱漆浅红带黄，又有用丹砂来调色的，其颜色就显得暗，而且带黄。如果用绛矾调色，其颜色会显得更暗。

【黄文】黄髹，一名金漆，即黄漆也。鲜明光滑为佳，揩光亦好，不宜退光。共带红者美，带青者恶。

【译文】黄髹，又叫金漆，也就是黄漆。黄漆以颜色鲜明质地光滑的为好。不适合使用退光工艺。以黄中泛红为美，以黄中泛青为丑。

盒盖内髹黑漆作地，黑漆内亦满布螺钿屑。盒内及底髹黑漆。

盒外表髹绿沉漆作地，漆内密布五彩螺钿屑。

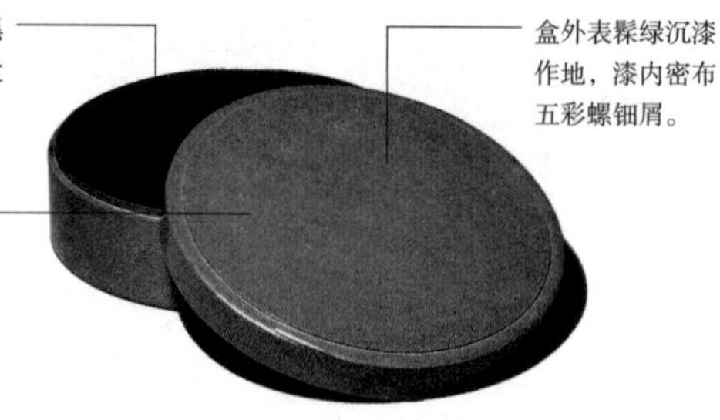

此盒造型端庄大气，髹饰的绿沉漆撒螺钿屑，用料考究，呈色高贵典雅，应属宫廷造辨处漆作之素色漆器中难得的精品。

螺钿绿沉漆圆盒　清

□ 绿髹

绿髹，即用绿色推光漆作髹涂。绿色颜料难以遮盖漆液自身的红棕色相，所以调和绿漆所用的推光漆颜色不宜太深，否则绿髹就会发暗，达不到沉、净的美。“绿沉漆”起源于魏晋南北朝，从战国、秦汉时期多用的红色到绿色的审美变化，一定程度上体现了南北朝时期追求淡泊逍遥、俊雅飘逸的审美趣味。

【扬注】色如蒸栗为佳，带红者用鸡冠雄黄〔1〕，故好。带青者用薰黄〔2〕，故不可。

【注释】〔1〕雄黄：是四硫化四砷的俗称，又称作石黄、黄金石、鸡冠石，通常为橘黄色粒状固体或橙黄色粉末，质软，性脆。

〔2〕薰黄：亦名黄金石，一种单斜晶系矿石，主要成分是三硫化二砷，有剧毒。

【译文】黄漆的颜色以像蒸熟的栗子的颜色者为最好，泛红的黄漆需用鸡冠雄黄调色，才会好。黄漆中泛青，是因为用了薰黄，所以不能用。

【黄文】绿髹，一名绿沉漆，即绿漆也。其色有浅深，绿欲沉。揩光者忌见金星，用合粉〔1〕者甚卑。

【注释】〔1〕合粉：合粉绿，是用成色次劣的臭黄与韶粉调制而成的绿漆。

【译文】绿髹，叫绿沉漆，也就是绿漆。绿漆的颜色有深有浅，绿得像深潭的为好。绿漆在揩光时不能出现细小的斑点。用合粉绿制成的都很粗劣。

【扬注】明漆不美则色暗，揩光见金星者，料末不精细也。臭黄〔1〕、韶粉〔2〕相和则变为绿，谓之合粉绿，劣于漆绿大远矣。

【注释】〔1〕臭黄：与雄黄相类似的一种矿物质，但是成色次劣，质地不纯。

〔2〕韶粉：白色粉末，又称胡粉、朝粉。明·宋应星《天工开物·胡粉》："此物因古辰韶诸郡专造，故曰韶粉（俗名朝粉）。今则各省饶为之矣。其质入丹青，则白不減。揸妇人颊，能使本色转青。"个别地方铅粉也称韶粉。

【译文】如果透明漆质量不好，与绿漆相调，绿髹就会显得暗淡。在揩光时出现细小的闪光的微粒，是揩光料制作不精细、存在杂质的缘故。臭黄、韶粉相调和就会呈现绿色，被称为合粉绿，比绿漆的品质差得太远了。

【黄文】紫髹，一名紫漆，即赤黑漆也。有明、暗、浅、深，故有雀头〔1〕、栗壳〔2〕、铜紫、骍毛〔3〕、殷红之数名。又有土朱漆。

【注释】〔1〕雀头：中药名，即雀头血，指麻雀头部的血液。中医认为雀头血味咸、性平、归肝经，具有明目的功效，主治雀盲（夜盲症）。因雀头血干后呈紫黑色，故漆器工匠将紫髹漆器中的暗紫色漆称为雀头血，后因带血字有不祥之意，于是简省呼作雀头。

〔2〕栗壳：中药名，即板栗外果皮。中医认为具有降逆生津，化痰止咳、清热散结、止血之功效。因栗壳呈紫黄色，故漆器工匠将

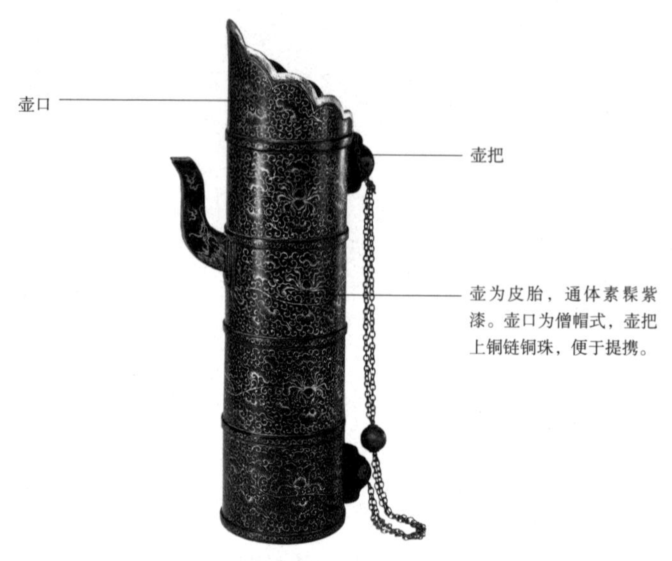

壶口
壶把
壶为皮胎，通体素髹紫漆。壶口为僧帽式，壶把上铜链铜珠，便于提携。

紫漆描金缠枝莲纹多穆壶　清

□ 紫髹

紫髹，即用红黑二色调配推光漆作髹涂。调配时，红、黑二色的比例不一，呈现的漆色就有浓有淡、有亮有暗，所以紫髹又分雀头、栗壳、铜紫、骍毛、殷红、土朱等。紫髹时，应先将漆髹涂在试色板上，待干固后看呈色情况，再进行髹涂。

多穆壶

多穆壶，源于蒙、藏等少数民族地区，主要用于盛装酥油茶。清代宫廷曾以多种材料制作多穆壶，如瓷、漆器、珐琅等，赏心悦目，大多也不再具有盛装酥油茶的实用功能。

紫髹漆器中的紫黄色漆称为栗壳。

〔3〕骍（xīng）毛：亦作骍旄。相传是一种赤红色的牛，古代天子与诸侯或诸侯间订盟时常用这种红色的牛做祭品。《左传·襄公十年》：“昔平王东迁，吾七姓从王，牲用备具，王赖之而赐之骍旄之盟。”因传说中的骍毛呈亮红色，故漆器工匠将紫髹漆器中的亮紫而近红的漆称为骍毛。

【译文】紫髹，也叫紫漆，就是红黑二色调配成的漆。紫漆有明、暗、浅、深之别。因此，又有了雀头、栗壳、铜紫、骍毛、殷红等多个名字。还有一种土朱漆。

【扬注】此数色，皆因丹、黑调和之法，银朱[1]、绛矾[2]异其色，宜看之试牌而得其所。又土朱者，赭石[3]也。

【注释】〔1〕银朱：中药名，为以水银、硫黄和氢氧化钾为原料，经加热升华而制成的硫化汞。又叫水华朱、心红、猩红、紫粉霜。银朱为细粒或细粉状，呈红色、朱红色，具较强光泽，以体重、色红、鲜艳者为佳。

〔2〕绛矾：一种由青矾煅成，呈赤色的结晶体。明·李时珍《本草纲目·石三·绿矾》："绿矾、晋地、河内、西安 、沙州皆出之，状如焰消。其中拣出深青莹净者，即为青矾。煅过变赤，则为绛矾。入圬墁及漆匠家多用之。"矾红漆，价格不贵，是漆工所用的红色颜料中最差的一种。

〔3〕赭（zhě）石：赭石色，多指暗棕红色或灰黑色，条痕樱红色或红棕色。

【译文】这几种漆色，都是因为红色和黑色调和时比例不同。银朱和绛矾调制的漆颜色又有不同。漆液调制时应该认真与颜色板上的色彩进行比对，才能得到正宗的颜色。另外，土朱漆，就是一种用赭石调制而成的紫色漆。

【黄文】褐髹，有紫褐、黑褐、茶褐、荔枝色之等。揩光亦可也。

【译文】褐髹，有紫褐色、黑褐色、茶褐色、荔枝色等，在褐髹漆面进行揩光也是可以的。

【扬注】又有枯瓠[1]、秋叶等。总依颜料调和之法为浅深，如紫漆之法。

【注释】〔1〕枯瓠（hù）：瓠，即一种一年生攀缘草本植

此像通体素髹褐色漆，脱胎制坐姿地藏菩萨像，菩萨单腿盘坐于山石之上，形象传神。

袈裟的衣纹均用漆灰堆盘而成，有网格纹、团寿纹、云纹等。

脱胎褐漆地藏菩萨像　20世纪50年代

□ **褐髹**

褐髹，即用褐色推光漆作髹涂。褐髹同紫髹一样，因调配时各颜色比例的不同，也有紫褐、黑褐、茶褐、荔枝色、枯瓠色、秋叶色等色之分。

物，葫芦的变种。这里指枯萎的瓠瓜的颜色。

【译文】又有似枯萎的瓠瓜、秋叶的褐色漆。总的来说，都是依据颜料的比例和调和的方法来控制深浅，与紫漆的做法一样。

【黄文】油饰，即桐油调色也。各色鲜明，复髹饰中之一奇也，然不宜黑。

【译文】油饰，就是用桐油作为原料进行调色髹饰，（桐油）能使各种颜色变得鲜明，这种工艺是髹饰工艺中一种奇特的技艺。但是，黑色不适合用桐油调制。

【扬注】此色漆则殊鲜妍，然黑唯宜漆色，而白唯非油则无应矣。

【译文】用桐油调色的漆液颜色异常鲜艳。但是，黑髹不能用桐油，只能用漆的本色。而白色的漆，不用桐油则无法调出。

【黄文】金髹，一名浑金漆，即贴金漆也，无癜斑为美。又有泥金漆，不浮光。又有贴银者，易黴黑也。黄糙宜于新，黑糙宜于古。

【译文】金髹，又叫浑金漆，也就是贴金漆的工艺。这种工艺以没有癜斑为美。还有一种是泥金漆，表面哑光，金色不浮于漆面。也有贴银的工艺，却较容易氧化发黑。新做的糙漆，应该用黄色。仿古做旧的糙漆，应该用黑色。

【扬注】黄糙宜于新器者，养益[1]金色故也。黑糙宜于古器者，其金处处摩残，成黑斑，以为雅赏也。癜斑，见于贴金二过之下。

【注释】〔1〕养益：把玩等在文玩界称为“养”，通过养可以使器物更显润泽。

【译文】黄色糙漆适合新作的漆器，是因为金色更易于通过养益增色。黑色糙漆适合用于仿古和做旧的漆器，这样器物周身的金漆就如同磨损残破。而有黑斑，具有典雅可赏的妙趣。癜斑的具体问题，请参考前文《乾集·贴金之二过》。

制作贴金

贴金是漆艺中一种常见的髹饰手法，贴金的器物光亮莹澈且平滑服帖。贴金对底胎的要求很高，底胎需细腻平整；而用于粘贴金箔的金底漆同样需要调配适当，这样做出来的贴金华美，效果更持久。在古代，贴金工艺常见于佛像等塑像的髹饰。贴金等金髹与木雕结合又称“金漆木雕”，常出现在中国民间建筑、家具和器皿等的髹饰中。

① 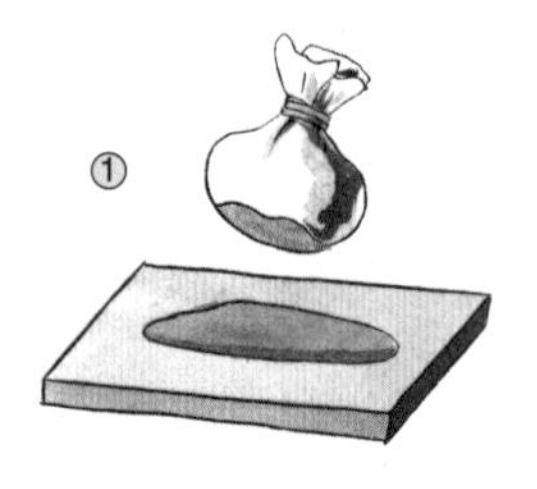

棉布内包丝绵球，做两枚形似打起蓓蕾漆的蘸子。

② 

准备一个制好的黑漆地素髹小盘。

③ 

用蘸子蘸取金底漆，给盘子需要贴金的部分薄薄地擦一道漆。

④ 

另取一个未蘸过漆的干净蘸子，揩擦刚才擦过漆的部位，将漆层擦得更薄、更均匀。揩擦完毕，将小盘放入荫房阴干约10~15分钟，这是为了给漆液一点干燥的时间，使箔片更易贴紧。

⑤ 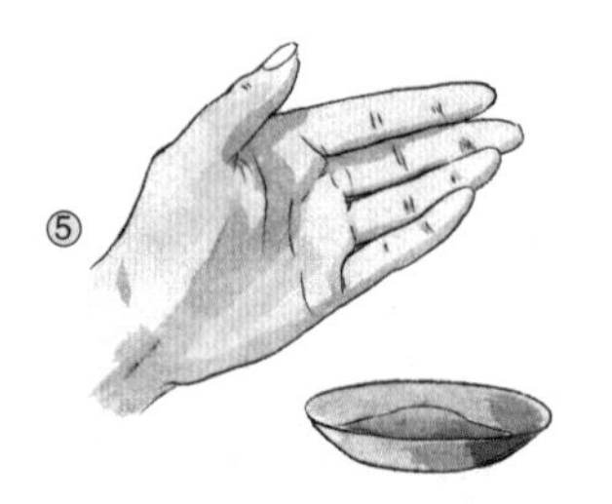

贴箔前，在手上抹一层细灰干燥手部，以防箔片粘到手上。

⑥ 

贴金箔，用镊子夹取一张带底纸的金箔，小心轻放到盘中。注意贴好后不要挪动。

⑦ 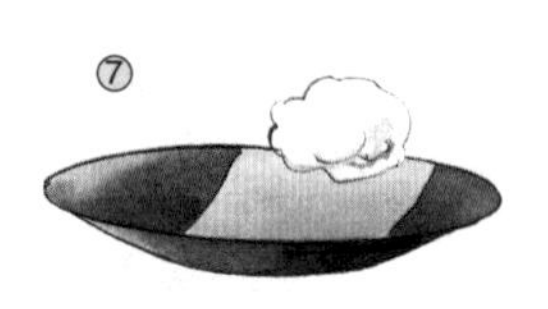

将不易掉絮的纱布揉成团，轻轻拍打按压金箔上的底纸。

⑧ 

贴好一张后轻轻揭下金箔上的底纸，注意不要带起灰尘。

⑨ 

按照刚才的方法将剩余部分的金箔贴好，贴好后，将小盘放入荫房待干。一天左右，取出小盘，扫去重叠粘贴的金箔，将贴箔的面收拾平整。

⑩

贴箔时，难免有粘贴不牢或拍打按压时手法不当以致脱落的箔片，这就需要再次给箔片脱落处髹涂金底漆，粘补箔片。

⑪

观察需要贴补的部位，取带底纸的大片金箔，剪成合适的大小。

⑫

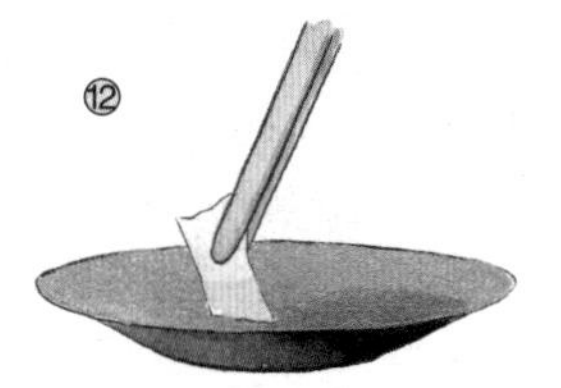

粘贴金箔。

⑬

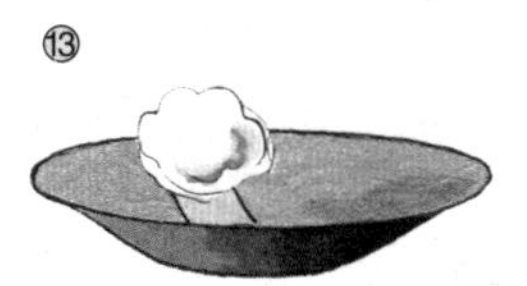

贴箔处，用纱布团轻轻拍打按压。

⑭

揭去金箔上的底纸，随后将小盘再次放入荫房内待干。

⑮

小盘上的贴箔面干固后，用扫笔扫去多余的金箔。

⑯

一块平整的金箔面就贴成了。

⑰

调制漆液，精制生漆中加入少许樟脑油做稀释。

⑱

用发刷蘸取漆液轻轻髹涂小盘的贴箔面。

⑲

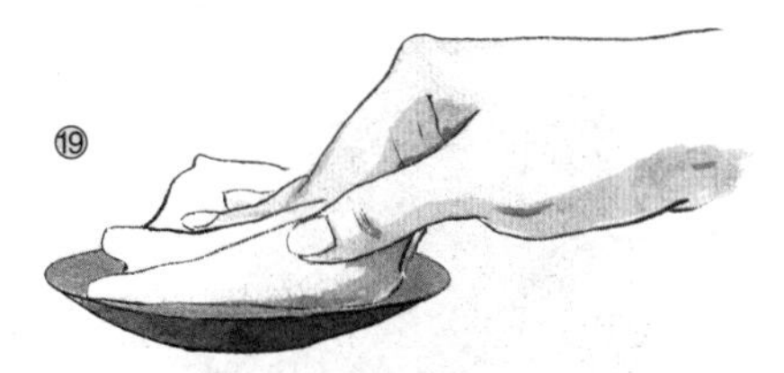

使用不易掉屑的绵纸快速地擦去漆液，注意不要太用力。擦拭完毕，将小盘放入荫房内待干。

⑳

一只贴金的小盘就制成了。

◎周

《周礼·考工记》已有“髹饰”“漆车”的记载；《周礼·考工记·弓人》又有“漆也者，以为受霜也”。由此可知，在周代，漆艺已形成一定的制作规范。

这时期的漆器常用蚌泡装饰，比如西安普渡村、浚县辛村、宝鸡斗鸡台、洛阳庞家沟等地的周代墓葬，都出土了大量用蚌泡镶嵌工艺制作的漆器，虽未见完整的器形，却可确知镶嵌工艺已经出现。

漆画残片　东周

（径19厘米）

漆绘

图案均用黑、朱色漆描绘，均以细线勾出，描绘手法与楚文化漆器有较大区别。

图案

残片中央为抽象的神鸟纹，四周饰方形、长方形、三角形等几何纹，几何纹内又有神人图案。

漆罍残件　西周

罍为盛酒器，小口、深腹、有盖。此器髹朱漆作地，地上用褐色漆彩绘云雷纹、弦纹等纹饰，通体又用裁切的细小蚌片镶嵌出漩涡纹、神兽纹等纹饰。

文匏第四

【扬注】匏面为细纹属阳者，列在于此。

【译文】漆面以细小的凸起纹饰为装饰者，均罗列在这一章。

【黄文】刷丝，即刷迹纹也，纤细分明为妙，色漆者大美。

【译文】刷丝，指刷子在漆面留下的刷纹，刷子的痕迹以纤细分明的线条为最好，在色漆上刷出纤细分明的刷痕则更美丽。

【扬注】其纹如机上经缕[1]为佳，用色漆为难。故

□ 刷丝

刷丝的做法有三种，制出的花纹形制基本相同，其一是在髹黑漆的漆地上，用漆刷蘸黑色稠漆刷出纤细分明的纹路；其二是蘸彩色稠漆，刷出纹路；其三是先蘸黑稠漆刷纹，待干后再在刷丝上面涂以色漆。刷丝所用的刷子，以刷毛长而硬挺为好，便于在漆面刷出如经线般纤细分明、笔直的刷迹。

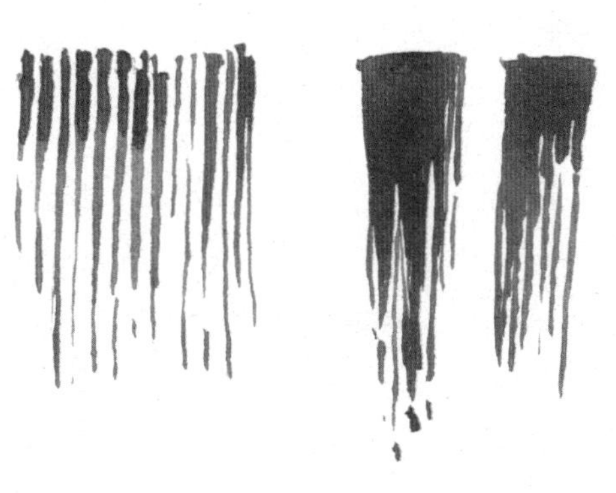

黑漆刷丝，上用色漆擦被，以假色漆刷丝，殊拙。其器良久，至色漆摩脱见黑缕而文理分明，稍似巧也。

【注释】〔1〕经缕：经，是指织布机上的纵线。经字从糸从巠，巠也是声旁，“巠”的意思是绷直、笔直、僵直。“糸”与“巠”联合起来表示“绷直的丝线”。本义是指纺织机上等列布设的纵向绷紧的丝线。《康熙字典》记载：“南北之道谓之经，东西之道谓之纬。”缕，古时指麻丝。东汉·许慎《说文解字》：“凡蚕者为丝，麻者为缕。”缕也有一条一条、连续不断等意思。晋·葛洪《抱朴子》：“其功业相次千万者，不可复缕举也。”经缕，指刷丝工艺制作出来的漆器表面的刷丝，要呈现出织布机上紧绷的丝线一样连续不断的纹路。

【译文】刷丝的纹路要像织布机上的纱线那样精细才最好，用色漆很难做到。所以在黑漆地上进行刷丝工艺后，再用其他颜色的漆擦抹出刷迹来仿制色漆刷丝，是很拙劣的。这样的器物用久了，色漆被磨损脱落，露出其下的黑色刷丝条，显出丝缕分明的黑漆，反而比较精巧。

【黄文】绮纹〔1〕刷丝，纹有流水、泂瀠〔2〕、连山〔3〕、波叠、云石皴〔4〕、龙蛇鳞等，用色漆者亦奇。

【注释】〔1〕绮纹：亦作“绮文”，指美丽的花纹。语出《晋书·天文志上》：“（宗人四星）族人有序，则如绮文而明正。”

〔2〕泂（jiǒng）瀠（jǐng）：指水势回旋之貌。

〔3〕连山：山纹，是古器物上状如山形的一种纹饰，单一起伏的称“山纹”，山峰连绵起伏的称“连山纹”。明·陶宗仪《南村辍耕录·古铜器》：“其制作，有云纹、雷纹、山纹、轻重雷纹、垂花雷纹、鳞纹。”

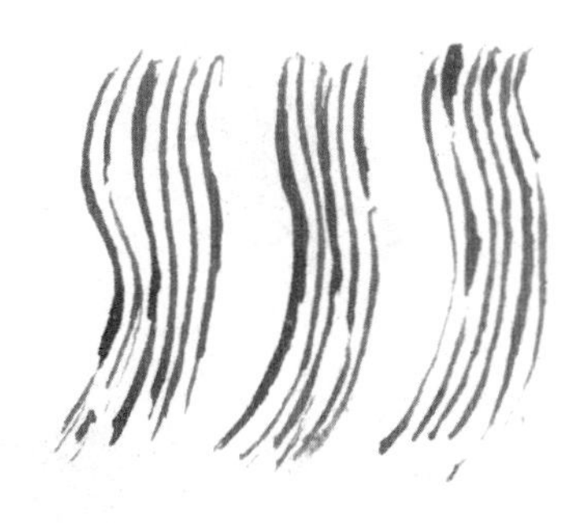

□ **绮纹刷丝**

绮纹刷丝与刷丝的区别，在于刷丝是直线阳纹，绮纹刷丝是曲线阳纹。此类刷丝形态丰富，有流水、洄澋、连山、波叠、云石皴、龙蛇鳞等，刷纹刷迹任意随心，仿效自然之景，十分巧妙。

〔4〕皴：国画的一种技法。画山石时，为了显示山石的纹理和阴阳面，先勾出轮廓，再用淡干墨侧笔而画，叫作皴。

【译文】绮纹刷丝，就是刷丝工艺制作出的各种花纹，像流水、水势回澜、群峰相连、波涛层叠、国画中的云石皴、龙蛇的鳞片等。用色漆制作绮纹刷丝看起来更奇妙。

【扬注】龙蛇鳞者，二物之名。又有云头雨脚〔1〕、云波相接、浪淘沙等。

【注释】〔1〕云头雨脚：这是一种上大下小的纹饰。云头，是指云头纹，又称“如意云”，其形状犹似下垂的如意，是一种典型的云纹瓷器装饰纹样。因多装饰在瓶、罐、壶等器物的肩部，也称“云肩纹”；也有装饰在盘、碗的内心部位，称作“垂云纹”。雨脚，是指雨滴在地面溅起的小水花，宋·陈三聘《南柯子·七夕》词：“月傍云头吐，风将雨脚吹。”云头雨脚一词，可查最早出自南宋辛弃疾的《贺新郎·拄杖重来约》：“九万里风斯在下，翻覆云头雨脚。”明初曹昭的《格古要论》在论述犀角优劣时记载：“其色黑如漆，黄如粟，上下相透，云头雨脚分明者为佳。”

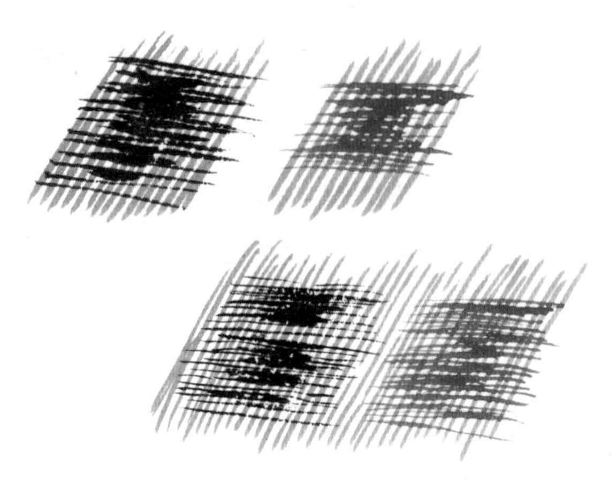

□ **刻丝花**

刻丝花较刷丝和绮纹刷丝更复杂，刷迹纹分为上下两层。先在漆地上做刷丝，待干后再在其上用各色稠漆刷出特定的刷丝花，双层花色均纤细分明，犹如缂丝品的“通经断纬”。

【译文】龙蛇鳞，是龙鳞和蛇鳞两种纹饰的合称。纹饰上还有像云头雨脚、云波相接、浪潮冲刷过的沙滩纹等。

【黄文】刻丝〔1〕花，五彩花文如刻丝。花、色、地、纹，共纤细为妙。

【注释】〔1〕刻丝：缂丝，是中国丝织业中最传统的一种挑经显纬，极具装饰性的丝织品。宋元以来缂丝一直是皇家御用织物之一，常用以织造帝后服饰、御真（御容像）和摹缂名人书画。这里是借用的织物名词。

【译文】刻丝花，即漆面出现各种颜色的花纹，就像丝织品中的缂丝效果一样。不论花纹、色彩、质地、纹理等，均以纤细为妙。

【扬注】 刷迹作花文，如红花、黄果、绿叶、黑枝之类。其地或纤刷丝，或细蓓蕾。其色或紫，或褐，华彩可爱。

【译文】 刷丝工艺制作的花纹，像红花、黄果、绿叶、黑枝等。其底漆要么是纤细的刷丝漆面，要么是细小的蓓蕾漆面。其颜色，要么是紫色，要么是褐色，这样做出来的刻丝花才会漂亮可爱。

【黄文】 蓓蕾漆，有细、粗，细者如饭糁[1]，粗者如粒米，故有秾花[2]、沦漪[3]、海石皴[4]之名。彩漆亦可用。

【注释】〔1〕糁（shēn）：意为谷类磨成的碎粒。

〔2〕秾（nóng）花：秾华，是指繁盛艳丽的花朵。前蜀·韦庄《叹落华》诗："飘红堕白堪惆怅，少别秾华又隔年。"明·刘基《感兴》诗："转添细草当门径，不惜秾华香路尘。"这里是指蓓蕾漆面像繁花盛开的一种样式。

〔3〕沦（lún）漪（yī）：指水面像鱼鳞状的细小水波。《诗·魏风·伐檀》："河水清且沦猗。"南朝梁·刘勰《文心雕龙·情采》："夫水性虚而沦漪结，木体实而花萼振。"这里是指蓓蕾漆面像鱼鳞状细小水波的一种样式。

〔4〕海石皴（cūn）：中国画技法名，是表现山石、峰峦和树身表皮脉络纹理的画法。画时先勾出轮廓，再用淡干墨侧笔而画。表现山石、峰峦的有披麻皴、雨点皴、卷云皴、解索皴、牛毛皴、大斧劈皴、小斧劈皴等；表现树身表皮的有鳞皴、绳皴、横皴、锤头皴等。海石，中药材，又叫浮石、海浮石、水花、水泡石、大海浮石等。海石是岩浆凝成的海绵状的岩石。很轻，能浮于水面。晋·葛洪《抱朴子·仙药》："亦可以浮石水蜂窠化，包彤蛇黄合之，可引长三四尺，丸服之。"海石皴在这里是指蓓蕾漆面像海浮石的一种样式。

◎战国

战国时期不仅重视漆树栽培，其生产也有专官管理。战国前的漆器多在木胎上直接髹漆，漆器胎骨的取材及漆器形制至战国时开始日趋丰富。

战国前，髹漆以黑红二色为主，黑地红纹为多。战国时期用色更为丰富，如彩绘车马出行图圆奁、彩绘描漆棺板、彩绘射猎图描漆瑟残片等，黄、蓝、白、黑、红、赭石及金色、银色都有运用。纹饰精美生动，也是战国漆器又一个重要特征。

鼓皮

上下两面均有鼓皮。绷鼓皮所用竹钉，八枚，每枚长约2厘米，三个为一组，以三角钉法将皮革绷在鼓身上。

漆绘

鼓身髹黑漆，鼓壁中部在黑漆地朱绘抽象虺纹，虺纹内有银白色小回纹。

漆木鼓

（径36.2厘米）

彩绘鸟云纹漆耳杯

木胎。此杯为弧壁，平底，有对称的双耳。杯内髹红漆，外髹黑漆，耳面用朱漆描绘鸟云纹。

彩绘几何纹漆耳杯

木胎。此杯弧壁，平底，方形耳。杯内髹朱漆，双耳及外壁髹赭色漆，耳面朱漆绘几何纹，双耳侧边绘涡形纹。

彩绘凤纹带流杯

木胎。此杯整器作凤鸟形，器身作凤鸟身，流为凤嘴含珠，杯口微敞，平底。杯内髹红漆，外髹黑漆。杯外壁朱漆彩绘四只相互缠绕的凤鸟纹，近口沿处绘勾连纹。

凤凰纹内棺

（长184厘米，宽46厘米，高10厘米）

内棺

斫制木胎，长方盒状，由盖与棺身组成。盖面、两侧棺板外和东西挡板，都各安铜铺首衔环。铺首与环鎏金，盖面的环用纱缠绕装饰。古代的棺分内、外，内为棺，外为椁，棺盛放遗体，椁与棺之间盛放陪葬品。

漆绘

棺内髹红漆，外髹黑漆，漆地上彩绘凤凰纹。盖面与两侧棺板外绘九个单元的凤凰纹，每单元绘四凰四凤；东挡板为两分、西挡板为四分的变形凤凰纹。

凤鸟五弦琴

战国。整木斫成，首段近方，尾段近圆，表面平直狭长。琴首中空，琴尾实心。琴身髹黑漆作地，以朱、黄两色漆描绘纹饰。琴柄端并列5个弦孔，装配五根丝弦，这是专门为编钟调律的均钟，也叫五弦器。下为凤鸟五弦琴局部图案。

凤凰纹漆铜镜

战国。铜胎，镜背以彩漆绘抽象凤鸟纹髹饰。这种彩漆髹饰的铜镜盛行于战国到西汉时期。

蓓蕾其文簇簇

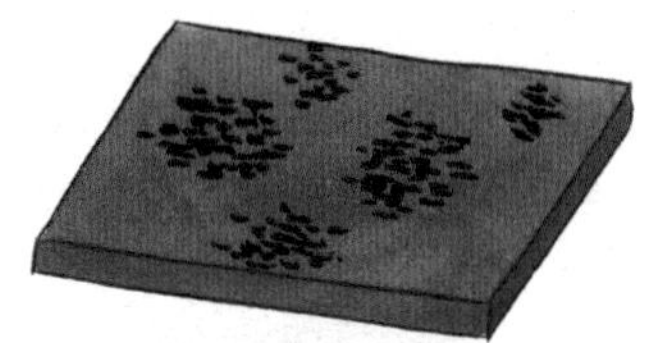

秾花其文攒攒

沦漪其文鳞鳞

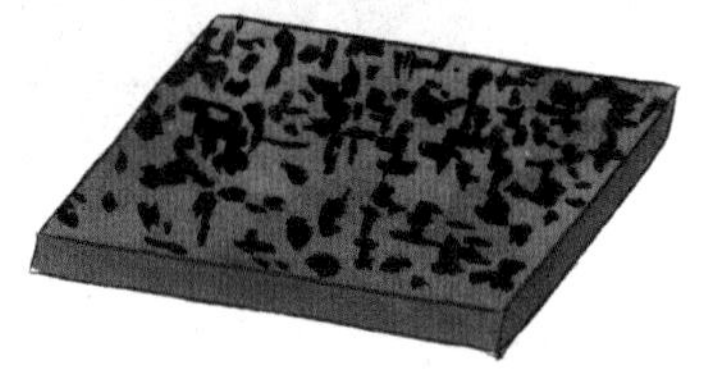

海石皴其文磊磊

□ 蓓蕾漆

蓓蕾漆，与丝状起纹不同，蓓蕾漆是一种点纹髹涂。蓓蕾漆可以用蘸子蘸稠漆起纹，也可以用漆工特制的刷子蘸稠漆起纹，制作蓓蕾的方法很多，用晒干的丝瓜络、麻丝或发团等，蘸稠漆在漆面拍打起纹均可。

【译文】蓓蕾漆，有细蓓蕾和粗蓓蕾之别，细小的蓓蕾头像细碎的米粒大小，粗大的蓓蕾头像完整的米粒大小。所以又有秾花、沦漪、海石皴等各种名称。彩漆也可以制作蓓蕾漆。

【扬注】蓓蕾其文簇簇〔1〕，秾花其文攒攒〔2〕，沦漪其文鳞鳞，海石皴其文磊磊〔3〕。

【注释】〔1〕簇簇：是指一丛丛、一堆堆，丛列成行的样子。

〔2〕攒攒：是指丛聚、丛集的样子。

〔3〕磊磊：是指众多委积、圆转的样子。

【译文】一簇簇的花纹，叫“蓓蕾”；集聚茂密的花纹，叫“秾花”；鱼鳞般起伏的花纹，叫“沦漪”；委积圆转的花纹，叫“海石皴”。

罩明第五

【扬注】罩漆如水之清，故属阴。其透彻底色明于外者，列在于此。

【译文】罩明漆像水一样清澈，所以属“阴”。凡是能够透彻地将底漆的颜色显示于外的，均罗列在这一章。

【黄文】罩朱髹，一名赤底漆，即赤糙罩漆也。明彻紫滑[1]为良，揩光者佳绝。

【注释】〔1〕明彻紫滑：朱漆是红色的，上面的罩明漆是黄色的，经过罩明以后，红色会显得更深沉，接近紫色。

【译文】罩朱髹，又叫赤底漆，就是在红色的糙漆上施以罩明漆的工艺。漆面明澈，颜色深沉厚重的才优良，揩光后将更好。

【扬注】揩光者似易成，却太难矣。诸罩漆之巧，更难得耳。

【译文】在漆面揩光，看似容易，其实做起来很难。在各种罩明漆上揩光，就更难了。

【黄文】罩黄髹，一名黄底漆，即黄糙罩漆也。糙色正黄，罩漆透明为好。

□ **退光**

用灰条、桴炭或细砂纸打磨漆面的漆籽和浮光，平整漆面，使之呈现乌木般古朴深沉的效果，即为退光。

□ **推光**

漆面退光后，用水漂过的极细砖灰或牙粉、珍珠粉、不干性植物油或光蜡等，反复揩擦光泽磨退过的漆面直至漆面能够发出内蕴的光泽，即为推光。

□ **揩光**

又称揩青，是一种更精到、讲究的推光。是在漆面退光后，先用柔软的丝绵球蘸提庄漆打圈揩擦漆面，然后再将漆面的漆液擦去，擦至漆面无浮漆积累即放入荫房候干，这个过程就叫揩光。次日将器物取出，手掌蘸细鹿角灰或珍珠粉等全面揩擦，此为退揩光，而后继续揩光。这两个步骤往复操作数遍后，漆面就能细腻光亮，须眉可见。

【译文】罩黄髹，又叫“黄底漆”，就是在黄色的糙漆上施以罩明漆的工艺。黄色糙漆正黄才好，罩明漆以显眼透亮为佳。

【扬注】赤底罩厚为佳，黄底罩薄为佳。

【译文】红色底漆要罩明漆厚才好，黄色底漆要罩明漆薄才好。

【黄文】罩金髹，一名金漆，即金底漆也。光明莹彻为巧，浓淡、点晕[1]为拙。又有泥金罩漆，敦朴可赏。

【注释】〔1〕点晕：罩漆过程中，因操作不当漆面上出现的细小颗粒。

【译文】罩金髹，又叫“金漆”，就是用金色为底漆的工艺。罩金漆要漆面光明、晶莹透彻才巧妙，浓淡不均，或者出现瑕疵斑点的不好。又有在泥金漆面再进行罩明的泥金罩明漆，敦厚朴素也很好看。

【扬注】金薄[1]有数品，其次者用假金薄或银薄。泥金罩漆之次者，用泥银或锡末，皆出于后世之省略耳。浓淡、点晕，见于罩漆之二过。

【注释】〔1〕金薄：金箔。

【译文】漆金箔有多种，也有用假金箔或者用银箔来冒充的。泥金罩漆中不好的，是用泥银或者锡的粉末来替代，这都是后世偷工减料的结果。浓淡、点晕等具体问题，请参考前文《乾集·罩漆之二过》。

【黄文】洒金，一名砂金漆，即撒金也。麸片有细粗，擦敷有疏密，罩髹有浓淡。又有斑洒金，其文：云气、漂霞、远山[1]、连钱[2]等。又有用麸银者。又有

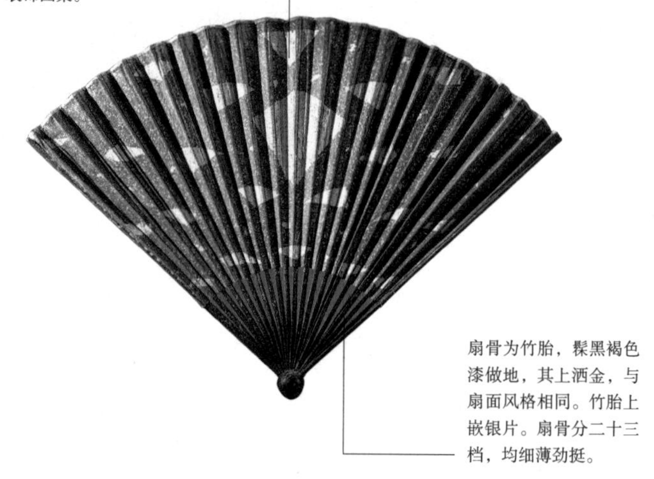

扇面裱双面棉筋纸，纸染为黄褐色底，其上又做洒金，以主次分明的几何形金箔构成扇面装饰图案。
扇骨为竹胎，髹黑褐色漆做地，其上洒金，与扇面风格相同。竹胎上嵌银片。扇骨分二十三档，均细薄劲挺。

几何纹金笺洒金漆竹骨折扇　明

金银钿洒金刀　唐

□ **洒金**

洒金，即在漆面播撒金粉或金箔麸片等，然后罩明的漆艺髹饰技法。洒金工艺发端于中国唐代，时称“末金镂”。洒金所用的金为金屑，也就是金锉粉或金丸粉，而假洒金用的是金箔碎片，效果有所差别。

揩光者，光莹眩目。

【注释】〔1〕远山：山纹，是古器物上状如山形的花纹。

〔2〕连钱：古钱币术语。指一炉所铸因未曾錾开而连在一起的两枚古钱。如战国晚期的四布当、新莽的刀等均有连钱。后世亦指连钱纹，就是形状似相连的铜钱的花纹。

【译文】漆洒金，又叫砂金漆，就是在漆面撒金箔麸片再罩明的工艺。金箔麸片有粗细之分，搽敷有疏密之别，罩明有浓有淡。还有一种是斑洒金，呈现的纹饰有云头纹、彩霞纹、山纹、连钱纹等。还有撒银麸片制成的。也有在洒金漆面再施以揩光的，那样做出来的洒金漆就更加光泽亮丽。

【扬注】近有用金银薄飞片者甚多，谓之假洒金。又有用锡屑者，又有色糙者，共下品也。

【译文】最近有很多工匠用金银箔碎片的，这些都是假洒金。还有用锡的粉屑的，又有用色漆来制作糙漆的，这些都是下品。

描饰第六

【扬注】稠漆写起，于文为阳者，列在于此。

【译文】用稠漆描绘，纹饰高于漆面的，均罗列在这里。

【黄文】描金，一名泥金画漆，即纯金花文也。朱地、黑质共宜焉。其文以山水、翎毛、花果、人物故事等；而细钩为阳，疏理为阴，或黑漆理，或彩金象。

【译文】描金，又叫泥金画漆，就是将花纹做成纯金色。红色的底漆和黑色的底漆都比较适合描金。所描绘的花纹以山水、翎毛、花果、人物故事等为主。在描金过程中，以在花纹上再钩出细纹的为“阳”，在花纹上戗划出纹理的为“阴”，钩画或者戗划的，要么是黑漆纹理，要么是彩金图像。

【扬注】疏理，其理如刻，阳中之阴也。泥、薄金色，有黄、青、赤，错施以为象，谓之彩金象。又加之混金漆，而或填，或晕〔1〕。

【注释】〔1〕晕：因为“晕”模糊不清，由此引申泛指发光物体周围的光圈或色泽、光影四周的模糊部分。

【译文】疏理，其工艺如同戗划，都使凸起的纹路上形成凹陷。金泥、金箔有黄、青、红等色，（各种颜色）交错施展为图像，也就是“彩金象”。也有在疏理

盖面描金云龙纹，中心有楷书描金“乾隆年制”四字款。
圆盒为天盖地式，通体髹黑漆做地，其上饰彩金象描金花纹。此盒的描金构图讲究，花卉枝叶、云龙舞蝶等都描绘得细致入微。
盖壁设菱花形开光，开光内描金飞蝶纹和牡丹花卉纹；开光外，描金“卐”字锦地。

黑漆描金龙凤纹圆盒　清

红漆描金二龙戏珠纹长方奁　明

黑漆描金花卉纹方盒　清

黑漆描金团寿云龙纹八方捧盒　清

开光

开光是指工匠们往往在器物的某一部位勾勒出如扇形、蕉叶形、菱形、圆形等空间，再在其内、外饰以图纹的一种装饰手法。开光是我国传统装饰技法之一，旨在突出某一形象或单纯地丰富器物。

□ **描金**

描金，即用贴金、泥金等手法，使漆面呈现金色花纹的漆艺髹饰技法，并不限于泥金画漆。在描金的图案将干未干时，用丝绵球蘸取黄、青、赤色等色的色粉或金泥搽敷图案，就是“彩金象”。

过程中加入混金漆的，主要是采用填彩或晕的技法。

【黄文】描漆，一名描华〔1〕，即设色〔2〕画漆也。其文各物备色，粉泽烂然如锦绣。细钩皴理以黑漆，或划理。又有形质〔3〕者，先以黑漆描写，而后填五彩。又有各色干著〔4〕者，不浮光，以二色相接，为晕处多为巧。

【注释】〔1〕描华（huā）：华，古同“花”，即描花。〔2〕设色：用颜料渲染，形成各种美丽的色彩。

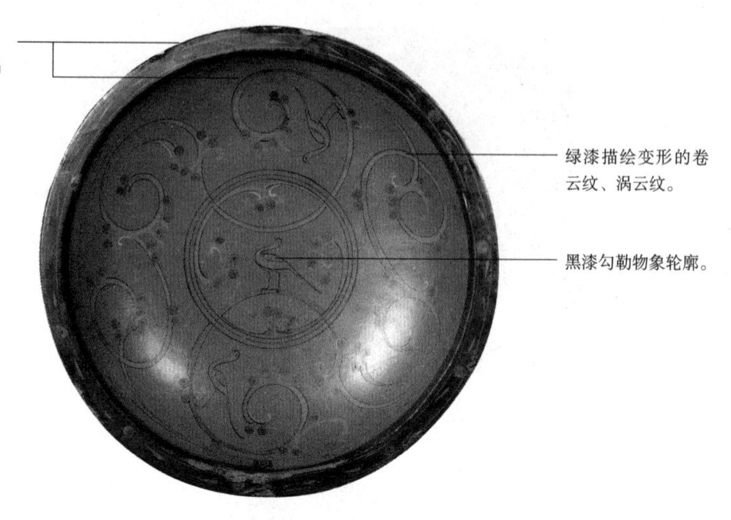
盘内以朱漆作地，
口沿朱绘弦纹间涡
云纹、几何纹。
绿漆描绘变形的卷
云纹、涡云纹。
黑漆勾勒物象轮廓。

彩绘云鸟纹漆圆盘　西汉

填漆彩绘宴桌　清

红漆彩绘花鸟纹圭形盘　清

□ 描漆

描漆，即在光素的漆地上用各色漆描绘花纹，有描漆、描油和漆画三种。描漆是较古老的一种漆艺髹饰技法，战国和秦汉时期极具代表性的黑地朱漆纹和朱地黑漆纹，均属此类。

〔3〕彤质：红色质地的漆器。

〔4〕干著：即“干着描漆”，是与“湿着描漆”相对应的漆器描绘工艺。其做法是先用漆画花纹，然后用扫笔将干的颜色粉末，扫敷上去。

描金法

描金是一种常见的漆艺髹饰技法，有贴金、上金、泥金等多种手法，下面图示的描金法是较为常见的一种。

①

准备一块髹漆饱满、漆面平滑的朱漆地板子。

②

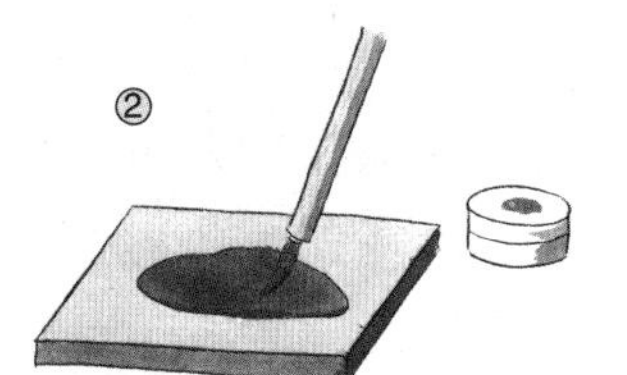

调金底漆，金底漆中加少量樟脑油做稀释，这样能使漆液流平性更好。

③

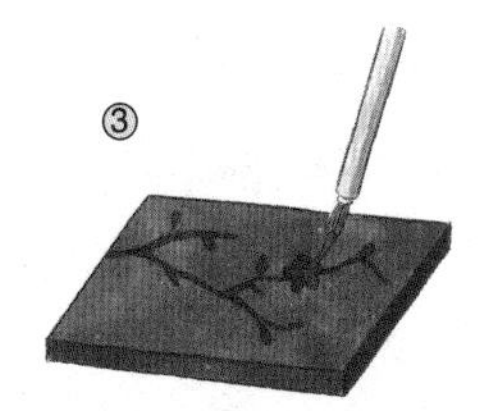

蘸金底漆薄薄地描绘花纹，描好后放入荫房静置约10～15分钟，贴金所制的描金花纹就制成了。

④

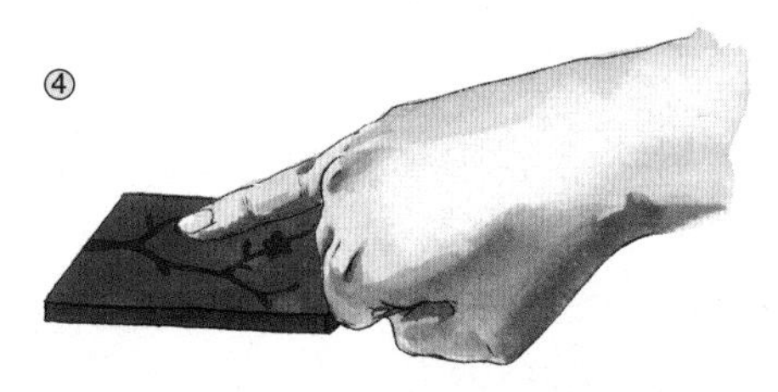

从荫房取出漆板，用小手指在金底漆上轻轻弹点，观察此时能否上金。脱手时，有轻而脆的声响，手指上也不粘漆，说明可以上金了；如果手指上粘漆，脱手时又没发出声音，说明火候未到；如果手指上不粘漆，也没有声响，说明为时已晚。

⑤

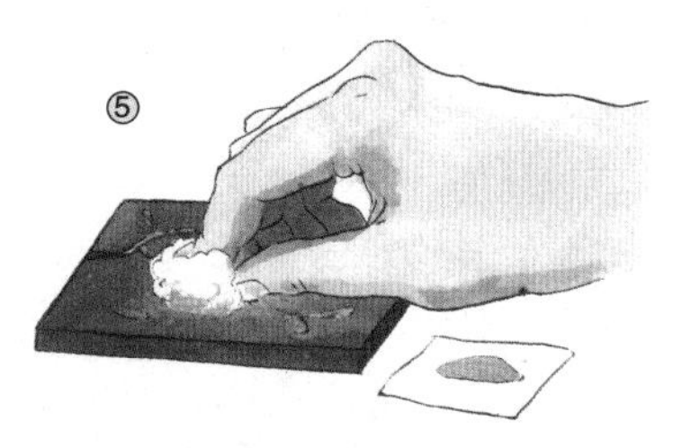

上金，用丝绵球蘸细金粉，轻轻搽敷金底漆描绘的花纹处。

⑥

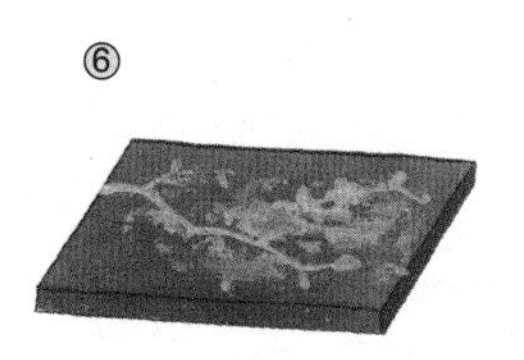

金粉搽敷完毕，将漆板放入荫房待干。

⑦

待漆面完全干透后，用帚笔轻扫去多余的金粉。轻扫完毕，可以再用棉布蘸少许酒精，轻轻擦拭溢出花纹的金粉以清洁漆面。

⑧

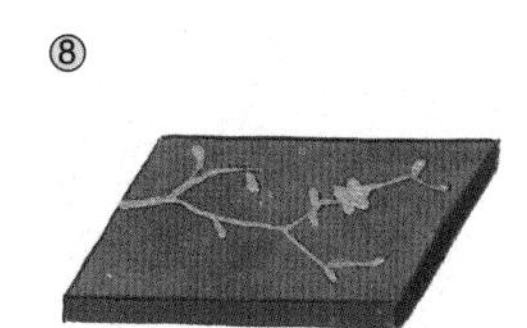

这样，一块贴金制的描金花纹试验板就制成了。

【译文】描漆，又叫描华，就是用各种色彩在漆器上渲染作画。世间万物皆可用颜色画出，颜色浓淡纷呈，漂亮得如同锦绣。细钩以黑漆画出犹如国画皴法绘画的纹路，或者采用各种戗划纹理。又有红色质地的漆器，先用黑漆进行描写，然后再填上各种色彩。又有用各种颜色的粉末，在漆画上扫敷的“干着描漆”，这样做出来的花纹没有浮光，而且两种颜色相接的地方，层次由浅到深，都很工巧。

【扬注】若人面及白花、白羽毛，用粉油也。填五彩者，不宜黑质，其外框朦胧不可辨，故曰彤质。又干著，先漆象而后傅色料，比湿漆设色，则殊雅也。金钩者见于斒斓门。

【译文】如果在漆面上描绘人面，或者白色的花朵、白色的羽毛，都需要用明油来调色。在黑色图形内填色，不宜用黑色底漆，这是因为黑色线框与底漆容易混淆，不易辨识，所以要用红色的底漆。还有就是“干着描漆”时，用漆液在器物上描绘出物象，扫敷色料粉末，会比“湿着描漆”更朴雅。描漆后，进行金线勾边的工艺，请参考《斑斓》这一章。

【黄文】漆画，即古昔之文饰，而多是纯色画也。又有施丹青而如画家所谓没骨〔1〕者，古饰所一变也。

【注释】〔1〕没骨：中国画技法名。不用墨线勾勒，直接以色彩渲染成象。清·王士禛《香祖笔记》卷十一：“亡友汪钝翁赠吴人文点与也诗云：‘君家道韫擅才华，爱写徐熙没骨花。’”

【译文】漆画，即古代漆器上的纹饰，大多用纯色

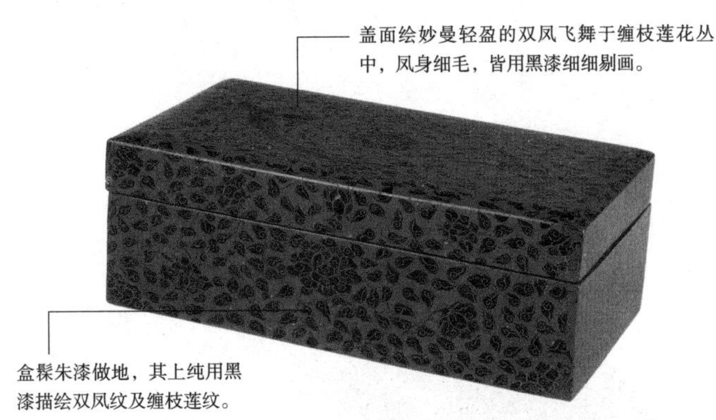

盖面绘妙曼轻盈的双凤飞舞于缠枝莲花丛中，凤身细毛，皆用黑漆细细剔画。
盒髹朱漆做地，其上纯用黑漆描绘双凤纹及缠枝莲纹。

红地双凤缠枝花纹漆画长方盒　明

□ 漆画

漆画，即古代漆器上用单色的色漆描画纹饰，或用各色色漆绘制犹如“没骨”画的漆艺髹饰技法，有别于现代意义上的“漆画”。没骨，是一种中国画技法，指不用墨笔为骨，直接以彩色渲染成象。

绘制。又有用颜色直接渲染出物象的，如同画家所说的“没骨画”等，都是从古代的纹饰中变化而来的。

【扬注】今之描漆家不敢作。近有朱质朱文、黑质黑文者，亦朴雅也。

【译文】现在的描漆家不敢那样画了。最近有在红色的漆地上绘红色的纹饰，在黑色的漆地上绘黑色的纹饰的，也很质朴雅致。

【黄文】描油，一名描锦，即油色绘饰也，其文飞禽、走兽、昆虫、百花、云霞、人物，一一无不备天真之色。其理或黑，或金，或断〔1〕。

【注释】〔1〕断：刀刻之意。

单色漆画做法

单色描漆是先秦、两汉时期最常见的漆艺髹饰技法。如湖北江陵出土的汉代描漆龟盾，就是在黑地上用朱漆描画仙人神兽，黑红相衬，很是奇诡。下面图示是单色描漆的制法。

①

准备一块平整的黑漆地板子。

②

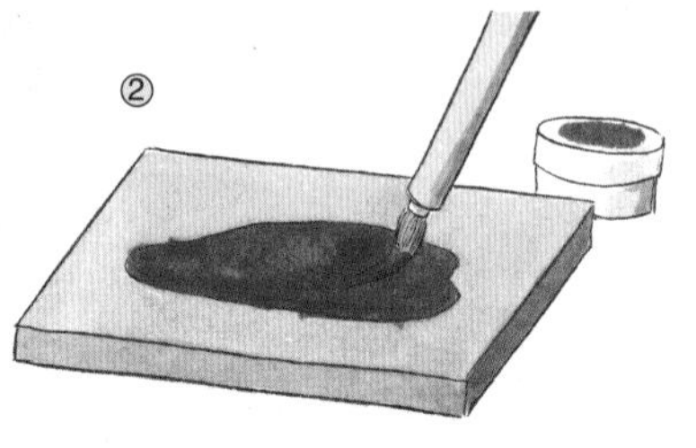

调制朱漆，在黑漆地上作朱绘，古拙朴雅。

③

笔头要吸漆饱满，描漆时运笔力度要均匀，漆液线条才能流畅，干了以后不起皱。

④

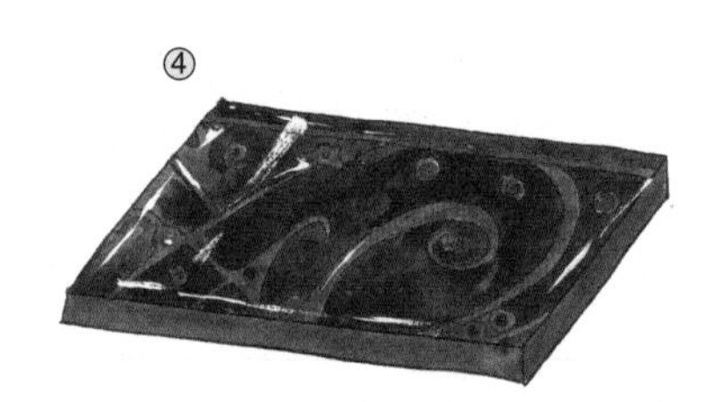

最后，稍加打磨推光，描漆就更显细腻。

【译文】描油，又叫描锦，就是用油调试成色后绘画的工艺。这样画出来的飞禽、走兽、昆虫、百花、云霞、人物等，每一样都十分自然逼真。纹理有黑色、金色的，也有用刀雕刻的。

【扬注】如天蓝、雪白、桃红，则漆所不相应也。古人画饰多用油，今见古祭器中，有纯色油文者。

【译文】天蓝色、雪白色、桃红色等，这些色彩是漆调制不出来的。古人在漆器上画饰纹，大多用油彩。现在还能见到的古代祭祀漆器中，有用油调成纯色描画纹

盒髹黑褐色漆作地，与其上鲜亮的油彩形成鲜明对比。

缠枝花卉的轮廓、叶筋、叶脉和边框处的回纹、卷草纹均以描金装饰。

漆面上用红、绿油彩，以及褐色漆描绘缠枝花叶。

彩绘描金缠枝莲纹首饰盒　清

万历款黑漆彩绘嵌螺钿龙纹箱　明

描油花蝶纹长方委角盒　清

描油锦文嵌玉八卦纹八方盒　清

□ **描油**

描油，即用油类调色描绘纹饰的漆艺髹饰技法。漆液自身的颜色较深，不易调配出浅淡明丽的颜色，用油类调色则呈色丰富，同样可以用来髹饰。在古代，调色所用的油中会加入一种名为“密陀僧”的催干剂，著名的“密陀绘”就是使用这种油类绘制的。《营造法式》中，也专门有三卷记录了大小木作髹饰的描油与油饰方法。

饰的。

【黄文】描金罩漆，黑、赤、黄三糙皆有之，其文与描金相似。又写意[1]，则不用黑理。又如白描[2]，亦好。

【注释】〔1〕写意：国画的一种画法，用笔不苛求工细，注

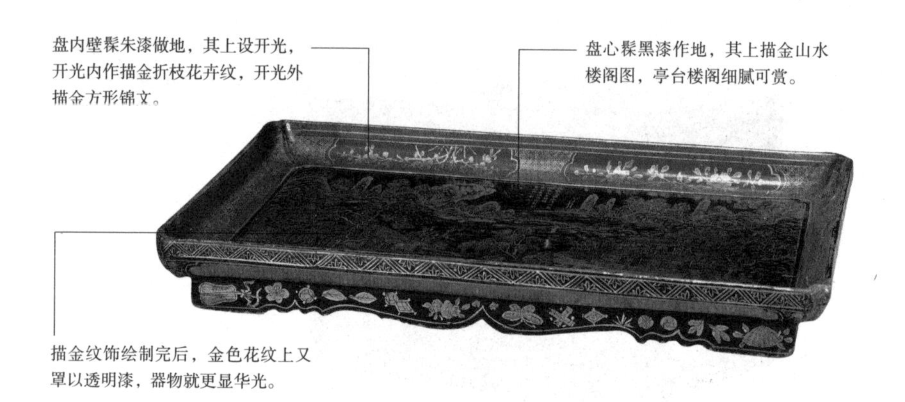

盘内壁髹朱漆做地，其上设开光，开光内作描金折枝花卉纹，开光外描金方形锦文。
盘心髹黑漆作地，其上描金山水楼阁图，亭台楼阁细腻可赏。
描金纹饰绘制完后，金色花纹上又罩以透明漆，器物就更显华光。

罩金漆山水楼阁图长方委角盘　清

罩金漆花卉诗句圆盘（三件）　清

□ 描金罩漆

描金罩漆，即在金色的纹饰上再罩透明漆的漆艺髹饰技法。描金罩漆与前文中的描金不同，它是在仅完成煎糙的光滑底胎上成纹的，而描金则是在上涂漆层的漆面上成纹。描金罩漆又有黑糙、赤糙、黄糙之分。

重神态的表现和抒发作者内心的情感，与“写实”相对。艺术家忽略艺术形象的外在逼真性，而强调其内在精神实质表现的艺术创作倾向和手法。最初起源于绘画，兴起于北宋，要求在形象之中有所蕴涵和寄寓，让“象”具有表意功能或成为表意的手段，是中国艺术审美重心自觉转向主体性的标志。

〔2〕白描：中国绘画中，以淡墨勾勒轮廓或人物，而不设色者，谓之白描。也是一种文学表现方法，指用最简练的笔墨，不加烘托，描写出鲜明生动的形象。

【译文】描金罩漆，这种工艺在黑色、红色、黄色三种颜色的糙漆中都有。其纹饰和描金漆相似。又有写意，却不用黑漆勾线。又比如白描纹饰，也很漂亮。

【扬注】今处处皮市[1]多作之。又有用银者，又有其地假洒金者，又有器铭诗句[2]等，以充朱或黄者。

【注释】〔1〕皮市：这里指漆器市场。古人将售卖皮胎漆器的市场称为皮市，后来各种漆器市场都有被称为“皮市”者。

〔2〕器铭诗句：器，指漆器。铭，本指在器物上雕刻文字，后成为一种刻在器物上用来警诫自己、称述功德的文体。这里指在漆器表面雕刻诗句。

【译文】现在，各处的市场上有许多描金罩漆工艺制作的皮胎漆器。又有在银箔上罩明的，还有用假洒金罩明的。还有在漆器上铭刻诗句后，以及在刻痕中填满红金色或黄金色再进行罩明的。

◎秦

秦朝统治时间很短，留存器具很少。过去，秦代漆器也很少有实例，直到1976年湖北云梦睡虎地十二座秦墓发掘出土漆器一百八十多件，才填补了这一空白。

漆绘

盖面用朱漆、褐色漆绘云气纹、卷云纹和变体凤纹。

盒身

木胎，盒内髹朱漆，盒外髹黑漆作地。

彩绘云鸟纹圆盒盖面

（径21.4厘米）

牛马纹扁壶

木胎，壶身为两半黏合而成。通体髹黑漆，腹部用朱、褐色漆一面彩绘奔马飞鸟纹。

漆盂

盂是一种盛液体的器皿。此漆盂为木胎。器表及口沿内髹黑漆，上用朱、褐色漆彩绘变形鸟纹、几何波折纹和圆点纹等。

铜扣漆樽

木胎，顶盖饰三个铜钮，下部有三个铜足。通体髹黑漆，顶盖及外壁用朱漆彩绘圆圈纹、菱形纹、卷云纹、圆点纹等。

填嵌第七

【扬注】五彩金钿，其文陷于地，故属阴，乃列在于此。

【译文】五彩金钿（是一种在漆面刻花以后用彩漆、金银、螺钿等镶嵌的工艺），这种工艺做出来的纹饰都凹陷在漆地上，所以在五行中属“阴”。凡是这类工艺的都罗列在这一章。

【黄文】填漆，即填彩漆也，磨显其文，有干色，有湿色，妍媚光滑。又有镂嵌[1]者，其地锦绫细文者愈美艳。

【注释】〔1〕镂嵌：镂，即雕刻。嵌，动词，指把东西填入空隙。这里指镂嵌填漆技法。镂嵌填漆是用先刻后填的方法做成，即䰍漆之后，直接在漆地上镂刻出低陷的花纹，填平色漆，经打磨而成。此种技法在明·高濂《遵生八笺》中有相关记载：“宣德有填漆器皿，以五彩稠漆堆成花色，磨平如画。”明刘侗、于奕正同撰的历史地理著作《帝京景物略》亦有载：“填漆刻成花鸟，彩填稠漆，磨平如画，久愈新也。”

【译文】填漆，就是用彩漆填补刻痕的工艺。填补后通过揩磨使纹路显现出来，有在湿漆上施干色粉的“干色”做法，也有用湿漆直接上色的“湿色”做法，两种做法做出来的器物都妍媚光滑。又有刻镂后填漆的工艺，其漆地上的细纹就像锦缎绫罗的细小丝线，显得十分美丽。

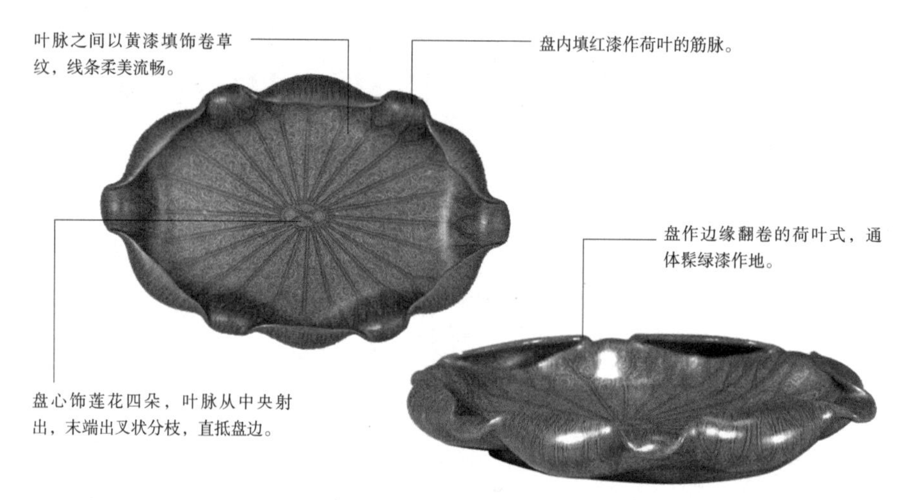

叶脉之间以黄漆填饰卷草纹，线条柔美流畅。
盘内填红漆作荷叶的筋脉。
盘作边缘翻卷的荷叶式，通体髹绿漆作地。
盘心饰莲花四朵，叶脉从中央射出，末端出叉状分枝，直抵盘边。

填彩漆荷叶式盘　清

乾隆款填漆寿春图菱花式盒　清

填漆缠枝莲纹方形委角二层盒　清

填漆缠枝莲纹圆盒　清

□ 填漆

填漆，即填彩漆的漆艺髹饰技法。填漆分磨显填漆和镂嵌填漆两种，磨显填漆的纹理埋在䵷漆漆层下面，所以花纹是需要研磨才能显露出来的；镂嵌填漆则是做完䵷漆以后，在其上刻出花纹再填漆的，故又称“雕填”。填漆的器物往往色彩对比鲜明，十分精致妍美。

【扬注】磨显填漆，䵷前设文；镂嵌填漆，䵷后设文。湿色重晕者为妙。又一种有黑质红细文者，其文异禽怪兽，而界郭〔1〕空闲之处皆为罗文、细条、縠绉〔2〕、粟斑、叠云、藻蔓、通天花儿〔3〕等纹，甚精致。其制原出于南方也。

【注释】〔1〕界郭：界，就是指界限，也代表一定的范围。

郭，古代在城的外围加筑的一道城墙。也指物体周围的边或框。界郭则代表漆面所有的地方。

〔2〕縠绉：意思是绉纱似的皱纹，亦指水波纹。宋·宋祁《玉楼春·春景》词："东城渐觉风光好，縠皱波纹迎远棹。"

〔3〕通天花儿：传统纹饰的一种，此种纹饰一般从底一直绵延到顶，花纹上渐次妆点花儿。

【译文】磨显填漆，是在麭漆之前的糙漆底子上，先预制花纹；镂嵌填漆，是在麭漆之后的漆面制作花纹。用湿漆描绘花纹晕染效果好的才妙。又有一种在黑色底漆上呈现红色细纹的填漆工艺，其纹理都是珍禽异兽，在漆面的所有空闲处，都做罗纹、细条纹、水波纹、粟子纹、叠云纹、海藻纹、藤蔓纹、通天花儿纹等各种纹饰，特别精妙。这种制作方式，是从南方传来的。

【黄文】绮纹填漆，即填刷纹也，其刷纹黑，而间隙或朱，或黄，或绿，或紫，或褐。又文质之色互相反，亦可也。

【译文】绮纹填漆，就是在刷丝纹上填漆。刷丝纹通常用黑漆刷成，而填漆所用的则是红色、黄色、绿色或紫色、褐色等彩漆。花纹和漆地的颜色完全相反，也是可以的。

【扬注】有加圆花文或天宝海琛图[1]者。又有刻丝填漆，与前之刻丝花可互考矣。

【注释】〔1〕天宝海琛图：具体纹饰不详。或为当时流行的，以石磬、银锭、宝珠、珊瑚、古钱、如意、犀角、海螺等八宝为

□ 各式常见彰髹

彰髹，即在完成糙漆工艺的胎骨上，用引起料引起高于漆胎的斑纹，再磨显填漆的装饰技法。引起料只作为一种引起高于漆胎纹路的媒介，待引起的纹路干后，引起料就需要用刮板剔除下来。

素材的吉祥纹饰图案。

【译文】（绮纹填漆工艺中）有做出圆形花纹或天宝海琛图花纹的。又有在刻丝漆面进行填漆工艺的，这种工艺可与前面的刻丝花相互参读。

【黄文】彰髹〔1〕，即斑文填漆也，有叠云斑、豆斑、粟斑、蓓蕾斑、晕眼斑、花点斑、秾花斑、青苔斑、雨点斑、彣斑〔2〕、彪斑〔3〕、玳瑁斑〔4〕、犀花斑、鱼鳞斑、雉尾斑、绉縠纹、石绺纹〔5〕等，彩华瑸然〔6〕可爱。

【注释】〔1〕彰髹：是一种先做出斑纹，再填漆磨显的制漆工艺。

〔2〕彣（wén）斑：是指驳杂的花纹或色彩。

〔3〕彪（biāo）斑：虎皮纹。最早见于金文，其本义是老虎身

上的花纹，即《说文解字》：“彪，虎文也。”

〔4〕玳（dài）瑁（mào）斑：似玳瑁的花斑。唐·沈佺期《春闺》诗：“池水琉璃净，园花玳瑁斑。”玳瑁原是一种海洋中的贝类，后成为中国古典诗歌的意象之一。

〔5〕石绺（liǔ）纹：玉石的斑纹。绺，量词，指一束丝或线、须、发等。通常玉石中白色的絮状物叫棉，是一种天然纹理。

〔6〕瑸（bīn）然：瑸，是指玉的纹理，也作“玢”。又一音“pián”，与“晖”组成“瑸晖”，指玉的光辉。

【译文】彰髹，就是在斑纹漆面填漆的工艺。斑纹主要有叠云斑、豆斑、粟斑、蓓蕾斑、晕眼斑、花点斑、秾花斑、青苔斑、雨点斑、彣斑、彪斑、玳瑁斑、犀花斑、鱼鳞斑、雉尾斑、绉縠纹、石绺纹等，像玉的纹理一样华彩可爱。

【扬注】有加金者，璀璨眩目。凡一切造物，禽羽、兽毛、鱼鳞、介甲〔1〕有文彰〔2〕者，皆象之，而极仿模之工，巧为天真之文，故其类不可穷也。

【注释】〔1〕介甲：意为甲壳类动物的披甲。

〔2〕文彰：文章。宋·洪适《隶释·汉酸枣令刘熊碑》：“动履规绳，文彰彪缤。”

【译文】有在彰髹中加金色的，那样做出来的器物金光闪烁、璀璨夺目。世间一切物象，飞禽的羽毛、走兽的毛、鱼的鳞片、甲壳类动物的甲壳等，均有美丽的斑纹，可以描摹。彰髹模仿自然万物的斑纹制作出的器物极为细腻逼真，工巧得仿若天成。彰髹的斑纹不胜枚举。

屏面髹黑漆，单面薄螺钿嵌饰亭台树木、湖光山色。
亭台前的地面以壳屑铺就而成，以模仿实物质感。
水边岩石如堆如砌，都因形设色。
画面底部，以弧形螺钿片表现粼粼水波，又有一船夫执篙行舟水上。

黑漆螺钿山水楼阁图插屏　清

玳瑁螺钿八角箱　唐

紫檀嵌螺钿群仙祝寿钟　清

黑漆嵌螺钿八仙图方形委角盒　清

□ **螺钿**

螺钿，又称螺甸、螺蜔、螺填、陷蚌等，就是将螺、贝、蚌等壳类加工成薄片，或在其上刻画，或拼接成花草、人物、鸟兽等纹样，并填嵌于器物表面的漆艺髹饰技法。

【黄文】螺钿，一名蜔嵌〔1〕，一名陷蚌〔2〕，一名坎螺〔3〕，即螺填也，百般文图，点、抹、钩、条，总以精细密致如画为妙。又分截壳色、随彩而施缀者，光华可赏。又有片嵌者，界郭、理、皴皆以划文。又近有加沙者，沙有细粗。

【注释】〔1〕蜔（diàn）嵌：蜔嵌填漆，即螺钿填漆。又称螺甸、螺填、钿嵌、陷蚌、钿螺、坎螺以及罗钿等。所谓螺钿，是指用螺壳与海贝（主要是夜光贝，也称夜光蝾螺）磨制成人物、花鸟、几何图形或文字等薄片，根据画面需要而镶嵌在器物表面的装饰工艺总称。螺钿的镶嵌工艺技法非常丰富，通常可分为硬钿、软钿与镌钿三大类。硬钿又可分为厚片硬钿、薄片硬钿、衬色甸嵌、硬钿挖嵌。软钿有点螺。镌钿即镶嵌物高于地子。“硬螺钿”是选用厚的贝壳片，如将螺贝制成薄如纸，则为“软螺钿”，若将软螺钿的底面衬上各种色彩能产生一种透色效果，就是“衬色甸嵌”。其中最著名的是软钿中的“点螺”，又称“点螺漆”，它产于江苏扬州，兴于唐宋，盛于元明，至清初达到炉火纯青的程度。

〔2〕陷蚌：见上注。

〔3〕坎螺：坎，八卦之一，卦形是“☵”，代表水。是《周易》六十四卦中第二十九卦：“习坎。有孚，维心亨，行有尚。象曰：水洊至，习坎。君子以常德行，习教事。”坎螺，代指嵌入的螺纹。

【译文】螺钿，又叫蜔嵌、陷蚌、坎螺等，就是指将螺、蚌等的壳嵌入漆胎再进行填漆的工艺。要拼成各种各样的图案，就得将螺壳切割成点、抹、钩、条等形状，总的来说均以精细、细密得像画上去的一样为妙。又可以将螺壳按色泽分截，随着物象色彩的需要进行妆点，那样做出来的图案光彩华丽，十分好看。又有以螺钿片进行镶嵌的，这种工艺会因钿片随型形成边界、形成螺钿间的缝隙、形成像国画皴擦出的划刻纹理。又有加入螺钿碎屑的，碎屑有颗粒大小之别。

【扬注】壳片古者厚而今者渐薄也。点、抹、钩、条，总五十有五等，无所不足也。壳色有青、黄、赤、白也。沙者，壳屑，分粗、中、细，或为树下苔藓，或为石面皴文，或为山头霞气，或为汀上细沙。头屑极粗

螺钿镶嵌法

螺钿镶嵌，是用夜光贝、蚌片等进行镶嵌，以表现纹饰的技法，是漆艺中具有代表性的髹饰技法之一。在唐代，螺钿镶嵌工艺已达炉火纯青。螺钿的镶嵌大致分为厚螺钿镶嵌、薄螺钿镶嵌与螺钿沙屑镶嵌等，像下面这样，分区块制出螺钿形状，按界郭在胎地上拼合出图案，再上灰漆覆于螺钿片上，干后磨显，再全面髹涂推光漆的即是厚螺钿镶嵌。

①

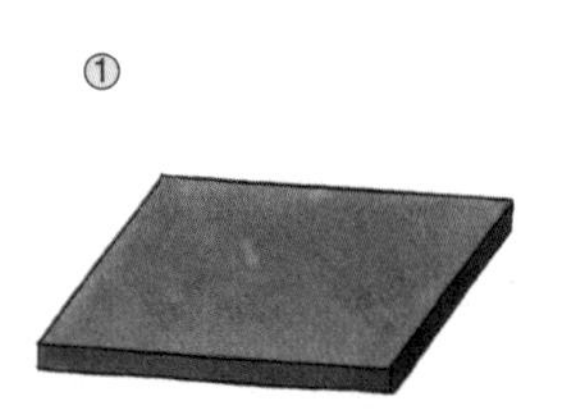

准备一块上过灰漆的平实漆板。

②

选取色泽纯净、明亮度高的螺料，打磨成厚约一毫米的螺片，再裁切出需要的图案。

③

调制鱼鳔胶。提前将鱼鳔胶块用水浸泡一晚。使用时，碗中加入与胶块齐平的水，再将碗中的胶块和水隔水融化、调拌均匀即可使用。

④

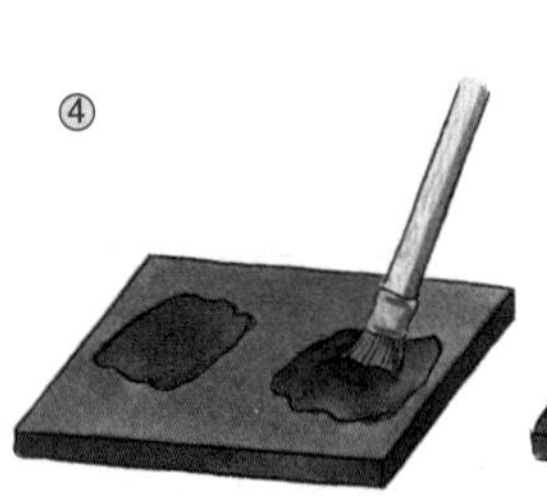

粘贴螺片，贴好后静置待干。

⑤

粘贴较大片的螺钿片时，放好螺钿片后，可以轻轻按压图案的中间部位，将内侧的空气排出以免有气泡留在螺钿片与漆层间，导致镶嵌不实。

⑥

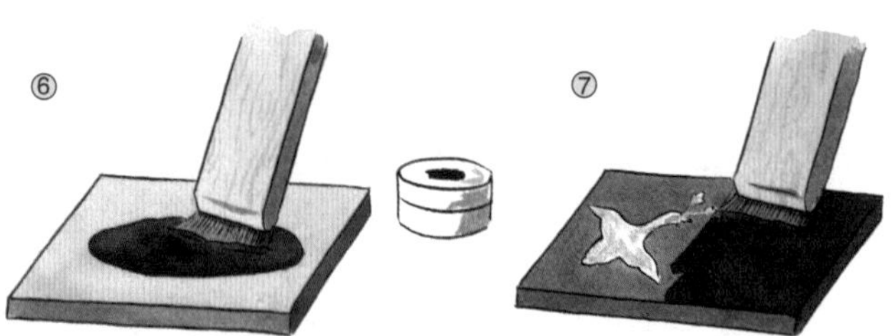

髹刷蘸取漆液。

⑦

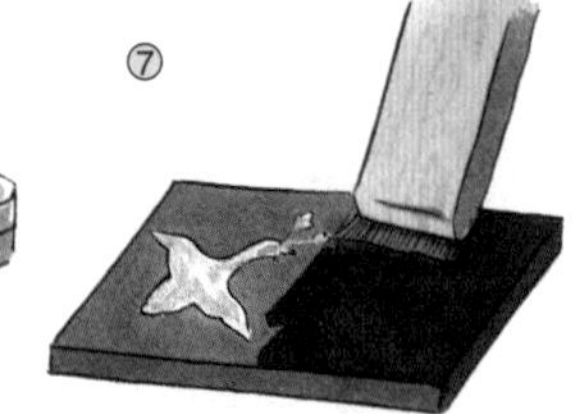

漆面晾干后，通体薄涂一道精制生漆，然后放入荫房待干。

⑧

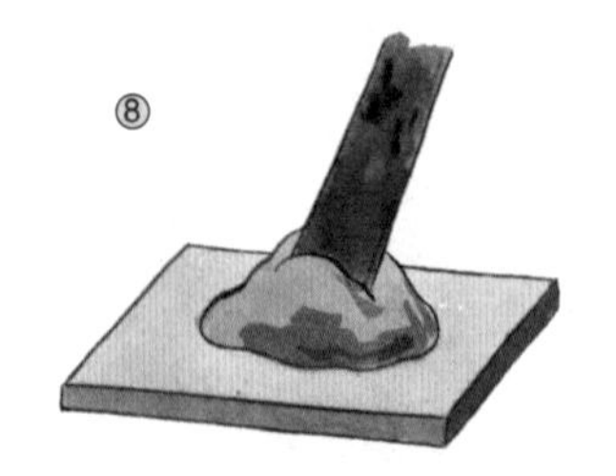

调灰漆，精制生漆中加中灰或细灰，调拌均匀。

⑨

盖灰，用刮板蘸灰漆给器表通体上一层灰漆，然后放入荫房待干。

⑩

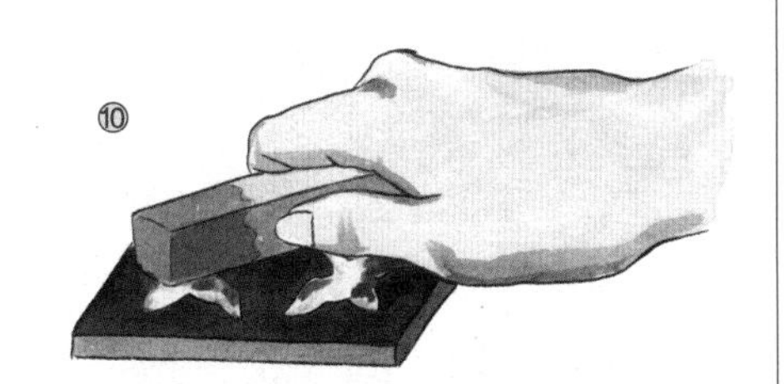

灰漆干燥后，用灰条打磨器表，将其研磨平滑。这时，漆灰地会略微低于螺钿图案，这是螺钿硬、灰漆软的缘故。

⑪

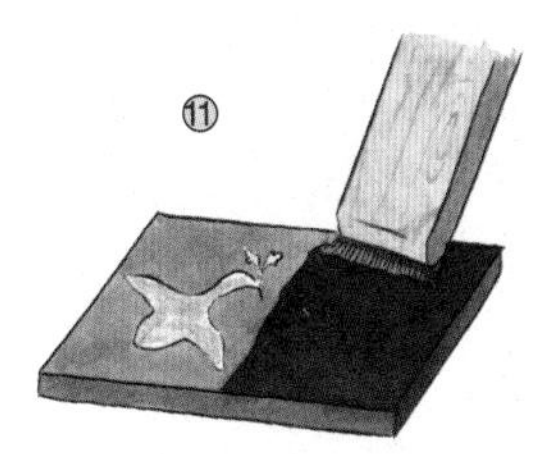

通体髹涂一层黑漆，待干后，再髹涂一层。如此往复三至四次，每次髹涂完一层，必须干透才能再髹涂。

⑫

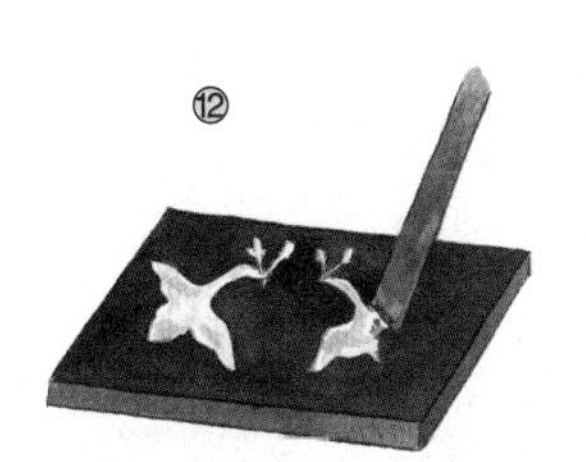

确认漆层完全晾干硬化后，用刻刀轻轻剔去螺钿图案表面的漆层。

⑬

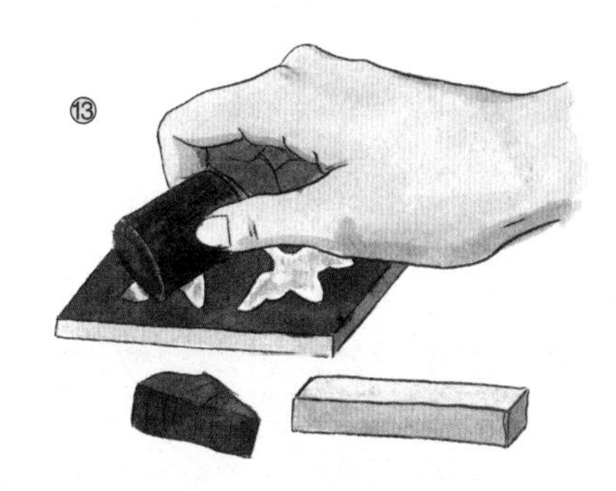

使用灰条或炭条由粗到细地打磨螺钿图案，螺钿边缘及四周的素髹也要磨到。

⑭

使用棉纱蘸取少量水混珍珠粉和菜籽油给器表推光，首先擦拭中间螺钿片部位，随后再给板子整体做推光。

⑮

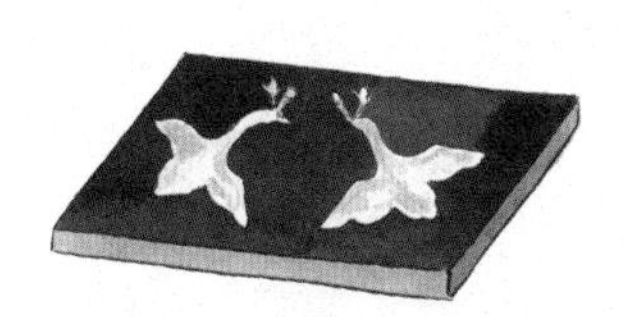

推光后，用酒精擦拭干净器表，一块厚螺钿镶嵌的实验板就制成了。

者，以为冰裂文，或石皴亦用。凡沙与极薄片，宜磨显揩光，其色熠熠，共不宜朱质矣。

【译文】古代的螺钿片要厚一些，而现在的则渐渐变薄了。点、抹、钩、条的切割方法，总共有五十五种，没有什么图案的制作是不能满足的。螺钿壳的颜色有青色、黄色、红色、白色等。（黄成上文）说的“沙”，就是指螺钿壳的碎屑，碎屑分为粗颗粒、中颗粒和细颗粒，可以用来描绘树下的苔藓，或者用来描绘石头表面的皴纹，或者用来描绘山头的霞气，或者用来描绘沙洲上的细沙。第一种最粗的碎屑，可以用来描绘冰裂纹，或者描绘石头的皴纹也是可以的。各种螺钿碎屑与极薄的螺钿片，适合用磨显后揩光的工艺，这样能使其色泽更加熠熠生辉，极薄的螺钿片与螺钿碎屑均不宜用在红色的漆面上。

【黄文】衬色蜔嵌，即色底螺钿也，其文宜花鸟、草虫，各色莹彻焕然如佛郎嵌〔1〕。又加金银衬者，俨似嵌金银片子，琴徽〔2〕用之，亦好矣。

【注释】〔1〕佛郎嵌：珐琅器。又称为大食窑、景泰蓝，实际都是以铜为胎，上釉烧成的相似品种。《陶雅》：“范铜为质，嵌以铜丝，花纹空洞，杂填彩釉。昔谓之景泰蓝，今谓之珐琅。”梁同戈《古铜瓷器考》：“大食窑出大食国（今伊朗），以铜作身，用药烧成五色，与佛郎嵌相近。佛郎今发蓝也。其鲜润不及窑器（指我国瓷器），又谓之鬼国窑……”明曹昭《格古论要·古窑器论·大食窑》：“以铜作身，用药烧成百色花者，与佛郎嵌相似。”据以上记载，证明珐琅器是由中东阿拉伯国家传入中国，明代时很风行。

〔2〕琴徽：琴弦音位标志。在琴面镶嵌有13个圆形标志，以金、玉或贝等制成。从琴头开始，依次为第一徽、第二徽……直至琴尾第十三徽。《汉书·扬雄传下》“今夫弦者，高张急徽”，唐·颜

师古注："徽，琴徽也。"

【译文】衬色钿嵌，就是指螺钿片在底面镶嵌衬色的工艺。这样的工艺适合制作花鸟、草虫的纹饰，各种颜色都能晶莹透彻地体现出来，就像瓷器工艺中的珐琅。又有加金色和银色衬底的，做出来的器物就像镶嵌了金银片一样，用这个方法做古琴的琴徽就很好。

【扬注】此制多片嵌划理也。

【译文】用这种方法制作多片镶嵌衬色的钿片，需要事先划出所需要的纹理脉络。

【黄文】**嵌金、嵌银、嵌金银。右三种，片、屑、线各可用，有纯施者，有杂嵌者，皆宜磨现揩光。**

【译文】镶嵌金色，镶嵌银色，镶嵌金银色。上面的这三种材料，金银片、金银碎屑、金银线条等都可使用，有只使用一种形式的，也有多种形式夹杂镶嵌的，都适合在磨显之后再揩光。

【扬注】有片嵌、沙嵌、丝嵌之别，而若浓淡为晕者，非屑则不能作也。假制者用鍮[1]、锡，易生霉气，甚不可。

【注释】〔1〕鍮（tōu）：是指黄铜矿石。唐·慧琳《一切经音义》："鍮石似金而非金也。"

【译文】镶嵌金银，有用片镶嵌，用碎屑镶嵌，用金银丝镶嵌的不同。若要表现浓淡晕染的效果，就必须

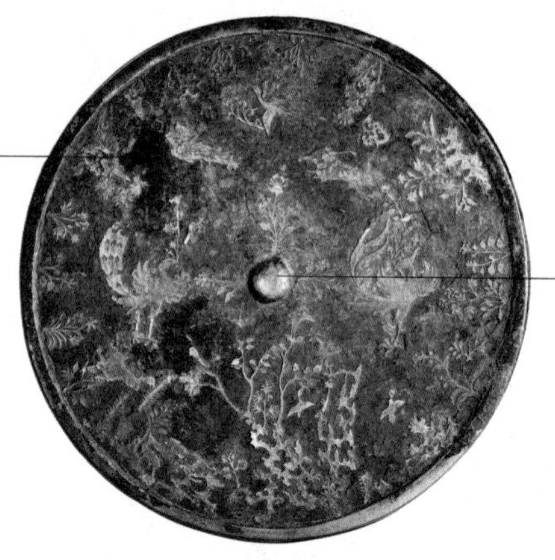

镜背髹黑漆作地，其上银平脱花鸟狩猎仙人纹。
以镜钮为中心，左为孔雀，右为凤凰，皆作衔枝起舞之状；镜钮上方，有一仙人正驾鹤西行，仙人下方，一骑士策马追逐猛兽；镜钮下方，又有假山、花草、飞鸟纹等。

银平脱花鸟狩猎仙人纹镜　唐

银平脱象纹围棋子盒　唐

金银平脱宝相花铜镜　唐

金银平脱凤纹皮箱　唐

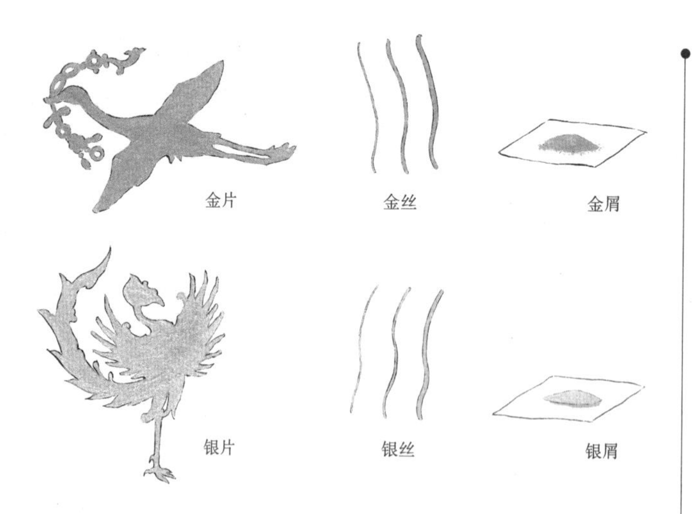

□ 嵌金银

嵌金银，即将金银片或金银丝、屑等按照纹样黏贴于胎地，再在其上全面髹漆，最后磨显出文质齐平的金银花纹的漆艺髹饰技法。这一工艺成熟于唐代，时称“金银平脱”。到了元明清三代，纯用金银镶嵌的漆器已相当少见，金银与薄螺钿并施于一器更为流行。

平脱

平脱，即先根据器物的大小设计所嵌金片或银片的纹饰，再在金银薄片上錾刻纹样，粘于器表，然后全面髹漆盖没纹饰，待漆干后，将其下花纹图案磨显而出。最终文质齐平，谓之平脱。

犀皮的纹理

圆盒盒表红黑相间，中间隐隐可见暗绿色，通体髹饰生动如行云流水。

红面犀皮圆盒　明

犀皮漆笔筒　清

犀皮漆葵瓣式攒盒　清

犀皮金漆八角盖盒　明

□ 犀皮

犀皮，即不借助引起料，在胎骨上用稠漆堆起凹凸不平的捻子，再在上面髹涂若干道不同色的漆，最后打磨平滑，制出天然流动、色泽灿烂纹理的一种漆艺髹饰技法。

用金银碎屑才能制成。造假者所用的黄铜矿石和金属锡，容易生霉，一定不能用。

【黄文】犀皮〔1〕，或作西皮，或犀毗。文有片云、圆花、松鳞〔2〕诸斑。近有红面者。共光滑为美。

【注释】〔1〕犀皮：犀皮漆，变涂，又称犀皮、西皮、虎皮漆、波罗漆。孙吴墓和刘宋墓均出土有犀皮漆器，孙吴时期已经十分流行，这表明其创制或许更早。唐宋是犀皮的兴盛期，制作出的图案取决于表面起皱和点纹高低起伏的变化。

〔2〕松鳞：松鳞纹。犀皮漆的一种花纹，因这种花纹似老松树斑驳的树皮，故名。

犀皮制法

犀皮的制作不借助引起料，使用漆和打捻工具，就能制出效果流畅、迷离浮动，既有规律又无规律，富有变化莫测之感的纹理。犀皮打捻的工具有很多，如发团、刷子、滚珠、竹刮板、丝瓜络等。漆工选择适应的工具起纹，比如滚珠易于制出涟漪纹，刷子易于制出丝纹等。下面所示是一种用竹刮板制出常见流云纹犀皮的做法。

①

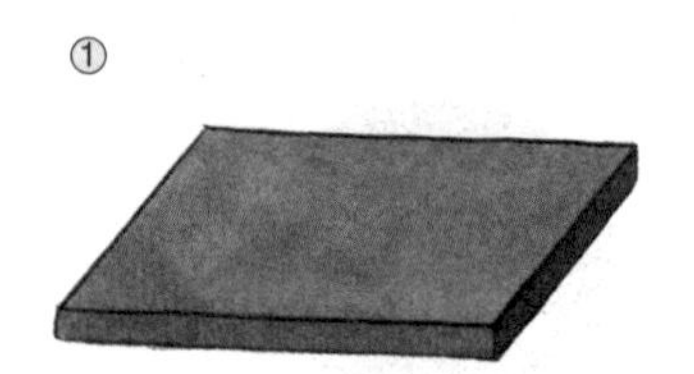

准备一块上过灰漆的平实漆板。

②

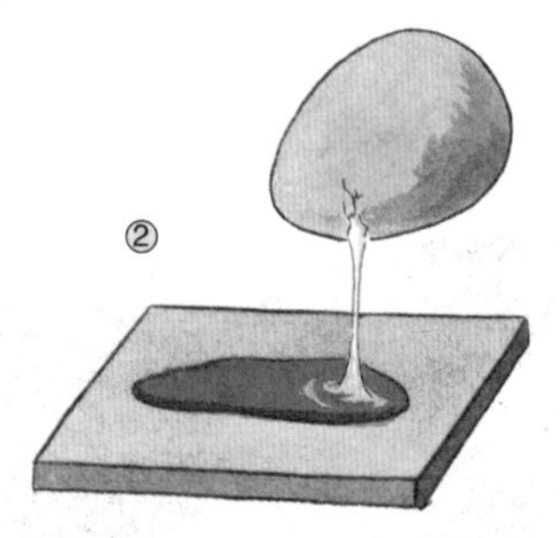

调制打捻漆，取鸡蛋的蛋清加入预备打捻的色漆中，大致比例为蛋清二、色漆八。加入蛋清，是为了让漆液更黏稠，便于下一步塑起形状。

③

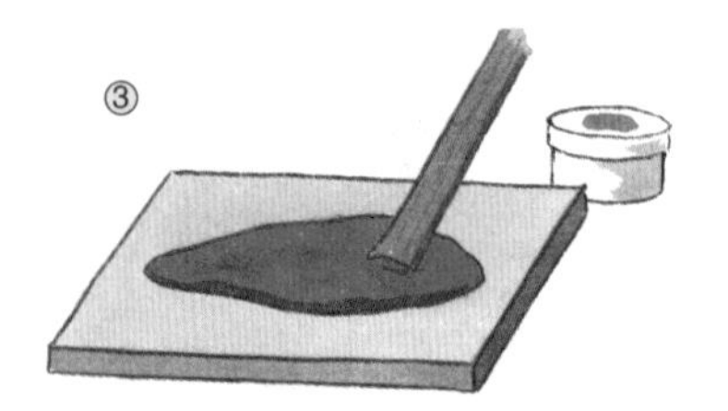

用刮板将蛋清和漆液调匀。调匀后还需往复翻拌几次，直至漆液黏稠如牙膏状。

④

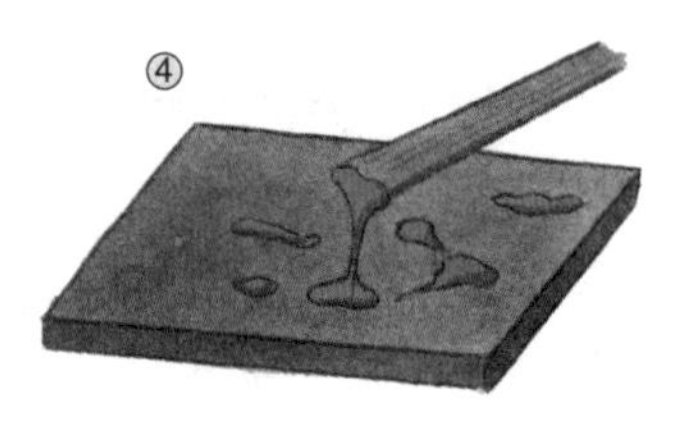

打捻，刮板上蘸取适量漆液在漆板上打起捻子。打捻的时候需要注意，捻的高度要尽量一致，通常在两毫米；捻的形状大小和风格要尽量一致；捻与捻之间的分布要基本均衡、美观。打捻完毕后，还可以参考这几点要求再做整体调整。捻打得越高，干燥得就越慢，也越容易起皱。打捻完成后将漆板放入荫房待干。

⑤

调黄色漆，漆里面加入少量樟脑油稍作稀释。

⑥

髹涂黄色漆层。髹涂的时候需要注意，每一层漆必须干透才能再上第二层，如有漏涂或髹涂厚薄不均的地方，应及时处理。涂好后将漆板放入荫房待干。

调红色漆。髹涂不同颜色的漆层时，注意髹刷不要混用，以免影响最终犀皮的效果。

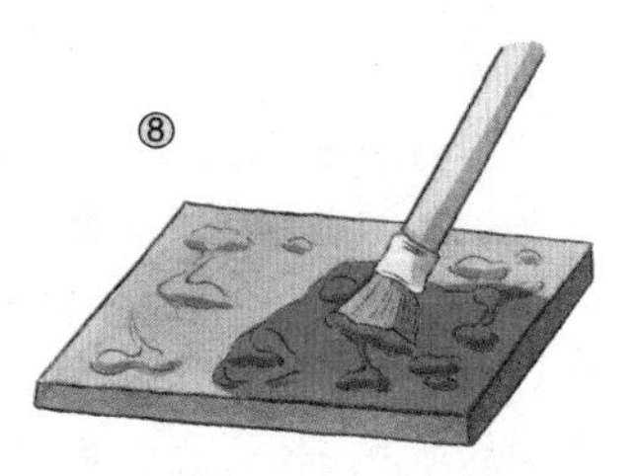

在干透的黄色漆层上继续髹涂红色漆层。

调金漆，金粉和透明漆的比例大致为一比一，用笔或刮板慢慢调拌至两者完全融合。金粉较轻，容易四处飘散，使用时应戴好防护口罩。

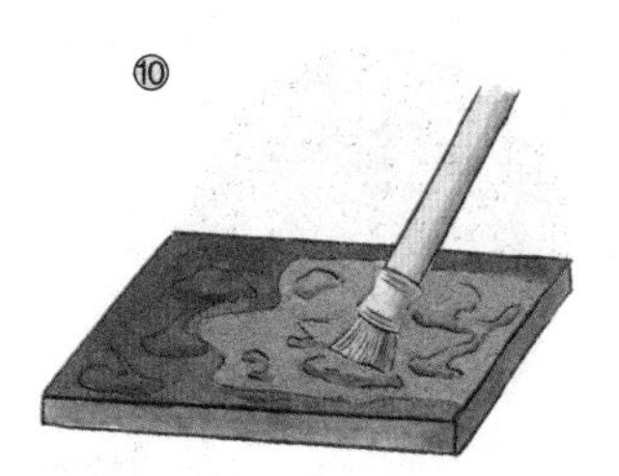

髹涂金漆，涂好后将漆板放入荫房待干。

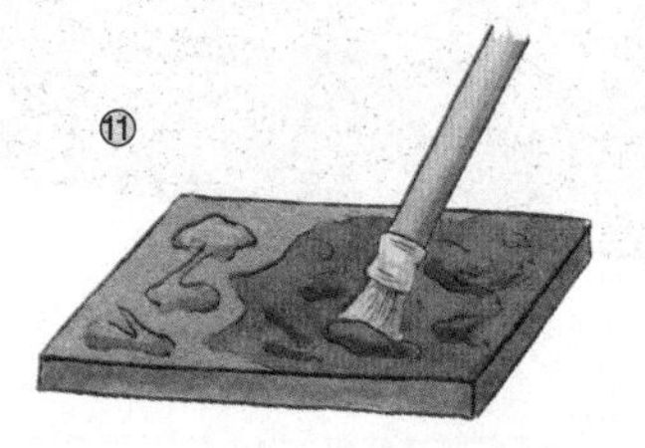

⑫

按照红色-金色-红色的步骤重复髹涂漆层。每一层漆干透后再髹涂第二层。

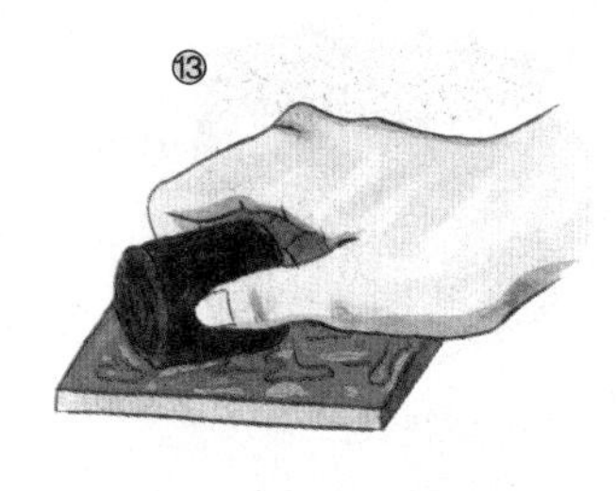

髹涂好的漆板完全干透后，用磨条蘸水打磨漆面。磨的时候要用力均匀，把所有突起的捻磨至同一高度，不要只打磨一处。磨完一道，就更换目数更大的磨条继续打磨，基本打磨到2000目为止。

磨好后，进一步给器表推光。

一块犀皮的试验板就制成了。

◎汉

汉代是漆器发展的鼎盛期。按《汉书·地理志》记载，西汉有八个郡设工官管理漆器生产，其中蜀郡成都、广汉郡雒都均以生产贵重漆器闻名。汉代漆器以彩绘为主，所用颜料均调油或调漆，除黑红二色外，多使用金、银、黄、绿等色。西汉初期，锥画漆器开始大量生产，到西汉中晚期，锥画的刻纹开始填金彩，使黑地或深褐色漆地上的图案更加熠熠生辉。这种填金彩的锥画漆工艺，即“戗金”前身。

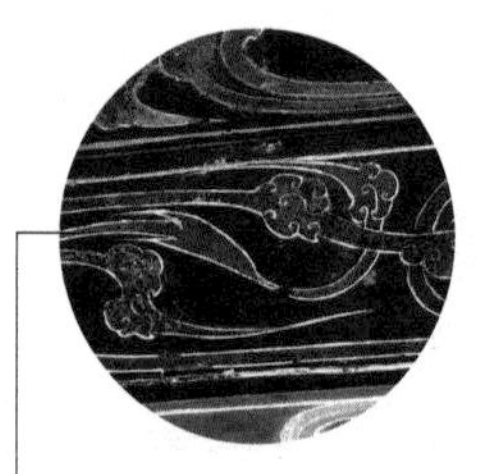

髹饰

髹饰云气纹，纹饰以微微高起的白色线条勾描轮廓，轮廓内填红、绿、黄三色漆。风靡唐宋的“阳识”“堆起”工艺，可上溯至此。

奁

奁，即女子存放梳妆用品的镜箱。此奁为木胎，由上、下两层器身和器盖组成，盖为盝顶式。

堆漆云气纹长方奁　西汉

（长48厘米，宽25厘米，高21厘米）

彩绘云气瑞兽纹三足樽　西汉

内髹朱漆，外髹褐色漆，外壁及顶盖在褐色漆地上朱漆彩绘菱形几何纹和云纹。

彩绘银平脱奁　东汉

夹纻胎，奁内髹朱漆，内部口沿及底部墨绘带形纹及云纹；奁外髹黑漆，以朱漆彩绘云纹。盖顶镶柿蒂纹银叶，奁壁镶鸟兽纹银片。

银扣嵌玛瑙奁　西汉

口沿处镶银扣，顶盖上金银箔剪贴加彩绘髹饰，顶盖中央镶红玛瑙。奁身贴饰金银箔，金银箔上以及箔片空处用朱漆彩绘云气纹。

描漆单层五子奁　西汉

卷木胎。奁表、盖内及底部中心髹黑褐色作地，地上朱漆绘云纹；顶盖用朱、绿色漆绘云纹和几何纹；器身外壁近底处和内壁近口处朱漆绘菱形几何纹。

彩绘鱼纹漆耳杯　西汉

斫木胎。内髹红漆，外髹黑漆，内底正中用黑漆绘小鱼一尾。

锥画篦点纹漆卮杯　西汉

夹纻胎。杯内髹朱漆，外髹褐漆，杯口下锥画弦纹、篦纹，间饰朱点纹。杯外底有朱漆篆书“千秋”二字。

髹饰

黑漆地上用朱、褐色漆描绘变形鸟纹、鸟云纹、鸟头纹等，内腹髹朱漆。漆盂外底有针刻的符号。

形制

此漆盂为旋制木胎，器表及口沿内髹黑漆。

变形凤鸟纹漆盂　西汉

（高8厘米，径25.5厘米）

漆博具　西汉

博具，即六博等博戏用具。盒及盒内器具均用漆髹饰。盒外髹黑漆，内髹红漆，盒外黑漆地上绘飞鸟纹、云气纹，间饰朱漆几何纹。

卷云纹漆陶罐　西汉

罐外髹黑漆，黑漆地上用朱漆彩绘卷云纹、菱形纹等。

漆耳杯　西汉

木胎挖制而成。均通体髹黑漆，黑漆地上用朱漆绘变形鸟纹、鸟头纹、卷云纹、点纹等。

【译文】犀皮漆，又叫西皮，或犀毗。其纹饰图案有片云纹、圆花纹、松树鳞纹等。现在有用红漆为漆面的。犀皮漆都以光滑为美。

【扬注】摩窳[1]诸斑。黑面、红中、黄底为原法；红面者，黑为中，黄为底；黄面，赤、黑互为中，为底。

【注释】〔1〕摩窳（yǔ）：窳，凹陷、低下之意。摩窳，指犀皮漆制作中用漆填平凹陷，再磨显成纹。

【译文】磨显犀皮漆的各种斑纹。黑色为面漆，红色为中漆，黄色为底漆，这是最早的做法。红漆为面漆的，需要黑漆为中漆，黄漆为底漆；黄漆为面漆的，需要红色和黑色互相为中漆和底漆。

阳识第八

【扬注】其文漆堆，挺出为阳中阳者，列在于此。

【译文】用漆堆积出高于漆面的花纹，再在上面加以纹饰的，均罗列在这一章。

【黄文】识文描金，有用屑金者，有用泥金者，或金

□ 识文描金

漆面上高起的阳文图案称“识文”。识文描金，即在漆面的阳文图案上涂金的漆艺髹饰技法。识文描金分使用屑金和使用泥金两种——屑金是在用漆堆成的花纹上撒金屑；泥金是在用漆堆成的花纹上贴金或上金。

识文描金团花纹圆盒　清

识文描金桃鹤纹葵瓣式盒　清

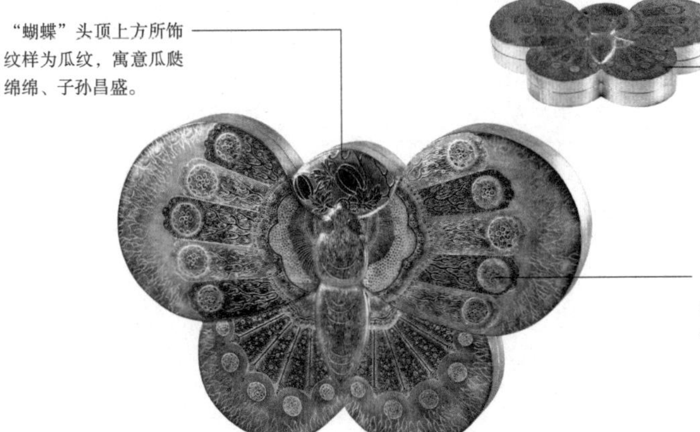

“蝴蝶”头顶上方所饰纹样为瓜纹，寓意瓜瓞绵绵、子孙昌盛。

盒外通体髹金漆，盒盖面金漆之上做识文描金。这种先堆起灰漆再在其上描饰金纹的工艺，就是识文描金。

“蝴蝶”的身体和张开的翅膀处均用灰漆堆出微微隆起的纹样，再在其上饰描金。

识文描金蝴蝶形盒　清

理，或划文，比描金则尤为精巧。

【译文】识文描金，有用碎屑的金粒进行堆花描金的，有用泥金进行堆花描金的。这种工艺要么描摹金色的纹理，要么刻画出纹饰，比单独描金制作的器物更精巧。

【扬注】傅金屑者贵焉，倭制殊妙，黑理者为下底。

【译文】平堆的花纹上，用金粒制作花纹的器物尤其珍贵。日本国在制作识文描金漆器时，其方法有独到而精妙的地方。用黑漆制成皴痕来做漆地，是最下等的。

【黄文】识文描漆，其著色或合漆写起，或色料擦抹。其理文或金，或黑，或划。

【译文】识文描漆，在着色的时候，要么用调和后的彩漆直接描绘，要么用色料粉末，在描绘好的漆面搽敷上色。其纹理要么是金色纹饰，要么是黑色纹饰，要么是刻画纹饰。

【扬注】各色干傅、末金、理文者为最。

【译文】搽敷色粉或撒金粉后，再皴出需要的纹理脉络的器物最好。

【黄文】揸花漆，其文俨如缋绣[1]为妙，其质诸色

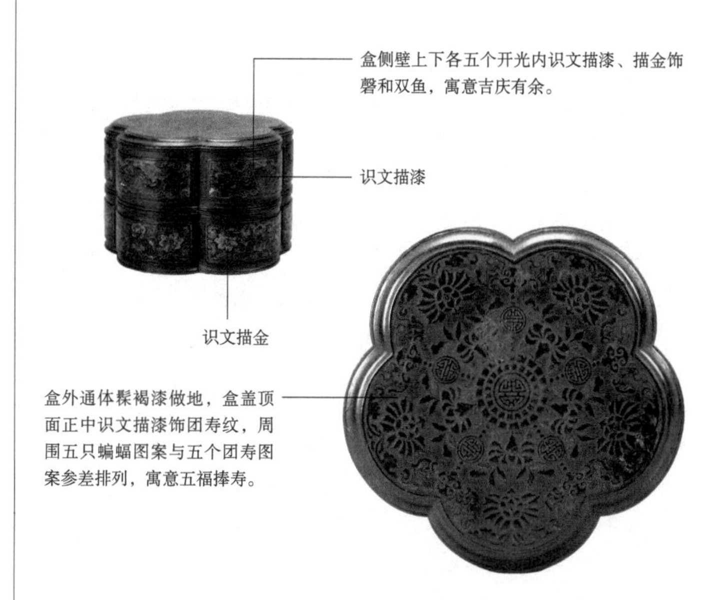

盒侧壁上下各五个开光内识文描漆、描金饰磬和双鱼，寓意吉庆有余。
识文描漆
识文描金
盒外通体髹褐漆做地，盒盖顶面正中识文描漆饰团寿纹，周围五只蝙蝠图案与五个团寿图案参差排列，寓意五福捧寿。

识文描漆五蝠捧寿纹梅花盒　清

识文描金描红漆“仙庄载咏”长方盒　清

识文描金描漆瓜蝶纹八方盒　清

□ 识文描漆

识文描漆，即在漆面的阳文图案上上漆的漆艺髹饰技法。识文描漆可以用彩漆直接描绘，也可以用色粉搽敷上色，但后者时间久了易脱落。

皆宜焉。

【注释】缋（huì）绣：缋，本义是指布帛的头尾，引申指色彩鲜明。缋绣是指色彩鲜明的刺绣品。

【译文】揸花漆，其纹饰整齐得好比颜色鲜明的绣品才妙。各种颜色的漆地均适合制作揸花漆。

【扬注】其地红，则其文去红，或浅深别之，他色亦然矣。理钩皆彩，间露地色，细齐为巧。或以戗金，亦佳。

【译文】在红色的漆地上制作，则纹饰不能用红色，或者在色泽的深浅上要和底漆区分开，使用其他颜色也是这样。不论是阳文还是阴文的花式，都要用彩漆，也可以适当地露出漆地的颜色，但做工要纤细工巧才好。或者用戗划填金的方式，也很好。

【黄文】堆漆，其文以萃藻〔1〕、香草、灵芝、云钩〔2〕、绦环〔3〕之类。漆淫泆〔4〕不起立，延引而侵界者，不足观。又各色重层者堪爱，金银地者愈华。

【注释】〔1〕萃藻：聚集的海藻，这里指一种纹饰。

〔2〕云钩：是最早的云饰，其形似两端同口向内卷的钩，所以又被称为钩云纹。在古玉器中，尤其是战国至汉代的玉器，常能见到这种整齐排列或相互穿插勾连的云纹。后广泛运用于漆器装饰。

〔3〕绦环：系有丝绦的环。环一般为玉质或金环，这里指一种纹饰。

〔4〕淫泆（yì）：淫，意为过度、无节制。泆，古通“溢”，指水流奔腾泛滥。原指放恣，恣意妄为，声音绵延不绝。在这里，指漆液太稀，而且太多，以至于不能在漆面堆起，甚至外溢到别处。

【译文】堆漆，其纹样多为海藻纹、香草纹、灵芝纹、云钩纹、绦环纹等。漆液太稀、软无力而不能堆起，甚至漫延到纹饰以外影响了周边漆的，没有可观之处。各种颜色堆叠起很多层花纹的很可爱，用金银漆做漆地会显得更华丽。

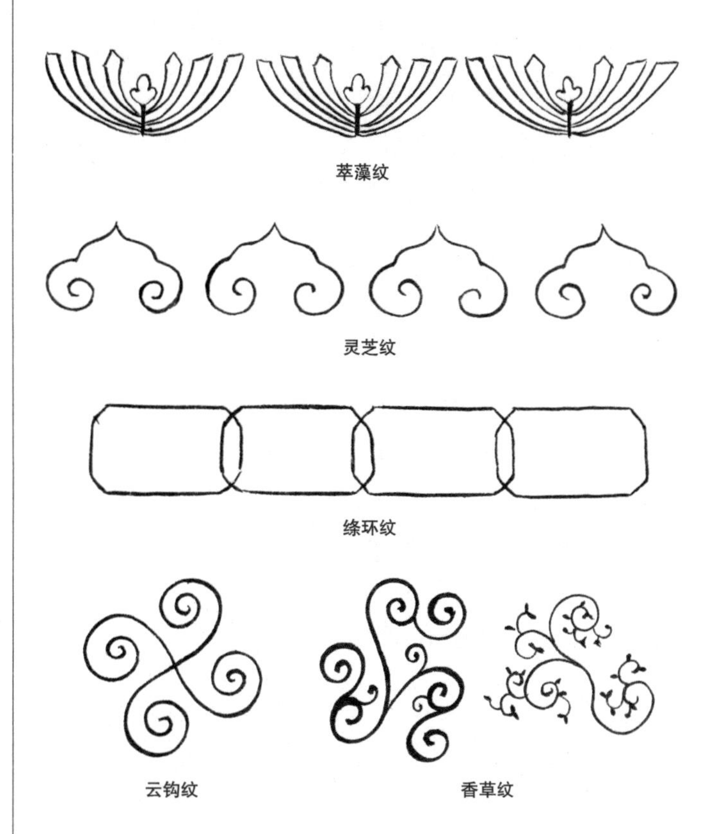

□ **堆漆**

堆漆，在这里专指用漆平涂、堆画出萍藻、香草、灵芝、云钩、绦环等纹样。堆画出的纹样，还应利落整齐、不拖泥带水。

【扬注】写起识文，质与文互异其色也。淫泆延引，则须漆却焉。复色者要如剔犀〔1〕。共不用理钩，以与他之文为异也。淫泆侵界，见于《描写四过》之下“淫侵”。

【注释】〔1〕剔犀：一种漆器工艺。一般情况下都是两种色漆（多以红黑为主），在胎骨上先用一种颜色漆刷若干道，积成一个厚度，再换另一种颜色漆刷若干道，有规律地使两种色层达到一定厚度，然后雕刻出回纹、云钩、剑环、卷草等不同的花纹。这种独特的效果灿然成纹，流转自如，回旋生动，取得了比纯色雕漆更富于变化的装饰效果。由于在刀口的断面显露出不同颜色的漆层，与犀牛角横断面层层环绕的肌理效果极其相似，故得名“剔犀”。这一技艺在中国唐代始有出现，至元代趋于顶峰。剔犀虽属雕漆范围，与剔红相比较，色彩比较丰富，而题材上相对来说却比较古朴而且单一，它不雕山水、人物、花鸟、虫鱼，而是以雕刻线条简练、流畅、大方的云纹为主。所以，北京、山西又称其为“云雕”，日本则称之为“屈轮”。

【译文】在凸起的纹饰上描绘，漆地与纹饰的颜色需有区别。漆液太稀而无力，并且还漫延的，必须换浓稠的漆液。各种颜色重复的，要做得像剔犀。都不宜用刻画的纹饰，以利于与其他纹饰相区别。漆液淫泆侵界的毛病，参见《描写四过》下面的“淫侵”。

【黄文】识文，有平起，有线起。其色有通黑，有通朱。其文际忌为连珠。

【译文】高于漆面的花纹，有平面堆起的，也有线状堆起的。其颜色有通体黑色的，也有通体红色的。其纹饰与底漆连接处，忌讳出现连珠状的漆液堆积。

【扬注】平起者用阴理，线起者阳文耳。堆漆以漆写起，识文以灰堆起；堆漆文、质异色，识文花、地纯色：以为殊别也。连珠，见于𩐳漆六过之下。

【译文】平面堆起的花纹要用刻画的办法，线性堆起的花纹要用堆漆的办法。堆漆是用漆液直接描绘图案，识文则是用灰漆慢慢堆起。堆漆要求纹饰和漆地颜色各异，而制作识文图案，就要求用彩漆纹饰，漆地用纯色的漆。连珠的失误，参见《𩐳漆六过》一节的说明。

堆起第九

【扬注】其文高低灰起加雕琢，阳中有阴者，列在于此。

【译文】用灰漆堆起花纹后，再加阴刻的漆器，均罗列在这一章。

【黄文】隐起描金，其文各物之高低，依天质灰起，而棱角圆滑为妙。用金屑为上，泥金次之。其理或金，或刻。

【译文】隐起描金，其纹饰按照所描绘物象的高低而起伏，自然地用灰漆进行堆起，以棱角自然流畅为妙。在所描绘的物象上撒金粉的为上品，用泥金法的次之。其纹理，要么用金钩的方式形成阳文，要么用刻画的方式形成阴文。

【扬注】屑金文刻理为最上，泥金象金理次之，黑漆理盖不好，故不载焉。又漆冻模脱者，似巧，无活意。

【译文】撒金粉的纹饰以刻画的阴文最好，泥金的物象以金钩的阳文为次。黑漆描绘的纹理不好，所以不记载。又有以漆冻模具脱模制作的器物，看似精巧，却不鲜活。

黑漆隐起描金山水楼阁纹壶　清

盒外髹金漆作地，地上用灰漆堆起漆象，再洒敷金箔粉，描绘出金理。

盒通体金漆描绘瓜、蝶和枝叶须蔓。装饰花纹与器型合意，组成“瓜瓞延绵”的吉祥图案。

金漆瓜瓞纹瓜式盒　清

□ 隐起描金

做出类似浮雕效果的图案称“隐起”。隐起描金，即先用漆灰堆塑并雕刻出物象，再在其上上金的漆艺髹饰技法。堆塑而成的物象以棱角圆滑为好，其上作洒金最好，泥金稍次。隐起描金工艺在明清时期相当常见。

【黄文】隐起描漆，设色有干、湿二种，理钩有金、黑、刻三等。

【译文】隐起描漆，上色有在漆液上施干的颜料粉末搽敷上色的，也有直接用彩漆描画上色的。纹理有金理、黑理、刻画纹理三种。

【扬注】干色泥金理者妍媚，刻理者清雅，湿色黑

“天保九如”印。“天保”出自《诗·小雅》，为祝福君主之诗。“九如”即如山，如陵，如阜，如岗，如川之方至，如月之恒，如日之升，如松柏之茂，如南山之寿。这些均为臣下对君上的颂祝之辞。

墨面刻饰松柏树木山水图，图上日月同升。

此为隐起描彩漆墨，即先在本色墨上通体髹漆衣，其上用漆灰堆起物象，再用湿漆描画或干敷色粉髹饰。

描金彩漆天保九如御墨　清

□ **隐起描漆**

隐起描漆，即先用漆灰堆塑并雕刻出物象，再在上面用湿漆描画或干敷色粉，干固后金钩、黑漆钩或刻出纹理的漆艺髹饰技法。

理者近俗。

【译文】用干粉搽敷上色，泥金法做出来的纹饰妍媚，刻画出来的纹理则清雅，湿漆直接上色的黑色纹理显得俗气。

【黄文】隐起描油，其文同隐起描漆，而用油色耳。

【译文】隐起描油，其纹饰方法和隐起描漆相同，只不过是用油调色而已。

【扬注】五彩间色，无所不备，故比隐起描漆则最美，黑理钩亦不甚卑。

【译文】隐起描油各种色彩都能调出，所以比隐起描漆显得更美。用黑色钩理的纹饰，也不十分单薄流俗。

雕镂第十

【扬注】雕刻为隐现，阴中有阳者，列在于此。

【译文】雕刻出的图案为隐现，在漆面凹陷部分有进行阳雕工艺的，都罗列在这一章。

【黄文】剔红，即雕红漆也。髹层之厚薄、朱色之明暗、雕镂之精粗，亦甚有巧拙。唐制多如印板，刻平锦，朱色，雕法古拙可赏；复有陷地黄锦者。宋元之制，藏锋清楚，隐起圆滑，纤细精致。又有无锦文者，其有象旁刀迹见黑线者，极精巧。又有黄锦者、黄地者，次之。又矾胎者，不堪用。

【译文】剔红，就是雕刻红漆。每一层漆涂抹的厚薄、红色的鲜艳或暗淡、雕刻工艺的精致或粗鄙，都有巧和拙的差别。唐朝人制作的剔红，大多如印刷使用的雕板，刻出平面的锦纹，红色的漆面，雕刻的方法很古拙，值得赏玩；也有在刻陷的朱漆花纹下压黄色锦纹漆地的做法。宋朝和元朝的做法，是要求藏锋用刀而让雕刻分明，刻刀不露锋芒而线条圆润，以达到纤细精致的效果。又有不刻锦文的，在所雕刻之物的边际，能够看到刻刀雕琢的黑色勾线，也十分精巧。在朱漆下面压黄色锦纹或黄色漆地的，次之。还有以绛矾调制红漆进行髹涂的做法，不可取。

【扬注】唐制如上说，而刀法快利，非后人所能及。陷地黄锦者，其锦多似细钩云，与宋元以来之剔法

从上至下分四层，由“一叠卷轴”“两函线状书”“一只长方形文具盒”和“一座几案”共五部分组成。

上层“线装书”的表面，先髹绿漆，剔刻回纹锦地。锦地上，又髹朱漆数重，雕剔蝙蝠及西番莲纹，象征书套所用的织锦，正面贴象牙题签。

“书”的两端，用深浅不一的棕色细木条表现分册、书页，书脊处作木片黏贴表现包背装。

包背装

木条镶嵌

象牙镶嵌

“三层卷轴”可打开，分别用三种不同的花卉纹锦地表现。上层剔刻八边形十六瓣花卉间卐字纹锦地；中层剔刻六边形十二瓣花卉纹锦地；下层剔刻不同方向的菱形四边形八瓣花卉纹锦地。此“手卷”的装配与真实的卷轴一致，捆绑卷轴的皮绳用棕色木条代替，卷轴两头及题签和绳子的插销处则为象牙镶嵌。

“承书之案”与上面的“书盒”相连，书案四边均剔刻六边十二瓣花卉纹锦地装饰。

描金彩漆天保九如御墨　清

剔红牡丹纹脚踏　明

剔红枫叶秋虫图盒　清

剔红花卉纹盏托　明

剔红团花书函式匣　清

花鸟剔红长箱　宋

目前已知最早的传世剔红漆器就是宋剔。宋代剔红漆层较薄，其上的图案较浅，表面也比较平缓。

剔红芙蓉锦鸡图葵瓣式盘　元

茶花绶带鸟纹剔红圆盘　元

元代剔红大多髹漆肥厚、图案丰满，刀法舒卷有力，气韵生动。元代剔红艺术品位颇高，对后世也产生了很大影响。

□ 剔红

剔红，即在底胎上反复髹涂朱漆至一定厚度，少则八九十层，多达一二百层，待漆层半干时描摹上画稿，再雕刻纹饰的漆艺髹饰技法。剔红是雕漆的主要手法，又称“红雕漆”，其装饰的内容十分丰富，常见的有山水人物、龙凤瑞兽、花鸟鱼虫、文人典故等。现今的传世漆器中，剔红器占半数以上。

大异也。藏锋清楚，运刀之通法；隐起圆滑，压花之刀法；纤细精致，锦纹之刻法。自宋元至国朝[1]，皆用此法。古人精造之器，剔迹之红间，露黑线一二带。一线者，或在上，或在下；重线者，其间相去或狭，或阔，无定法：所以家家为记也。黄锦、黄地亦可赏。矾胎者，矾朱重漆，以银朱为面，故剔迹殷暗也。又近琉球国[2]产，精巧而鲜红，然而工趣去古甚远矣。

【注释】〔1〕国朝：旧时称本朝为国朝。语出三国·曹植《求自试表》："若此终年，无益国朝。"这段注文的作者扬明是明朝人，所以这里的国朝即指明朝。

〔2〕琉球国：琉球王国，是曾经存在于琉球群岛的封建政权名，最初是指在琉球群岛建立的山南、中山、山北三个国家。1372年，琉球诸国成为中国明王朝的藩属国。1879年日本宣布琉球废藩置县，完成所谓的"琉球处分"，将琉球强行并入日本，设冲绳县，琉球王国覆亡。

【译文】唐朝人制作剔红的工艺就像上面说的，但是唐朝人所用的刻刀锋利，而且用刀动作很快，这是后人所赶不上的。红漆下压黄漆锦纹的，这些锦纹大多像细钩的云纹，这与宋元以来的剔法有很大不同。藏锋用刀，划痕清楚是用刀的一贯手法；隐藏刀锋使线条圆润，是压花的刀法；纤细精致，是雕刻锦纹的手法。从宋元时期一直到明朝，大家都用这种手法。古人精心制造的器物，剔刀的痕迹在红色漆层之间要露出一二条黑色的线来，露一根线的，要么在红漆层下部，要么在红漆层上部；露两根线的，两线之间有时接近，有时疏离，没有一定的法度。所以，不同的制作者即以此为标记。黄色的锦纹和黄色的漆地都很值得观赏。矾胎，就是指用绛矾调制成红色的漆，然后层层髹涂而成，以银朱色为漆面，剔红的痕迹就会显得殷红般暗淡。又有附

盒盖面及底均雕饰庭院背景，“众童子”分做各种游戏，或骑竹马，或放鞭炮，或摔跤，情景写实、生动。
盒为锡胎，通体髹朱漆，浅浮雕百子婴戏图。
盒盖壁及盒身雕童子斗蟋蟀、斗鸡、捉迷藏等图案。

剔红百子图宝盒　清

□ **金银胎剔红**

金银胎剔红，即在金、银制的胎地上髹涂朱漆数重，再雕镂出纹饰的漆艺髹饰技法。相较于木胎，金银胎剔红就更珍贵了。

近琉球国产的漆器，器型精巧，颜色鲜红，但是制作的工艺却比古人差太远了。

【黄文】金银胎剔红，宋内府〔1〕中器有金胎、银胎者，近日有鍮胎〔2〕、锡胎〔3〕者，即所假效也。

【注释】〔1〕内府：皇室的仓库。清代的内务府亦简称“内府”。汉·桓宽《盐铁论·力耕》：“鼲鼦、狐貉、采旃、文罽，充于内府。”

〔2〕鍮（tōu）胎：一种黄色有光泽的矿石，即黄铜矿或自然铜。唐·慧琳《一切经音义》：“鍮石似金而非金也。”又指人造鍮。即以炉甘石与铜共炼而得的一种铜锌合金。南宋·戴侗《六书故》记载：“吕卢甘石炼铜成鍮。”这里指，用铜，或者铜合金制成的漆胎。

〔3〕锡胎：锡，一种金属元素。普通形态的白锡是一种有银白色光泽的低熔点金属。这里指用锡制成的漆胎。

盘内壁作四菱形开光，开光内雕剔折枝花卉，外刻吉祥杂宝。
盘通体髹红、黄两色漆，分层雕剔花纹。盘心内，髹红漆剔刻方格花卉锦纹作地，其上再髹黄漆，刻俯仰相向的一龙一凤。龙凤在缠枝花卉中腾飞嬉戏，追逐火球。

剔黄龙凤纹圆盘　明

剔黄云龙纹碗　清

剔黄宝相花纹书卷式香几　清

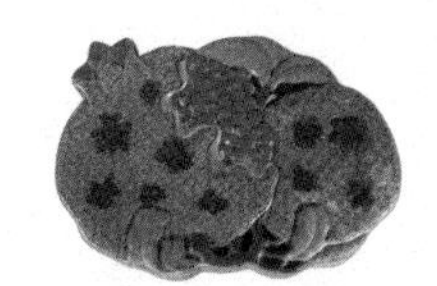

剔黄加彩石榴纹随形盒　清

□ **剔黄**

剔黄，与剔红漆器的制法相同而漆色不同，有通体髹黄漆的，也有在朱漆地上压黄花的。剔黄漆器出现于明万历年间，传世剔黄漆器很少。

【译文】金银胎剔红，宋朝内府中收藏的漆器里就有金胎漆器和银胎漆器。现在的铜矿石胎漆器和锡胎漆器，都是造假仿冒的。

【扬注】金银胎多文间见其胎也，漆地刻锦者不漆器内。又通漆者，上掌则太重。鍮、锡胎者多通漆。又有磁胎者、布漆胎者，共非宋制也。

【译文】金银胎漆器，大多是在剔刻的纹路间能够见到胎漆，部分漆地剔刻锦纹的器物，器内就是露胎状。也有通体髹涂漆液的，但是那样制成的器物拿在手上很重。用铜矿石、锡做胎的，大多是通体髹涂漆液。也有瓷器胎、布漆胎等各种式样，但都不是宋朝制品。

【黄文】剔黄，制如剔红而通黄。又有红地者。

【译文】剔黄，制作方法和剔红相同。又有用红漆做漆地的。

【扬注】有红锦者，绝美也。

【译文】有的剔黄器物用红色锦纹，那真是太美了。

【黄文】剔绿，制与剔红同而通绿。又有黄地者、朱地者。

【译文】剔绿，制作方法与剔红一样。又有用黄色漆地和红色漆地的。

【扬注】有朱锦者、黄锦者，殊华也。

【译文】剔绿器物用红色锦纹、黄色锦纹的，也特别华丽。

【黄文】剔黑，即雕黑漆也，制比雕红则敦朴古雅。又朱锦者，美甚。朱地、黄地者次之。

盒盖面，红漆雕剔正面龙纹。
盒通体髹绿漆雕剔海水，绿漆之上，红漆雕剔鲤鱼、飞龙翻腾在海水中，若隐若现，构成“鱼龙变幻”的图景。此盒是在绿漆上局部加饰红漆后再雕刻鱼龙纹，这也是清中期雕漆工艺的一个新发展。

剔彩鱼龙变幻纹葵瓣式三层盒　清

剔绿海兽纹圆盒　清

□ 剔绿

剔绿，与剔红漆器的制法相同而漆色不同，有通体髹绿漆的，也有黄地或红地上压绿花等很多种。相较于剔黄漆器，传世的剔绿漆器就更少见了。

【译文】剔黑，也就是雕刻黑漆，制作比雕刻红漆更加敦朴古雅。有用红色锦纹的，非常美。红色漆地和黄色漆地就差一些。

【扬注】有锦地者、素地者，又黄锦、绿锦、绿地亦有焉，纯黑者为古。

【译文】有用锦纹为漆地的，也有用素漆为漆地的。黄色锦纹、绿色锦纹、绿色漆地也有用的。但以纯黑色的剔黑漆器最为古雅。

【黄文】剔彩，一名雕彩漆，有重色雕漆，有堆色雕漆，如红花、绿叶、紫枝、黄果、彩云、黑石及轻

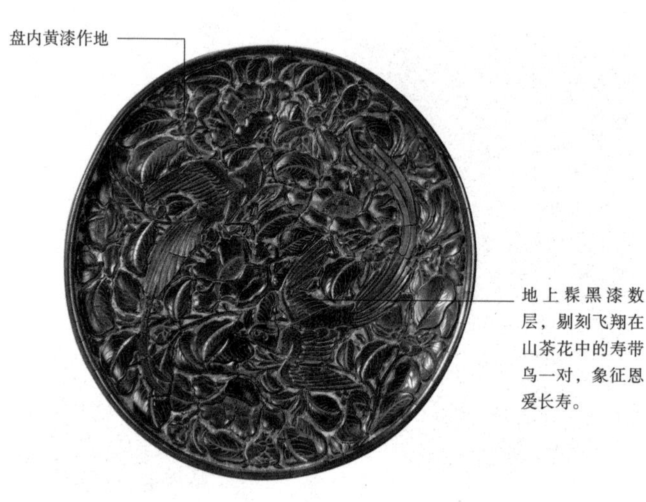

盘内黄漆作地
地上髹黑漆数层，剔刻飞翔在山茶花中的寿带鸟一对，象征恩爱长寿。

剔黑寿带山茶纹圆盘　元

剔黑行旅图委角方盒　明

剔黑喜鹊芙蓉纹莲瓣形盘　清

□ 剔黑

剔黑，与剔红漆器的制法相同而漆色不同。传世的剔黑漆器比较多，相较于剔红漆器，剔黑的漆器更朴雅。

重雷文[1]之类，绚艳恍目。

【注释】〔1〕雷文：雷纹，是青铜器纹饰之一，以连续的方折回旋形线条构成的几何图案。郭沫若认为其脱胎于指纹。古代陶器是用手做的，所以上面多有指纹，后人仿制，所以有了雷纹。

【译文】剔彩，又叫雕刻彩漆，有在多重颜色的漆器上剔彩的，也有在堆色漆器上剔彩的。像红花、绿叶、紫色的树枝、黄色的果实、彩云、黑色的石头，以及或轻或重的雷纹等，均绚烂夺目。

盒盖开光内，以“春”字为中心设计装饰图案，“春”字下方有一“聚宝盆”，两侧为“二龙戏珠”。

“春”字内，设一圆形开光，内有老寿星端坐于松树下，神鹿、宝瓶的图案分置两旁。

“聚宝盆”，内置火珠、盘肠、犀角、珊瑚、银锭、金钱、方胜、卷轴、灵芝等宝物图案，宝盆腹部还饰有辟邪的艾叶图案。

盒表髹涂的漆层从下至上共分黄、赭红、黄、绿、红五色。

“聚宝盆”上方，以红、黄、绿三色漆交替剔刻象征光芒的条带。

盒壁上下对称雕有四组开光，开光内雕缠枝莲纹，开光外，上下分别雕剔火珠、犀角、祥云、棱镜等法器和书本、银锭、方胜、珊瑚等宝物。

剔彩寿春图宝盒　清

乾隆款剔彩大吉宝案　清

剔彩双龙纹小箱　明

剔彩格锦团花纹长方盒　清

盒通体用红、绿、黄、黑四种漆交替髹涂，剔彩层自下而上依次为红、黄、绿、红、黑、黄、绿、黑、黄、红、黄、绿、红漆13层，是重色雕漆的代表作。

林檎双鹂图捧盒及盖面　明

盒通体先髹绿漆，雕剔汹涌海水，然后按设计剔除人、畜及花瓣轮廓内的绿漆，再反复髹涂、填入红漆，雕刻张果老骑驴及盒身的花瓣图饰。是填色雕漆的代表作。

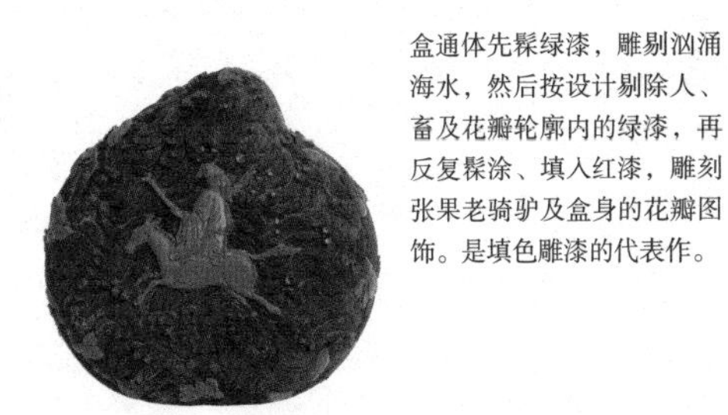

剔绿加彩张果老渡海图桃式盒　清

□ 剔彩

剔彩，即雕剔彩漆的漆艺髹饰技法。剔彩有重色雕漆和堆色雕漆两种，重色雕漆是在胎地上分层髹涂不同颜色的漆，各色漆层均达到一定的厚度，然后根据图案色调的要求用刀剔刻，露出所需的漆层；堆色雕漆，仅在局部髹涂色漆再剔刻。明代时，仅用堆色雕漆表现枝叶筋脉等局部纹饰，清代才开始表现不同图像。

【扬注】重色者，繁文素地；堆色者，疏文锦地为常具。其地不用黄、黑二色之外，侵夺[1]压花之光彩故也。重色，俗曰横色[2]；堆色，俗曰竖色[3]。

【注释】〔1〕侵夺：本义是侵占，抢夺。宋·苏轼《上神宗皇帝书》："若巧者侵夺已甚，则拙者迫怵无聊。利害相形，不得不察。"这里指，黄色和黑色会使别的花色显得黯淡。

〔2〕横色：雕漆漆面取横向色彩的称为"横色"。

〔3〕竖色：雕漆漆面取纵向色彩的称为"竖色"。

【译文】重色漆器，就是在漆地上反复髹涂，只露出很少的漆地，但素地一般不加装饰，这就是"繁文素地"；堆色漆器，就是在漆地上简单地堆漆纹饰，而露出较大面积的漆地，再在漆地上进行剔刻装饰，这就是"疏文锦地"。这都是常规的髹饰技艺。但漆地都不适合用黄漆、黑漆之外的其他颜色，这是为了防止漆地侵压提花光彩的缘故。重色，俗称"横色"；堆色，俗称"竖色"。

【黄文】复色雕漆，有朱面，有黑面，共多黄地子，而镂锦纹者少矣。

【译文】复色雕漆，有用红色漆面的，也有用黑色漆面的，但都以黄色漆地居多。用雕刻、锦纹等为漆地的较少。

【扬注】髹法同剔犀，而错绿色为异；雕法同剔彩，而不露色为异也。

【译文】髹涂漆液的方法和剔犀的方法相同，其差

盒盖面开光内雕剔盛开的莲花图案一朵，周边环绕花卉图案。花纹间露黄色漆地，地上不做锦纹。

此盒表面为红漆，然而从刀口断面可见红、黄、绿三种色漆重叠髹涂三道，共九层。此盒工艺上基本符合复色雕漆的特征：花纹间露黄漆素地；髹饰方法如同剔犀，色漆间错有绿色漆层；表面纹饰基本呈红色，仅细部枝叶处可见分层截色，与“不露色为异”稍有出入。

盖壁与盒身均饰六个如意头形开光，内刻“宝相花”，开光间以缠枝灵芝纹相隔。

剔彩宝相花圆盒　明

□ 复色雕漆

复色雕漆，即在胎地上用二至三种色漆有规律地髹涂，再雕剔纹饰的漆艺髹饰技法。复色雕漆的髹漆手法像剔犀，而剔刻的手法类似剔彩，只在刀口的断面处露出二至三种颜色的漆线为好。这种技法对髹漆和剔刻的要求很高，传世的作品也很少。

异在于髹涂要间髹绿漆；雕刻的方法和剔彩的方法是相同的，其不同在于露不露出彩色。

【黄文】堆红，一名罩红，即假雕红也，灰漆堆起，朱漆罩覆，故有其名。又有木胎雕刻者，工巧愈远矣。

【译文】堆红，又叫罩红，就是假雕红，用灰漆堆起需要的图案，再用红色的漆进行覆盖制成，所以有这个名称。也有在木胎上雕刻图案后，再罩红漆的，其工艺的精妙程度比真正的雕红差远了。

堆红做法

堆红，即先在胎地上剔刻好纹饰或用灰漆堆塑、漆冻脱印成花纹，再在上面髹涂朱漆的漆艺髹饰技法。堆红较剔红而言更省工省料，故又称“假雕红”。堆红的漆器在刀刻的凹陷处往往有漆液淤积，并不十分均匀。下面图示是用灰漆堆塑出纹的堆红做法。

①

准备一块上过灰漆的平实漆板。

②

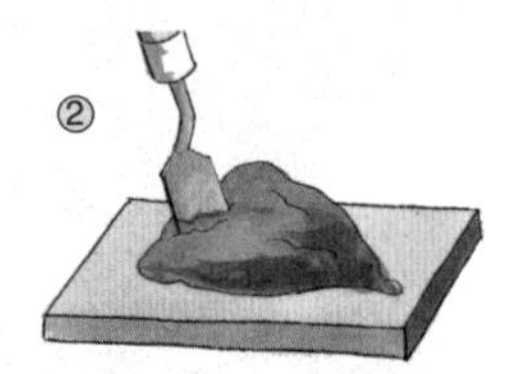

调灰漆，细瓦灰中加入适量生漆，调拌至牙膏状，这种状态下的灰漆可塑性强又不会稀软无力。福州漆工在制作堆红所用的灰漆时，会在细瓦灰中加入少量滑石粉、蛤粉和鱼鳔胶，其中，滑石粉使其绵软，蛤粉增强其透气性，鱼鳔使其黏性更佳。

③

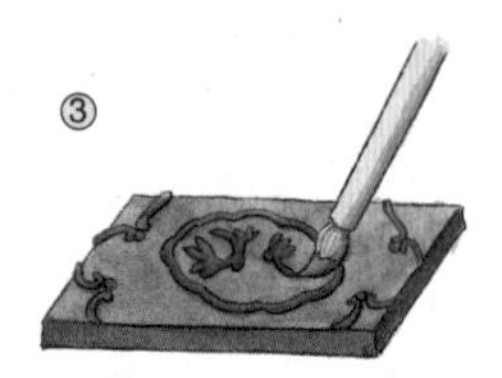

蘸取调好的灰漆在胎地上堆塑出花纹。

④

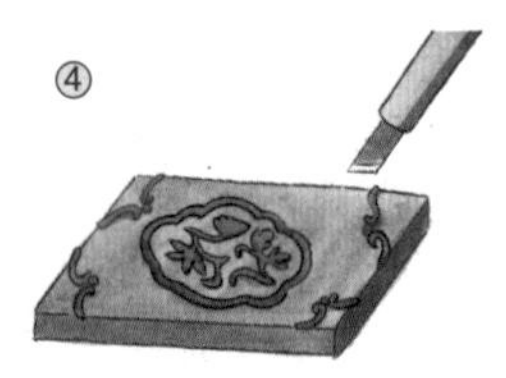

堆好后可用笔或刮板、雕刀等略加雕刻修饰，然后放入荫房待干。

⑤

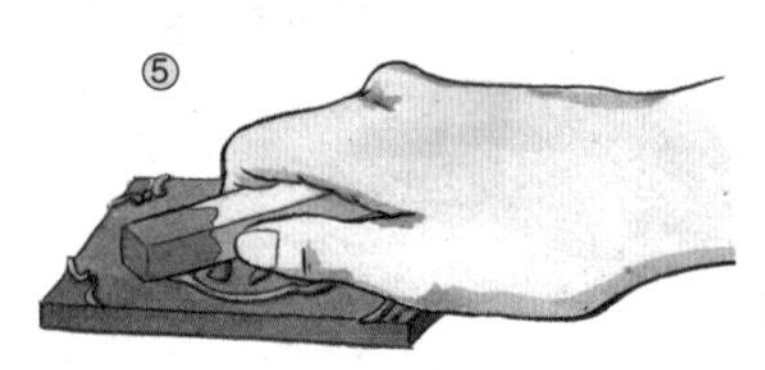

待漆灰完全干固后，磨石蘸水，顺着灰漆纹样的高低稍微打磨。

⑥

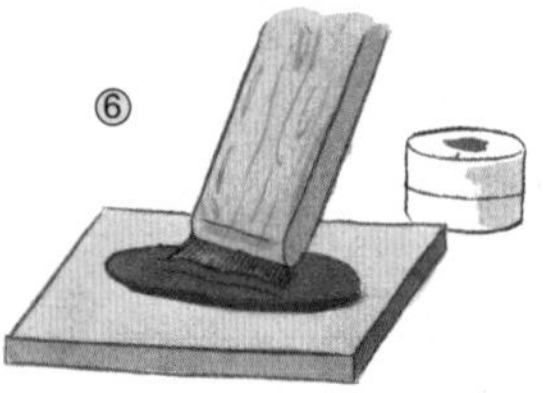

调朱漆，朱漆中加适量樟脑油稀释。

⑦

全面髹涂堆起的漆灰花纹，髹好后放入荫房待干。

⑧

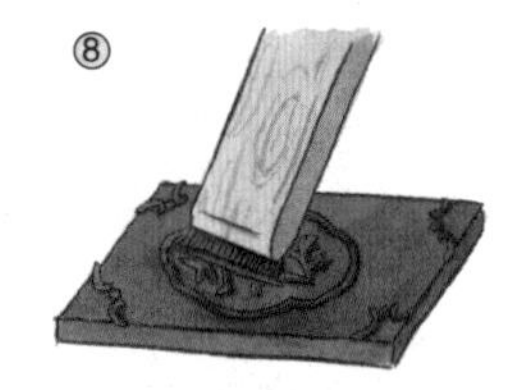

每道朱漆干固后都可以再髹涂，如此反复髹涂数层，直至朱漆厚度均匀、呈色饱满。

⑨

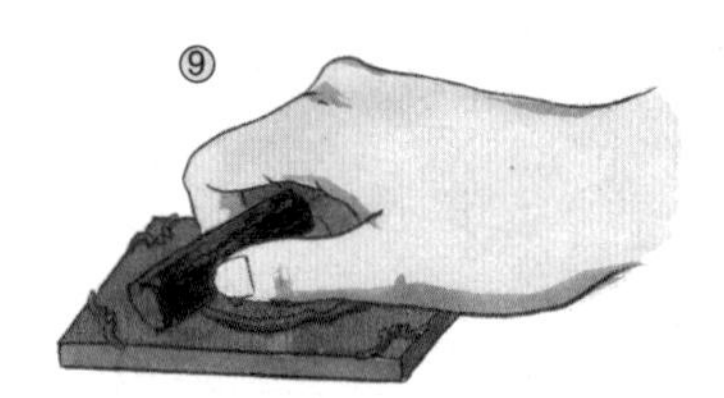

朱漆层全部髹涂完毕后，用炭棒细致打磨漆面。

⑩

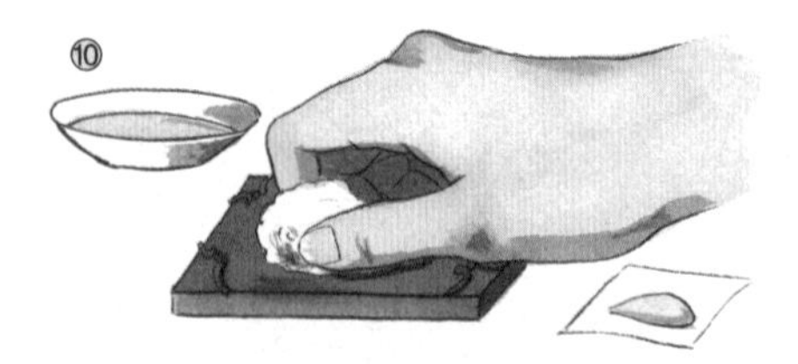

如果需要进一步地美化，就可以在棉球上蘸取珍珠粉和少量菜籽油，细致擦磨漆面以抛光。

⑪

一块堆红的试验板就制成了。

堆彩八仙祝寿曹国舅图石榴式盒　清

堆彩缠枝菊花纹长方盒　清

堆彩琵琶纹盒　清

堆彩枣纹盒　清

□ **堆彩**

堆彩，制法与堆红相同，只是将髹涂的朱漆换成了彩漆。相较于剔彩，堆彩的漆器就显得没那么精致可赏了。

漆冻脱印

漆冻，即一种细腻柔软、含胶量多且可塑性更强的灰漆。将调配好的漆冻反复揉炼、捶打，放入成型的模具中按压出形，最后取出成型的漆冻粘贴于漆胎上，这一过程就是漆冻脱印。

【扬注】有灰起刀刻者，有漆冻脱印者。

【译文】有用灰漆堆起图案后，再用刻刀雕刻的，也有用漆冻模具印制脱模而成的。

【黄文】堆彩，即假雕彩也，制如堆红，而罩以五彩为异。

【译文】堆彩，就是假剔彩，制作方法和堆红相同，不同的是，覆盖的罩漆不限于用红色，而是各种颜色的漆液都可以使用。

【扬注】今有饰黑质，以各色冻子隐起团堆[1]、杇头[2]印划、不加一刀之雕镂者，又有花样锦纹脱印成者，俱名堆锦，亦此类也。

【注释】〔1〕团堆：堆漆工艺的一种技法。即先用冻子等制成模具，灰漆打磨成型后，再用瓦刀粗雕刻的工艺。

〔2〕杇（wū）：同圬，意为瓦刀、泥镘。

【译文】现在有在黑漆地上进行堆彩修饰的，其做法是以冻子堆出形状后，再以灰漆推磨，用瓦刀简单刻画印子，而不用刻刀进行雕刻。还有将锦纹花样也用模具脱印的做法，都称为"堆锦"，也是这一种工艺做出来的。

【黄文】剔犀，有朱面，有黑面，有透明紫面。或乌间朱线，或红间黑带，或雕黸[1]等复，或三色更叠。其文，皆疏刻剑环、绦环、重圈、回文、云钩之类。纯朱者不好。

【注释】〔1〕雕黸（lú）：黸，古时指黑色。《广雅·释器》："黸，黑也。"这里指剔犀工艺中纯黑色剔调的一种。

【译文】剔犀，有的是红色的漆面，有的是黑色的漆面，还有的是经过透明漆罩明的紫色漆面。要么在黑漆层间以红色的漆线，要么在红漆层间以黑色的漆线，要么雕刻出黑漆带而又等距重复，要么就是三种颜色的漆层次交叠。剔犀的纹饰，都是雕刻出疏朗的剑环纹、绦环纹、重圈纹、回纹、云钩纹之类的花纹。纯用红色漆做剔犀，不好。

云钩，指钩状云纹。云钩纹变化也很多，是剔犀花纹中最为常见的一种。

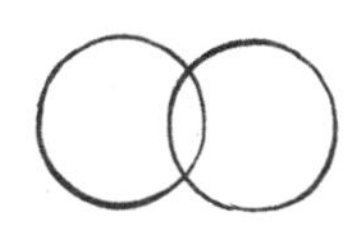

重圈，指套合的圆圈纹或由此引申变化的诸多花纹。

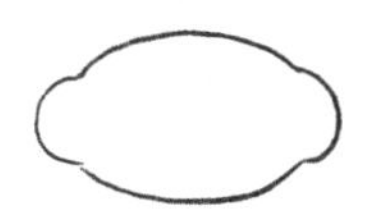

剑环，指的是剑柄上的环形凸起。明代计成《园冶》中，也有剑环式圈门。

绦环，指环环相扣的丝结，绦环纹在剔犀中多用来表现四方委角的造型。

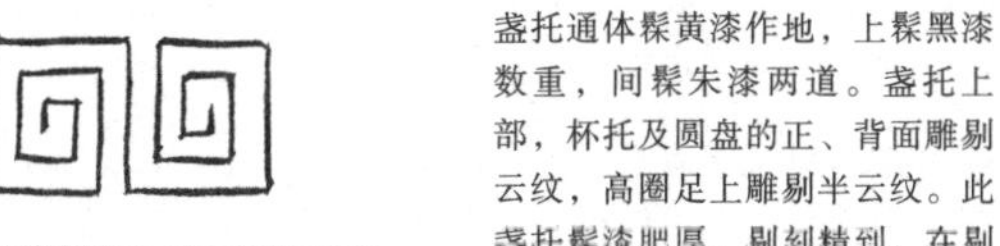

回文，由青铜器上的云雷纹演变而来，有单个的、成对的、连续不断的，很多种。剔犀上所用的回纹转角更圆润顺滑。

盏托露紫红色面，刀口处可见黑线一道，通体雕剔如意云头纹。此盏托形制古朴，漆制上乘，雕剔流畅圆润，当属元制。在朱漆面上罩透明漆，朱漆面就显得深沉而发紫，即“透明紫面”。

剔犀云纹葵瓣式盏托　元

盒通体露黑面漆，刀口处可见朱线四道。盒盖面雕剔如意云纹和卷云纹，盒盖壁及盒身雕剔如意云纹，盒身下方又有一圈向下延伸的变体云纹。此盒华美大气，在剔犀中属“乌间朱线”一类。

剔犀云纹长方盒　明

圆盘通体露朱漆面，刀口处可见黑漆两道，通体雕剔如意云纹。此盘雕工娴熟，磨退圆润，在剔犀中属“红间黑带”一类。

剔犀如意云纹圆盘　明

盏托通体髹黄漆作地，上髹黑漆数重，间髹朱漆两道。盏托上部，杯托及圆盘的正、背面雕剔云纹，高圈足上雕剔半云纹。此盏托髹漆肥厚，剔刻精到，在剔犀中属“三色更叠”一类。

剔犀云纹盏托　元

【扬注】此制原于锥毗[1]，而极巧致精，复色多，且厚用款刻，故名。三色更叠，言朱、黄、黑错重也。用绿者非古制。剔法有仰瓦[2]，有峻深[3]。

【注释】〔1〕锥毗：制漆术语之一，意为用锥而不是用刀划出剔犀雏形，这个雏形的名称就叫“锥毗”。

盒外髹黑漆，刀口处可见间朱漆、黄漆各一道。此盒漆层较薄，制作工艺介于剔刻与磨显之间。

盒盖面雕剔三角形如意云纹三朵，盒盖壁及盒身雕剔云钩纹一圈。盖面云纹的形制还比较原始，盒壁上的云钩纹则还留有汉代云气纹的特征。

剔犀云纹圆盒　三国

剔犀云纹方盒　明

剔犀云纹圆盒　元

剔犀如意云纹方盒　清

□ 剔犀

剔犀，即用二色或三色漆在器物上有规律地逐层髹涂，至一定厚度再雕刻花纹，且刀刻花纹的侧面能够露出不同色漆漆层纹理的技法。

〔2〕仰瓦：凹面向上的瓦。明·谢肇淛《五杂组·天部二》："月如仰瓦，不求自下；月如弯弓，少雨多风。"这里指剔犀技法中的一种刀法，所剔出的痕迹是半圆形凹陷的线条。

〔3〕峻（jùn）深：本义是指高而陡峭，也指高大，还有严厉苛刻的意思。这里指剔犀技法中的一种刀法，所剔出的痕迹是险峻而边沟深的线条。

【译文】制作剔犀的工艺，是出自以锥子划出雏形的"锥毗"工艺，但是剔犀的精巧程度和复杂多变的颜色，再加上叠漆厚重，款刻也更深，比锥毗复杂精致很多，所以才有"剔犀"这个名字。三种颜色交叠，是说用红色、黄色、黑色较粗髹涂后，形成很厚的漆胎。在绿漆胎上进行剔犀，不是古人的做法。剔犀的方法有刀口浅圆的“仰瓦”之法，也有刀口很深而险峻的“峻深”之法。

【黄文】镌钿，其文飞走、花果、人物、百象，有隐现[1]为佳。壳色五彩自备，光耀射目，圆滑精细、沉重紧密为妙。

【注释】〔1〕隐现：时隐时现，类似于浮雕。

【译文】镌钿，这种工艺的纹饰有飞禽走兽、花朵果实、人物、各种物象等，能做成时隐时现的为好。螺钿壳自身就具备各种花色，天然的光彩很漂亮，以经过打磨后圆润精细，螺钿嵌件显得厚重紧密的为妙。

【扬注】壳色，细螺、玉珧、老蚌等之壳也。圆滑精细，乃刻法也；沉重紧密，乃嵌法也。

【译文】壳色，就是指螺蛳、玉珧、老蚌等动物的壳的颜色。圆滑精细，是指打磨雕刻的方法和要求；沉重紧密，是指镶嵌的方法和要求。

【黄文】款彩[1]，有漆色者，有油色者。漆色宜干填，油色宜粉衬。用金银为绚[2]者，倩盼[3]之美愈成焉。又有各色纯用者，又有金、银纯杂者。

【注释】〔1〕款彩：制漆工艺，即先阴刻出各种图案，再用色漆或油彩填充上色的工艺。

◎魏晋南北朝

魏晋南北朝是中国髹漆工艺凋敝的过渡时期。三百多年战乱所致现世苦楚，让人们更多寄望于来生，同时玄学兴起，合力让传入国内已久的佛教在人心生根。为宣传教义，佛徒们用漆器的夹纻工艺塑造佛像，既比泥胎佛像坚固，又比铜胎等轻便，也更便于安置在花车上巡行，供众人瞻仰、膜拜。魏晋漆器一改秦汉的黑红髹色，而以绿沉漆为佳。

盒盖

盖面似盝顶，木胎。木胎内外均用灰漆贴裹麻布，外髹黑漆，内髹朱漆。

髹饰

有九幅锥画，呈现三个人物、六十五个瑞兽。人物或佩剑、或持节、或拥旗；瑞兽或遨游、或疾走。盒盖锥画内饰以戗金。

锥画戗金漆盒盖　吴

（长22.6厘米，高11.5厘米）

彩绘鸟兽鱼纹漆槅　吴

槅，即分格盛放东西的器具。槅底木胎，槅壁竹胎，底、壁用竹钉铆合，再用麻布加固。内髹朱漆作地，地上黑漆绘双凤、神鹿、麒麟、虎、鱼等神兽图案。

安伽墓围屏石床　北周

三面围屏共有12幅石刻浮雕，展示粟特人出行、狩猎、宴请、舞蹈等生活场景图案。雕刻继承汉画像石的特点，为减地浅浮雕法，其上用彩漆描绘及贴金作髹饰。

彩绘人物故事图漆屏风　北魏

木胎，两面皆有漆画。漆画分四层，每层均有榜题和题记，画面绘帝王、将相、烈女、孝子、高人、逸士等人物故事。髹朱漆作底，上勾墨线轮廓，内以黄、白、青绿、橙红、灰、蓝等色漆渲染。

彩绘出巡图奁　晋代

竹胎、木底。奁盒内髹红漆，外壁上下髹朱红色漆。外壁上部呈帷幔状，下部饰朱红色连珠纹一周，外壁中部髹黑漆作地，以红、赭、金等色漆绘车马人物，共二车二马十七人。

童子对棍图盘　吴

盘内、外壁及底部髹黑漆，内壁在黑漆地上绘饰朱漆云龙纹，盘心中央髹黑漆作地，用朱、黄等色漆绘童子对棍图，图案边缘部分彩绘鱼、云纹，鱼游水动，映衬得趣。

彩绘宴乐图盘　晋代

木胎。盘口沿、外壁及底部髹涂黑漆，黑漆地上朱漆绘弦纹和点纹；盘内髹红漆作地，内壁用黄漆绘饰连珠纹、点纹。盘心图案先用黑漆勾描轮廓，再以红、黄、灰、绿等色漆绘人物、车马、瑞兽等图案。

屏风中部通景为大幅花鸟图，五只凤凰神态各异，在花树山石间翔舞栖鸣，又有仙鹤、鸳鸯等祥鸟点缀其中。

屏风四边的开光内，饰有各种博古花纹，不下八九十种。图案设计细腻。

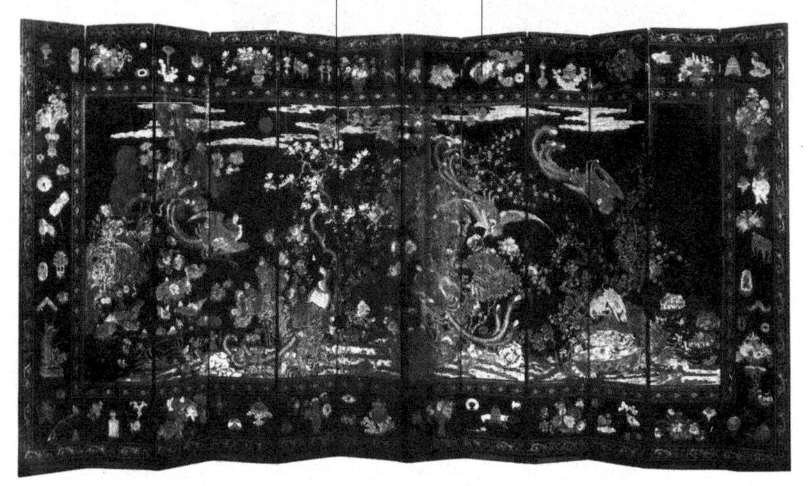

花鸟博古纹款彩屏风　清

款彩人物诗句小桌屏　明

款彩龙凤山水人物图长方箱　清

□ 款彩

款彩，即在上过推光漆层的漆面上剔、刻、勾、挑出纹饰图案的轮廓线，铲平线内漆层，再在其中填入各色彩漆、油或金银箔、色粉等，使之呈现图画般效果的漆艺髹饰技法。17世纪中叶，以博古图、仕女图、瑞兽花卉等为主题的款彩屏风已开始从中国出口到欧洲，时称“克罗曼德尔漆器”。

〔2〕绚：这里作动词，意为点缀、绚染，古文中常有此用法。唐·刘禹锡《省试风光草际浮》：“含烟绚碧彩，带露如

珠缀。”

〔3〕倩盼：形容相貌美好，神态俏丽。《诗·卫风·硕人》：“巧笑倩兮，美目盼兮。”宋·张耒《次韵秦观》：“婵娟守重闺，倚市争倩盼。”

【译文】款彩，有用彩色漆填色的，有用油彩填色的。用彩漆进行填色，适合干填；用油彩填色，就应该先在刻痕中用浅色打衬底。也有用金银点缀绚染的做法，其俏丽的神态更能得以表现。也有各种颜色单一使用的，也有和金银的颜色交错使用的。

【扬注】阴刻文图，如打本之印板，而陷[1]众色，故名。然各色纯填者，不可谓之“彩”，各以其色命名而可也。

【注释】〔1〕陷：本义指坠入，掉进。这里指将各种颜色填充进去。

【译文】阴刻的纹饰和图案，就像雕版印刷的印板，需将各种颜色填补进去，所以叫作“款彩”。但是，只以一种颜色进行填色的，不应该叫做“彩”，应该以填入颜色的名字来命名，那样才妥当。

戗划第十一

【扬注】细镂嵌色，于文为阴中阴者，列在于此。

【译文】在纤细的镂刻里嵌色，再在其凹陷的纹饰中进行刻画的，均罗列在这一章。

【黄文】铃金，铃或作戗，或作创，一名镂金、戗银，朱地黑质共可饰。细钩纤皴，运刀要流畅而忌结节。物象细钩之间，一一划刷丝为妙。又有用银者，谓之戗银。

【译文】戗金，戗这个字也可以写作创，戗金又叫镂金，或戗银。在红色的漆地或者黑色的漆地上都可饰以戗金工艺。细小的钩花和紧密的皴纹，在用刀时要流畅而不能打结停顿。物象的细钩之间，要一刀一刀地划出刷丝的效果才妙。又有用银箔进行戗划的，叫戗银。

【扬注】宜朱、黑二质，他色多不可。其文陷以金薄或泥金。用银者宜黑漆，但一时之美，久则霉暗。余间见宋元之诸器，希有重漆划花者；戗迹露金胎或银胎，文图灿烂分明也。戗金、银之制，盖原于此矣。结节，见于戗划二过下。

【译文】戗金工艺只适合用红色和黑色的漆地，其他颜色的漆地都不适合。其纹饰是在凹陷处填以金箔或者泥金。用银箔进行填色的，适合用黑漆地，但也只是一时好看，时间长了会霉变而令色彩暗淡。我（译注

匣通体髹红漆作地，盖面及匣壁纹饰均为戗金制。该匣为明代宫廷用以存放皇家谱系之物。

盖面中央，戗饰"大明谱系"四字长方形签，左右两旁饰双龙对舞、祥云缭绕的图案。

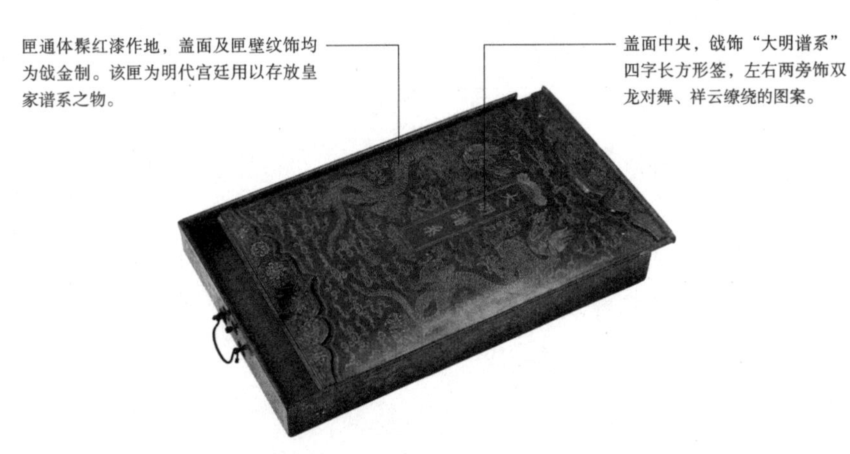

红漆戗金双龙纹大明谱系长方匣　明

戗金彩漆福寿纹长方套匣　清

戗金彩漆云龙戏珠纹长方屉匣　清

宣德款戗金彩漆花卉纹椭圆盒　明

□ **戗金**

戗金，即在上过推光漆层的漆面上阴刻出纹饰，在阴纹内上金底漆、金箔粉，使花纹呈金色，与下面的漆地交相辉映的漆艺髹饰技法。

者：扬明）有时见到宋朝和元朝的一些漆器，很少有在细钩图案上重复划画的做法。戗划得很细，露出金银胎的颜色，使纹饰和图案之间更加分明而显得美丽灿烂。戗金、戗银的做法，都源自于此。结节的毛病，参见《戗划二过》的记载。

【黄文】戗彩，刻法如戗金，不划丝。嵌色如款彩，不粉衬。

【译文】戗彩，做法和戗金相同，只是不需要划丝而已。嵌色的做法和款彩是一样的，只是不用浅色打衬底。

【扬注】又有纯色者，宜以各色称焉。

【译文】又有用各种单一的颜色戗划的，应该用纯色的名字来称呼才妥当。

戗金做法

戗金宜在朱色、黑色的漆地上。在朱黑二色的映衬下，戗金的图案灿烂而分明。明清时期，戗金与填漆工艺结合，被广泛应用在家具、日用器皿等的髹饰上。下图所示，是在上过红色推光漆的底胎上戗金的做法。

①

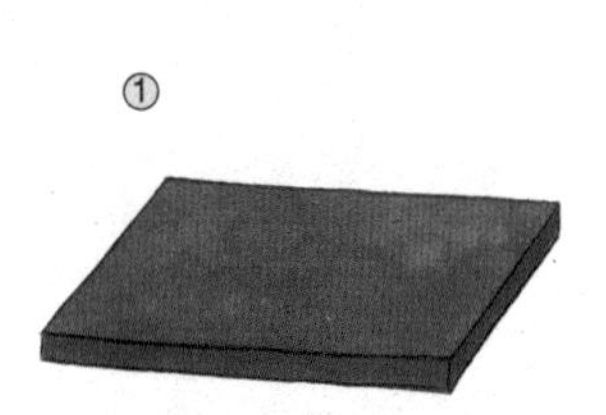

准备一块素髹的朱漆地板子。

②

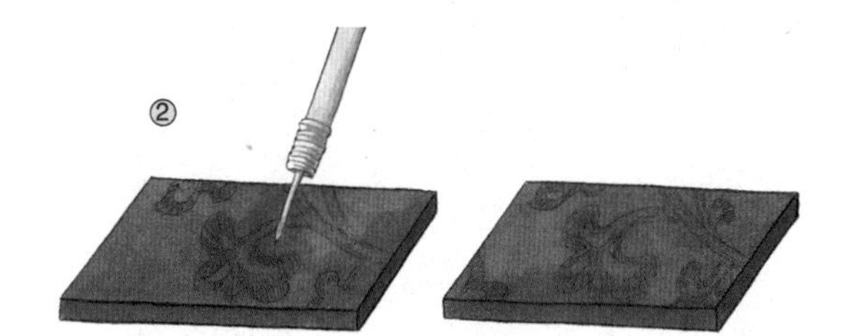

戗划，用尖针形的刀在板子上阴刻出花纹。

③

④

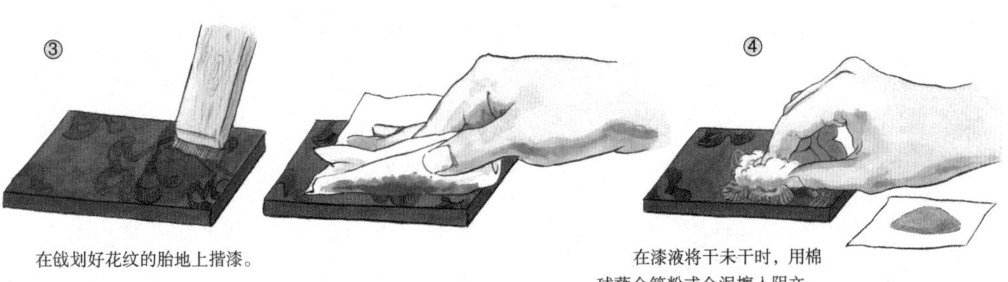

在戗划好花纹的胎地上揩漆。

在漆液将干未干时，用棉球蘸金箔粉或金泥擦入阴文，放入荫房待干。

⑤

待漆完全干透，用棉纱布蘸酒精擦去溢上漆面的金箔粉或金泥。

⑥

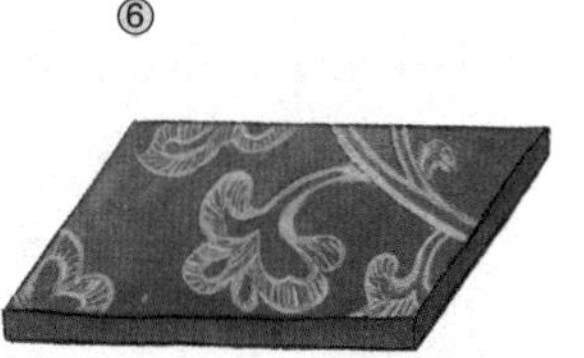

一块戗金的试验板就制成了。

斒斓[1]第十二

【注释】〔1〕斒（bān）斓（lán）：通斑斓，文彩鲜明的样子。宋·曾巩《靖安幽谷亭》：“倚天巉岩姿，青苍露斒斓。”这里指一件漆器上具有两种或三种不同纹饰的做法，因更灿烂华丽，故称为“斒斓”。

【扬注】金银宝贝，五彩斑斓者，列在于此。总所出于宋、元名匠之新意，而取二饰、三饰可相适者，而错施为一饰也。

【译文】凡是在漆器上用金银以及各种宝贝进行装饰的，五彩斑斓的，均罗列在这一章。所有出自于宋代、元代那些著名的工匠的、有新意的装饰方法，取两项，或者三项适合的，交错使用在器物上，成为统一的装饰，就是斑斓。

【黄文】描金加彩漆，描金中加彩色者。

【译文】描金加彩漆，就是指描金工艺和描彩漆工艺同施于一件器物上。

【扬注】金象、色象，皆黑理也。

【译文】金色的图像和彩色的图像，都用黑色进行勾边。

团寿纹及夔龙纹均为红
理金边，是以朱漆勾出
轮廓线条后再上金，红
金交辉。
盘通体髹黑漆，盘内底
中央朱漆描金团寿纹，
两旁饰夔龙环绕图案。

描金彩漆团寿夔龙纹圆盘　清

描金彩漆花鸟图套杯　清

描金彩漆福寿花果纹镂空八方盒　清

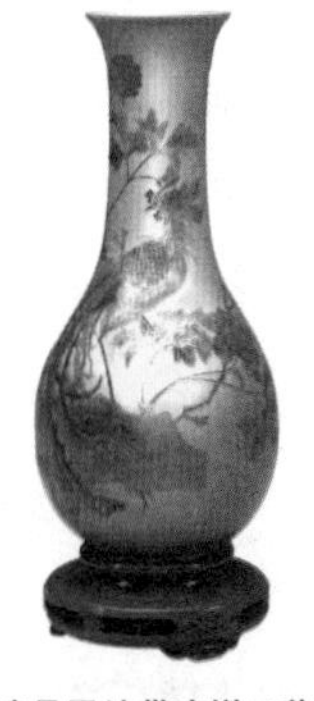

描金彩漆丹凤纹带座撇口花瓶　清

□ 描金加彩漆

描金加彩漆，即描金与描彩漆并用于一器的漆艺髹饰技法。描绘好的物象，大多都用黑漆或金漆再勾描纹理，其装饰效果与戗金彩漆相近。用描金加彩漆所饰的纹饰繁密有序，比起单色描饰更流光溢彩。

【黄文】描金加蚼，描金杂螺片者。

【译文】描金加钿，就是指将描金工艺和螺钿镶嵌工艺同施于一件器物上。

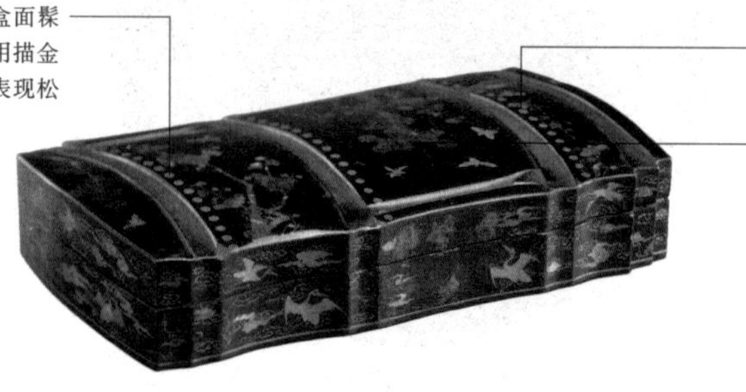

盒的四壁嵌饰云鹤纹，与盒盖面的松梅图相呼应。

墨盒呈竹节形，盒面髹黑漆为地，其上用描金和螺钿镶嵌工艺表现松梅图。

上下翻飞的蝴蝶和圆点饰带图案为描金制。

镶嵌松针、花树纹等的螺钿片裁切工整、精细，排布点缀得当。

黑漆螺钿松梅纹竹节形墨盒　清

□ 描金加蚼

描金加蚼，即描金与嵌螺片并用于一器的漆艺髹饰技法。

【扬注】螺象之边，必用金双钩也。

【译文】必须用金色双钩的方法，为镶嵌的螺钿图像修边。

【黄文】描金加蚼错彩漆，描金中加螺片与色漆者。

【译文】描金加钿错彩漆，就是指将描金工艺、螺钿镶嵌工艺、色漆彩绘工艺同施于一件器物上。

【扬注】金象以黑理，螺片与彩漆以金细钩也。

【译文】金色的图像需要红黑漆进行勾边，螺钿镶嵌的图案和彩漆描绘的图案则可以用金漆细线勾边。

箱通体髹黑漆，箱的盖顶及箱体四面均饰双龙出云纹，以描金、彩绘、镶嵌三种技法制成。

“龙身”的镶嵌使用螺钿及银片两种物料。

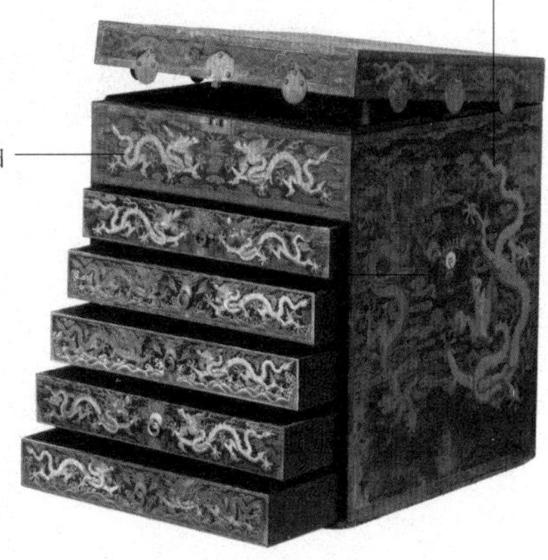

黑漆描金彩绘嵌螺钿龙纹箱　清

□ **描金加钿错彩漆**

描金加钿错彩漆，即描金、嵌螺钿、描彩漆三种工艺并用于一器的漆艺髹饰技法。

【黄文】描金殽[1]沙金，描金中加洒金者。

【注释】〔1〕殽（xiáo）：同淆。意为混乱、错杂。

【译文】描金殽沙金，就是将描金工艺和洒金工艺同施于一件器物上。

【扬注】加洒金之处，皆为金理钩。倭人制金象，亦为金理也。

【译文】凡是器物上使用洒金工艺的地方，都要用金线勾边。日本人制作描金漆器，也用金色的细线进行勾边。

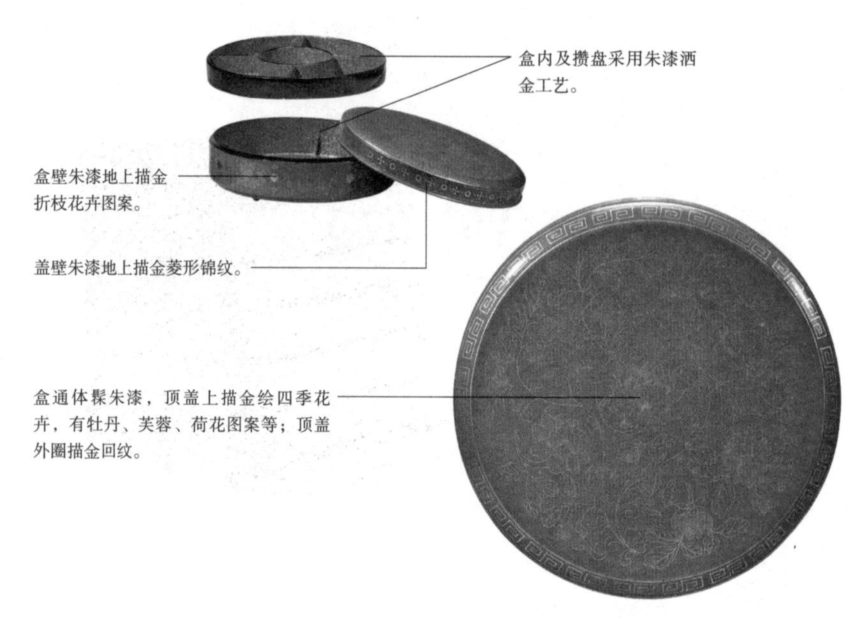

盒内及攒盘采用朱漆洒金工艺。
盒壁朱漆地上描金折枝花卉图案。
盖壁朱漆地上描金菱形锦纹。
盒通体髹朱漆，顶盖上描金绘四季花卉，有牡丹、芙蓉、荷花图案等；顶盖外圈描金回纹。

朱漆描金缠枝花攒盒　20世纪50年代

□ 描金㲉沙金

描金㲉沙金，即描金与洒金并用于一器的漆艺髹饰技法。

【黄文】描金错洒金加蚼，描金中加洒金与螺片者。

【译文】描金错洒金加钿，就是指将描金工艺、洒金工艺和螺钿镶嵌工艺同施于一件器物上。

【扬注】金象以黑理，洒金及螺片皆金细钩也。

【译文】金漆描绘的图像，要用黑漆勾边，洒金和螺钿镶嵌的图案，则需要用金漆细线勾边。

【黄文】金理钩描漆，其文全描漆，为金细钩耳。

文具盒顶盖，洒金地上用螺钿嵌饰菊花纹，花蕊、花瓣及花的枝叶又用描金技法绘出。

盒通体髹黑漆，黑漆地上自右至左渐变式地洒金粉髹饰。

洒金螺钿文具盒　清

□ 描金错洒金加蚼

描金错洒金加蚼，即描金、洒金、嵌螺钿三种工艺并用于一器的漆艺髹饰技法。

以赭色漆绘芙蓉花图案数朵，其上金漆勾描金脉纹理并绘饰枝叶。

笔筒通体髹黑漆做地，黑地上彩漆描金花鸟纹。图案描画流畅优美。

描金彩漆花鸟纹如意形笔筒　清

□ 金理钩描漆

金理勾描漆，即在描漆的纹饰上金勾轮廓线的漆艺髹饰技法。金理钩描漆有两种，一是先画出彩漆图案再勾描金色轮廓线；二是先用金漆描绘出物象的轮廓脉理，再在其中填彩漆。

【译文】金漆勾边的描漆工艺，先用漆描画出全部纹饰，再用金漆细线勾边。

【扬注】又有为金细钩，而后填五彩者，谓之金钩填色描漆。

【译文】又有用金漆细线勾边后，再填色漆的，这种工艺被称为金钩填色描漆。

【黄文】描漆错蜔，彩漆中加蜔片者。

【译文】描漆错钿，就是指彩漆描绘工艺和螺钿片镶嵌工艺同施于一件器物上。

【扬注】彩漆用黑理，螺象用划理。

【译文】彩漆描绘的物象用黑漆进行勾边，螺钿镶嵌的图案用刻画的线条进行勾边。

【黄文】金理钩描漆加蜔，金细钩描彩漆杂螺片者。

【译文】金理钩描漆加钿，就是指将金漆细线勾边工艺、彩漆描绘工艺和螺钿片镶嵌的工艺同施于一件器物上。

【扬注】五彩、金、钿并施，而为金象之处多黑理。

【译文】彩漆、金漆和螺钿同施于一件器物上，金漆描绘的图像多用黑漆勾边。

【黄文】金理钩描油，金细钩彩油饰者。

香几

明代有室内焚香的习俗，香几为承置香炉的家具。宋赵希鹄《洞天清录集》云："明窗净几，焚香其中，佳客玉立相映。"香几属于高足家具，不论用于室内或室外，总宜四无依傍，且往往置于场景中央。香几在形制上多采用曲线形结构，几腿常做成三弯形式，足下踩托泥，造型端庄修长。

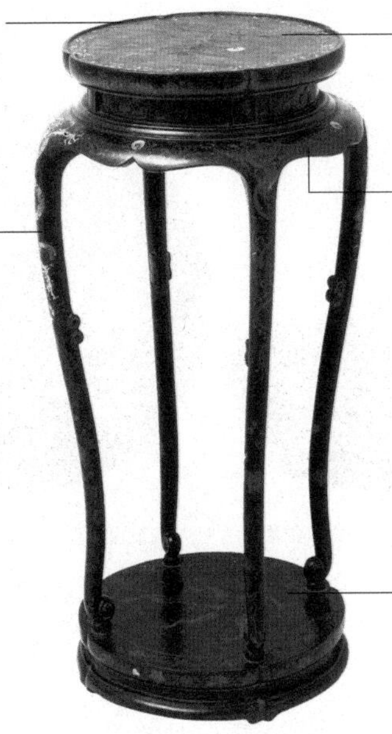

香几的彩漆象上又有金钩纹理，其工艺就是"金理钩描漆加钿"。
几面嵌螺钿加彩漆描绘云龙戏珠纹，外围及几面边缘饰折枝花卉纹。
香几的束腰上浅浮雕如意云头纹，其上彩漆描绘折枝花纹。
几腿上部嵌螺钿加彩漆描绘云龙戏珠纹，下部彩漆描绘折枝花纹。
座面圆形开光内绘鱼藻纹，外圈饰折枝花。

金理勾描漆加钿云龙戏珠纹香几　明

□ 金理钩描漆加钿

金理勾描漆加钿，即在描彩漆的物象上金钩脉理，外加嵌螺片，将三种工艺并用于一器的漆艺髹饰技法。

【译文】金理钩描油，就是在油彩描绘的物象上用金漆细线皴出纹理。

【扬注】又金细钩填油色，渍、皴、点亦有焉。

【译文】又有用金漆细线勾出纹饰后再用油彩填色的工艺，或金漆渍染、金漆皴纹理、金漆描点然后再用油彩填色的也有。

【黄文】金双钩螺钿，嵌蚌象而金钩其外匡者。

盒盖面用白、蓝、紫、红、褐等彩油描绘蝴蝶图案一对，姿态旖旎，栩栩如生，有喜相逢的寓意 。
彩油象上，描金髹饰“蝴蝶”身上的纹样，其华美是描漆不能比的。
盒壁饰双蝶团花纹。

蝴蝶纹黑漆金理钩描油盒　清

□ 金理钩描油

金理勾描油，即在描油彩的物象上金钩脉理的漆艺髹饰技法。先金钩脉理，而后在其中填油彩的，称“金勾填色描油”。

【译文】金双钩螺钿，就是先镶嵌螺钿，再在镶嵌的图像外缘用金漆勾出外框。

【扬注】朱、黑二质共用蚌象，皆划理，故曰双钩。又有用金细钩者，久而金理尽脱落。故以划理为佳。

【译文】红色漆地和黑色漆地都用螺钿片镶嵌图像，螺钿片上刻画纹理，加上金线勾边，所以称为“双钩”。又有用金漆细线在钿片上勾画纹理的，时间久了金漆边线会尽数脱落，所以还是以刻画的纹理为好。

【黄文】填漆加蚼，填彩漆中错蚌片者。

【译文】填漆加钿，就是指将填彩漆和交错镶嵌钿片的工艺同施于一件器物上。

【扬注】又有嵌衬色螺片者，亦佳。

【译文】还有在螺钿片反面填彩漆衬色的，也不错。

【黄文】填漆加蚼金银片，彩漆与金银片及螺片杂嵌者。

【译文】填漆加钿金银片，就是指将彩漆描绘工艺和金银片镶嵌工艺，以及螺钿片镶嵌工艺交错地同施于一件器物上。

【扬注】又有加蚼与金，有加蚼与银，有加蚼与金、银，随制异其称。

【译文】又有在彩漆中钿片和金片共同镶嵌的，也有在彩漆中钿片和银片共同镶嵌的，也有在彩漆中钿片、金片、银片一起进行镶嵌的，只要有利于器物的装饰，就很好。

【黄文】螺钿加金银片，嵌螺中加施金银片子者。

【译文】螺钿加金银片，就是指将螺钿片镶嵌工艺和金银片镶嵌工艺同施于一件器物上。

【扬注】又或用蚼与金，或用蚼与银，又以锡片代

螺钿片裁剪成丝状围成六边形，中间嵌菱形金片簇成四瓣金花图案。
以环形螺钿围绕成相互毗邻的圈，间隙填以圆形金片。
以三角形壳片围成六角星形，中间嵌菱形金片簇成四瓣金花图案。
以三角形壳片围成六角星形，中间嵌菱形金片簇成四瓣金花图案。

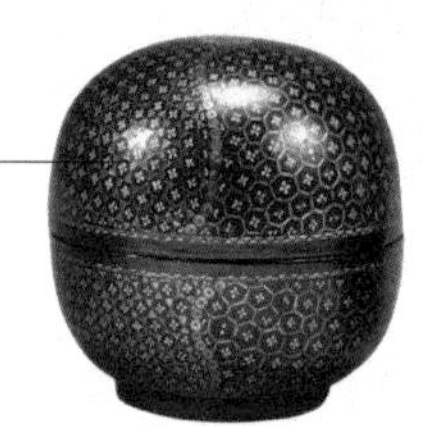

盒呈球形，通体螺钿加金银片饰三种锦纹。

盒内嵌折枝花卉图案，以螺钿片镶嵌枝叶，金片镶嵌花瓣。

黑漆螺钿锦文小圆盒　清

黑漆嵌螺钿加金片团花纹盒　唐

红漆嵌螺钿加金片团花纹攒盒　清

□ 螺钿加金银片

螺钿加金银片，即嵌螺钿与嵌金银片并用于一器的漆艺髹饰技法。这一工艺出现于元中期，盛行于明末清初，扬州江千里所制的“千里”螺钿加金银片漆器最负盛名。

银者，不耐久也。

【译文】也可以用钿片和金片镶嵌，或者用钿片和银片镶嵌。也有用锡片代替银片的，但是锡片不耐用（时间长了会霉变发黑）。

衬色螺钿是在半透明的壳片下用笔点染施绘出不同色彩再镶嵌的，颜色表现直观、丰富且质地莹润，所以又像景泰蓝。这种衬色螺钿漆器故宫仅此一件，很珍贵。

盒四壁嵌饰折枝花卉纹间散点花瓣纹。

盒盖面嵌饰团花彩蝶间散点花瓣纹。

盒通体髹黑漆做地，以红、粉红、绿、蓝、黄、赭等多种颜色衬于螺钿片下作底色，镶嵌出红花、蓝花、绿叶、黄蕊等物象。

黑漆衬色螺钿团花纹长方箱　清

□ 衬色螺钿

衬色螺钿，即先在螺钿片底面衬色后再镶嵌的漆艺髹饰技法。在螺钿片的反面涂以各种色彩或金、银二色，更能使螺钿片霞光流动，所嵌图案暗彩闪烁。

【黄文】衬色螺钿，见于填嵌第七之下。

【译文】衬色螺钿，在《填嵌》那一章的第七条已经介绍过了。

【黄文】戗金细钩描漆，同金理钩描漆，而理钩有阴、阳之别耳。又有独色象者。

【译文】戗金细钩描漆，和金理钩描漆的做法是一样的。只是在勾边的工艺上，有凹陷和凸起之别。又有以单色进行描摹物象的做法。

【扬注】独色象者，如朱地黑文、黑地黄文之类，各色互用焉。

盘通体髹黄漆作地，用红、绿、赭、黑等色漆填饰盘心及盘边内外两侧的花纹。此盘纹饰所用技法即戗金细钩填漆。

盘内饰一条腾飞于海水江石之上的红龙图案，挥爪张吻，追逐火球。

戗金细钩填漆云龙纹葵瓣式盘　清

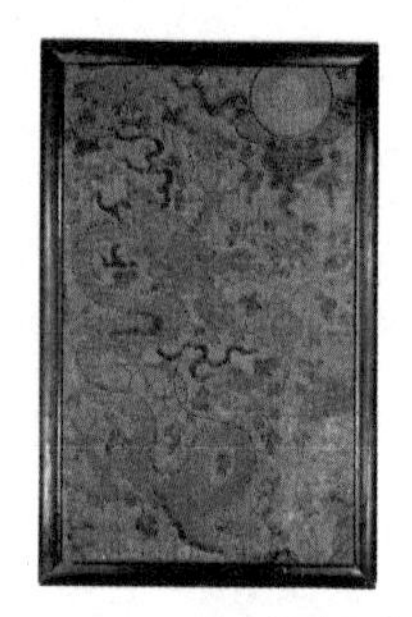

龙纹戗金细钩填漆柜残件　明

□ 戗金细钩填漆

戗金细钩填漆，即漆面先以镂嵌填漆工艺制出主体纹饰，将纹饰打磨到文质齐平后推光，再在其上作戗金脉理的漆艺髹饰技法。戗金细勾填漆的纹饰属于阴中阴，戗金细勾描漆的纹饰属于阳中阴，二者仅一字之差，而工艺不同。

【译文】单色进行描绘的图像，就好比红色漆地上施褐色纹饰，黑色漆地上施黄色纹饰这类，各种颜色交互使用。

【黄文】戗金细钩填漆，与戗金细钩描漆相似，而光泽滑美。

【译文】戗金细钩填漆，与戗金细钩描漆的工艺相似，不过做出来的器物比戗金细钩描漆工艺更光亮、爽滑、美丽。

【扬注】有其地为锦纹者，其锦或填色，或戗金。

【译文】有的漆地是衬以锦纹的，这些锦纹要么是填色而成，要么是戗金而成。

【黄文】雕漆错镌蚼，黑质上雕彩漆及镌螺壳为饰者。

【译文】雕漆错镌钿，就是在黑色漆地上雕刻彩漆的工艺，与刻画螺钿壳以作纹饰的工艺同施于一件器物上。

【扬注】雕漆，有笔写厚堆者，有重髹为板子而雕嵌者。

【译文】雕漆工艺，有用笔在器物局部反复髹涂成厚堆漆，再进行雕漆的，也有将漆髹涂成很厚重的漆板后，再进行雕漆的。

【黄文】彩油错泥金加蚼金银片，彩油绘饰，错施泥金、蚼片、金银片等，真设文富丽者。

【译文】彩油错泥金加钿金银片，就是将油彩绘制

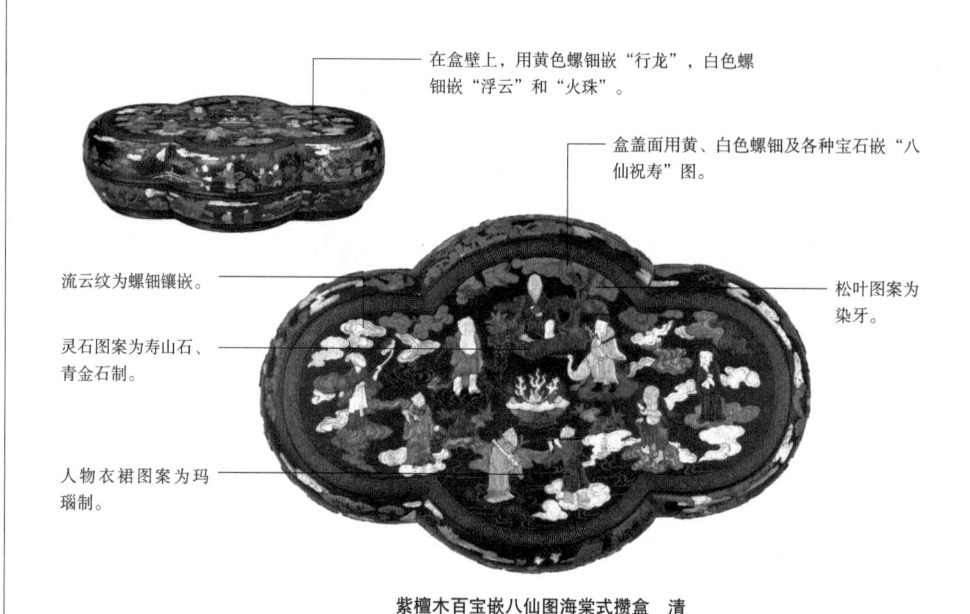

在盒壁上，用黄色螺钿嵌“行龙”，白色螺钿嵌“浮云”和“火珠”。
盒盖面用黄、白色螺钿及各种宝石嵌“八仙祝寿”图。
流云纹为螺钿镶嵌。
松叶图案为染牙。
灵石图案为寿山石、青金石制。
人物衣裙图案为玛瑙制。

紫檀木百宝嵌八仙图海棠式攒盒　清

黑漆百宝嵌梅蝶图圆盒　明

黑漆百宝嵌五老观日图长方盒　清

黄花梨百宝嵌蕃人进贡图顶竖柜　清

□ 百宝嵌

百宝嵌，即在漆面上用各种珍贵材料，如翡翠、玛瑙、珊瑚、青金、象牙、松石等制成各种浮雕形象的漆艺髹饰技法。实作或大如屏风、书柜，或小如笔筒、砚盒，都用料名贵。

花纹工艺、交错泥金工艺、螺钿镶嵌工艺和金银片镶嵌工艺等同施于一件器物上，这真是纹饰最富丽美艳的器物了。

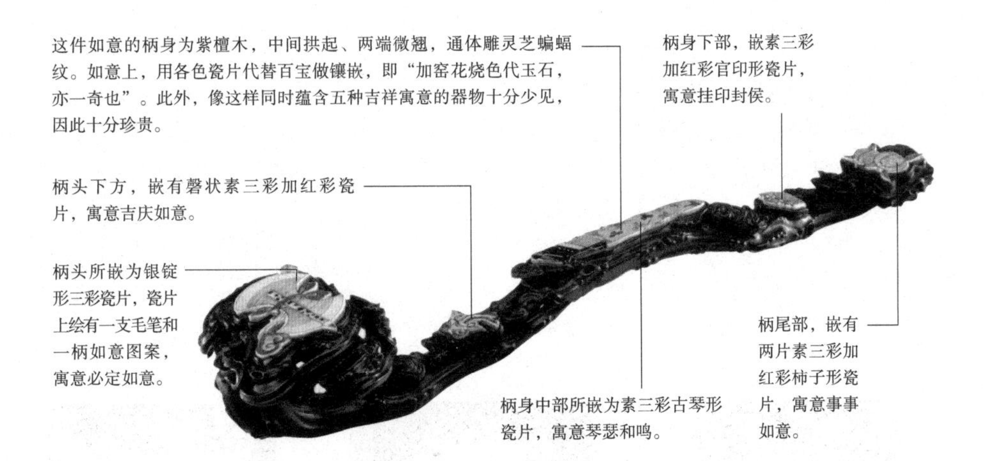

这件如意的柄身为紫檀木，中间拱起、两端微翘，通体雕灵芝蝙蝠纹。如意上，用各色瓷片代替百宝做镶嵌，即“加窑花烧色代玉石，亦一奇也”。此外，像这样同时蕴含五种吉祥寓意的器物十分少见，因此十分珍贵。
柄身下部，嵌素三彩加红彩官印形瓷片，寓意挂印封侯。
柄头下方，嵌有磬状素三彩加红彩瓷片，寓意吉庆如意。
柄头所嵌为银锭形三彩瓷片，瓷片上绘有一支毛笔和一柄如意图案，寓意必定如意。
柄尾部，嵌有两片素三彩加红彩柿子形瓷片，寓意事事如意。
柄身中部所嵌为素三彩古琴形瓷片，寓意琴瑟和鸣。

紫檀木雕灵蝠纹嵌瓷片如意　清

□ **加窑花烧色代玉石**

加窑花烧色代玉石，即镶嵌瓷片代替宝石、螺钿等作装饰的百宝嵌技法。元代以来，这种用瓷片作镶嵌的百宝嵌技法多用于家具上，小件的精致器物较少。这种百宝嵌，根据其所嵌瓷片的胎、釉、彩等特征，可为器物断代提供有力依据。

【扬注】或加金屑，或加洒金亦有焉。此文宣德〔1〕以前所未曾有也。

【注释】〔1〕宣德：为明朝第五位皇帝明宣宗朱瞻基年号，起止时间为宣德元年（1426年）至宣德十年（1435年）。

【译文】也有还用金屑擦敷，或者施以洒金工艺的。这样装饰的器物大多是宣德元年（1426年）以前所没有的。

【黄文】百宝嵌，珊瑚、琥珀、玛瑙、宝石、玳瑁、钿螺、象牙、犀角之类，与彩漆板子，错杂而镌刻镶嵌者，贵甚。

◎唐

唐代漆艺制器已列为税收实物。唐人生活富足，对器物的装饰也更富丽。唐代漆艺髹饰除描漆、螺钿、夹纻、平脱等外，更新创了雕漆技法，而且螺钿、金银平脱等技法更是被发挥到了极致。安史之乱后，肃宗、代宗均下令禁止制作平脱器，致平脱器制作之势衰微，至宋代几近绝迹。

唐代髹漆审美由动物神兽开始转向现实生活，所以自唐以后，漆饰纹样开始大量采用花草植物之属，以及出行、宴饮、游乐等图案。

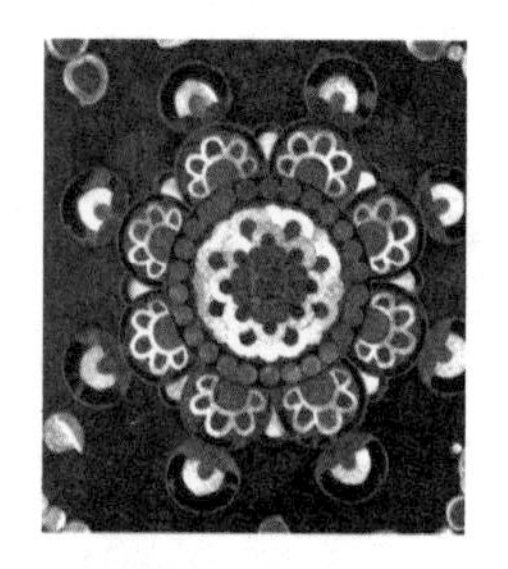

螺钿紫檀阮咸（局部）

阮咸背板中心纹饰，为八簇团花纹，是用螺钿、玳瑁、琥珀等裁切好的薄片镶嵌而成。团花纹以圆形为基本单位，形象多变，是隋唐时期常用的纹样。

螺钿紫檀五弦琵琶（局部）

深棕色玳瑁贴面为底，用切割雕刻好的螺钿片镶嵌骑骆驼弹琴人物图案。图案人物作胡人打扮，弹奏乐器，骆驼好似被琴声吸引，回头凝望。

螺钿紫檀琵琶（局部）

漆地上，用裁切好的螺钿片镶嵌羽人花鸟纹，螺钿片上又有毛雕修饰。羽人又称飞仙，寓意得道之人即可身生羽毛升天为仙。

螺钿紫檀阮咸

螺钿紫檀五弦琵琶（背面）

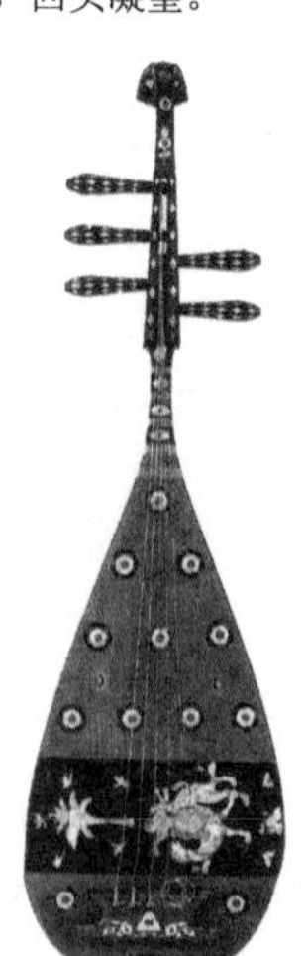

螺钿紫檀五弦琵琶（正面）

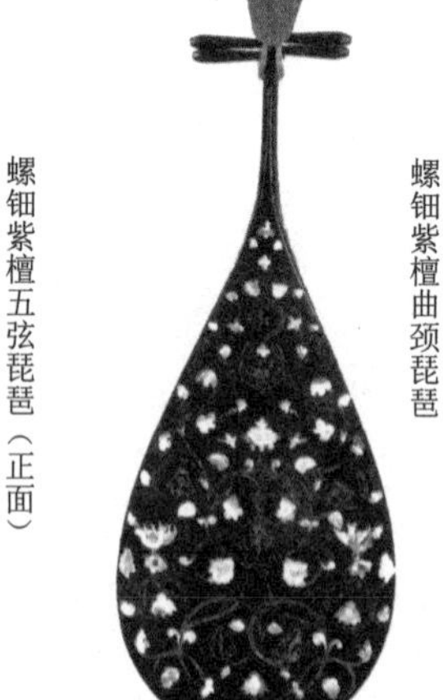

螺钿紫檀曲颈琵琶

嵌螺钿是唐代漆器最重要的髹饰手法之一，金银片和螺钿片相衬，这不仅令琴器更加美观，还对琴体起到一定的保护作用。

嵌螺钿人物花鸟纹漆背镜

镜背纹饰是厚螺钿镂刻，嵌入漆背。图案细节为镜钮上方有一株花树，两旁飞鸟穿梭；镜钮左右，有二老者席地而坐，一人弹阮咸，一人持杯盏；镜钮下方，是仙鹤和水禽。

漆背金银平脱八角镜

镜背纹饰以镜钮为中心展开，图案有仙鹤衔绶、花草凤鸟等，均为金银箔片嵌饰。

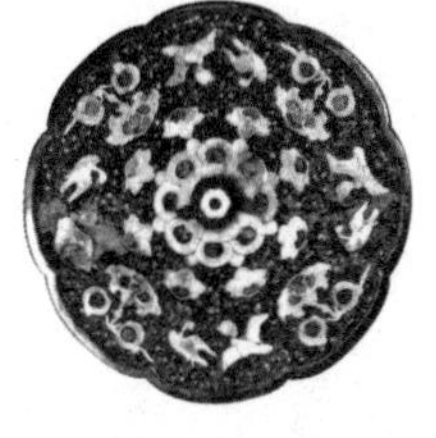

螺钿花鸟纹八出葵花镜

镜背内圈，围绕六瓣花形镜钮镶嵌八组小“宝相花”图案，镜背外圈为四组大“宝相花”图案，间饰四只展翅的神鸟。镜背图案外，均匀镶嵌细小的绿松石片点缀。

八弧螺钿宝相花镜

（厚0.7厘米，径27.4厘米）

髹饰

以镜钮为中心嵌饰内、外两圈连珠纹，内圈嵌四花苞及叶片图案，外圈嵌四朵大莲枝图案，“莲枝”中间为“盛开”的“花瓣”，两侧有“花苞”和“叶片”蔓生。

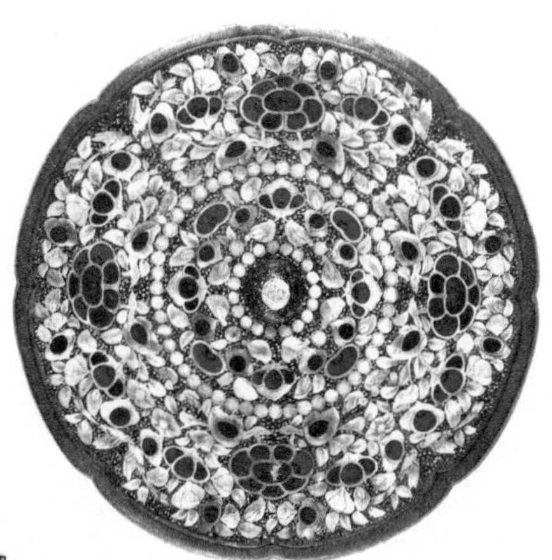

形制

此为八出葵花形镜，圆钮，铜胎。整个镜背均由玉石、青金石、贝壳、琥珀等嵌饰。

嵌螺钿木胎黑漆经函　五代

木胎，原为盝顶式盒。通体髹黑漆，器表嵌螺钿图案，镂空处填嵌绿松石。顶盖图案为三朵宝相花，函身饰礼佛图。

黑漆嵌螺钿经函　五代

木胎，盝顶式。通体髹黑漆，函面用七百余片螺钿镶嵌团花纹、飞鸟纹等各式图案，并雕画纹理。

【译文】百宝嵌，就是将珊瑚、琥珀、玛瑙、宝石、玳瑁、钿螺、象牙、犀角等材料，雕刻成一定的纹样，再错杂镶嵌在彩漆板上的工艺。这样做出来的器物，非常名贵。

【扬注】有隐起者，有平顶者，又近日加窑花烧色代玉石，亦一奇也。

【译文】有时隐时现类似于浮雕的，也有镶嵌之物齐平于漆面的，近日又有用经过窑炉烧制的花色瓷片来代替玉石的，也是一奇。

复饰第十三

【扬注】美其质而华其文者，列在于此，即二饰重施也。宋、元至国初[1]，皆巧工所述作也。

【注释】〔1〕国初：是“国朝初年”的简称，即王朝建立初期。明·袁可立《奏朝鲜废立疏》：“令祗奉国妃，如国初之待李成桂者，亦皇上不怒之威也。”这里指明朝初年。

【译文】在已经很美的漆地上，再装饰华丽的花纹者，即第二次重新进行装饰的工艺，均列述在这一章。（这一技艺是在）宋朝、元朝到明朝早期，由那些技艺高超的工匠所制作并传承下来的。

【黄文】**洒金地诸饰，金理钩螺钿，描金加蚼，金理钩描漆加蚌，金理钩描漆，识文描金，识文描漆，嵌镌螺，雕彩错镌螺，隐起描金，隐起描漆，雕漆。**

【译文】洒金地诸饰，是指在洒金漆地上，再进行金理钩螺钿、描金加钿、金理钩描漆加蚌、金理钩描漆、识文描金、识文描漆、嵌镌螺、雕彩错镌螺、隐起描金、隐起描漆、雕漆等工艺的装饰。

【扬注】所列诸饰，皆宜洒金地，而不宜平、写、款、戗之文。沙金地亦然焉。今人多假洒金上设平、写、描金或描漆，皆假效此制也。

【译文】这里所列的各种装饰，都适合用在洒金的

盒外壁贴金、描金饰蛱蝶落花图案。

盒作洒金地，再在其上用不同颜色的稠漆写起花纹。

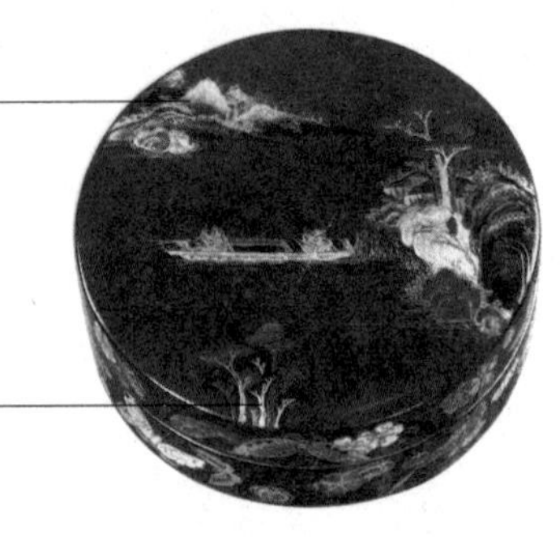

四叠的山石，一用黑漆堆起，上面再做贴金；一用厚金叶蒙贴，研出皴纹；一贴银叶；一涂紫漆洒金粉。

近景处的树干用紫漆堆出，堆起造型后在其上描金髹饰。

荻浦网鱼图洒金地识文描金圆盒　清

□ **洒金地诸饰**

洒金地诸饰，即在洒金的胎地上再复合其他工艺为装饰的漆艺髹饰技法。洒金地能衬托主体纹饰，相比漆画或款刻等地子，不会喧宾夺主。

漆地上，而不适合用在经过填漆、描绘图案、款刻装饰、戗划纹饰等工艺装饰过的漆地上。沙金漆地也可以使用上述工艺进行装饰。现在很多人在假洒金的漆地上进行填漆、彩绘、描金或者描漆装饰，都是仿照洒金地诸饰而制成的。

【黄文】细斑地诸饰，识文描漆，识文描金，识文描金加蚼，雕漆，嵌镌螺，雕彩错镌螺，隐起描金，隐起描漆，金理钩嵌蚌，戗金钩描漆，独色象戗金。

【译文】细斑地诸饰，是指在经过细斑装饰的漆地上再进行识文描漆、识文描金、识文描金加钿、雕漆、嵌镌螺、雕彩错镌螺、隐起描金、隐起描漆、金理钩嵌蚌、戗金钩描漆、独色象戗金等二次工艺的装饰。

【扬注】所列诸饰，皆宜细斑地，而其斑黑、绿、红、黄、紫、褐，而质色亦然，乃六色互用。又有二色、三色错杂者，又有质斑同色，以浅深分者，总揩光填色也。

【译文】这里所列的各种装饰，都适合在经过细斑装饰的漆地上进行。细斑的颜色有黑色、绿色、红色、黄色、紫色、褐色等多种颜色。漆地的颜色也和细斑一样，用这六种颜色交互使用制作。又有两种颜色，或三种颜色错杂髹涂制成斑纹的，也有漆地和斑纹使用一种颜色，仅用色泽的深浅来进行区分。但都是在斑纹填色后再进行揩光所制成的。

【黄文】绮纹地诸饰，压文〔1〕同细斑地诸饰。

【注释】〔1〕压文：这里指漆器复饰工艺中的一道工序，亦指进行二次装饰，或多次装饰。

【译文】绮纹地诸饰，这种漆地的二次装饰和细斑地诸饰做法相同。

【扬注】即绮纹填漆地也，彩色可与细斑地互考。

【译文】绮纹填漆的漆地做法、色彩的搭配可参考细斑漆地的做法和色彩搭配。

◎宋

宋代漆器的髹饰大多朴素无华，重在造型，尽可能展现器物形态的韵味，单色素髹的漆器最流行。所作器物多为碗、盘、碟、钵、盒、奁，其中黑髹最多，紫色、朱红次之，间有表里异色，但较少。

宋代承袭前人素髹、堆漆、螺钿等技法，新创了犀皮、戗金等髹饰工艺。

朱漆戗金人物花卉纹莲瓣式奁　南宋

（高21.3厘米，径长19.2厘米）

髹饰

体髹朱漆，朱漆地上戗金饰花卉人物图——盖面二仕女挽臂而行，一人执团扇，一人执折扇，四周以山石、草木、花卉相衬，又有一女童手捧长瓶侍立；器壁图案为折枝花卉，奁的十二棱，由盖至底均戗饰上下对称的荷叶、莲花、牡丹、山茶、梅花等折枝花图案六组。

形制

木胎，为十二棱莲瓣筒形，口部镶银扣。奁有三撞，分盖、盘、中、底四层，盘内盛菱边形铜镜，中层盛放木梳、竹篦、竹剔签、银扣镶口的圆筒形漆粉盒，底内放小锡罐、小瓷盒。

剔红凤鸟穿花图盘　南宋

梅花形素髹漆盘　北宋

花边素髹漆盘　南宋

宋代的漆碟和漆盘，形制以花瓣造型居多。北宋有葵花、菊花、莲花、海棠等数种，造型多样。南宋时，花瓣式器形逐渐演变至口沿曲线多变但整体起伏波动较小的设计。

素髹漆盘　南宋

识文描金盝顶舍利函　南宋

檀木胎，由方形盝盖和须弥座函基两部分组成。通体髹浅褐色漆，漆地上堆漆描金缠枝莲纹、牡丹纹、神兽纹等，并嵌珍珠修饰。四壁开光内，描金漆绘有佛教故事四则。

识文描金檀木经函（外、内函）　南宋

檀木胎，分内、外函两部分，内外套合，两函形制基本相同。外函器表用堆漆髹饰，堆塑佛像、神兽、花卉纹等，并镶嵌珍珠修饰；内函器表用描金漆髹饰，函顶描绘忍冬纹和双凤团花纹，函壁绘菊花纹、飞鸟团花纹等，底部须弥座描绘几何纹、神兽纹等。

人物花卉纹朱漆戗金长方盒　南宋

木胎，盒外髹朱漆，内髹黑漆。盒盖戗金饰一袒腹老人，从山间走来；盒盖壁及盒身戗金饰折枝花卉。

填朱漆斑纹地戗金柳塘纹长方盒　南宋

木胎，通体髹黑漆。盒盖戗金饰坡石、树干、垂柳、花卉等山水纹；盒盖壁及盒身戗金饰梅花、山茶、牡丹、菊花等花卉纹。图案之外，整盒密钻细斑，再在细斑地上髹涂朱漆、磨显，制成朱漆斑纹地。

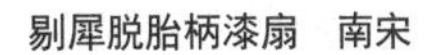

剔犀脱胎柄漆扇　南宋

细木杆为轴，以细如毛发的竹丝编织打底，再粘纸制成扇面；扇柄为脱胎，胎地上反复髹涂红、黑二色漆数层，雕剔双云头如意纹三组。扇柄和扇轴互不连接，扇动时，扇轴可自由转动而不脱落。

剔黑牡丹纹镜奁　南宋

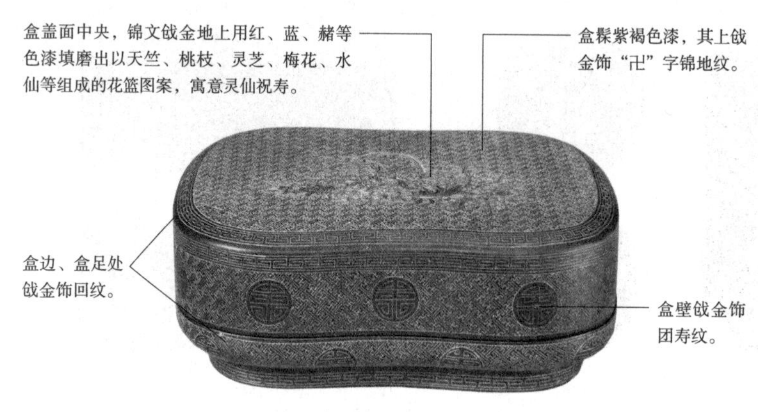

盒盖面中央，锦文戗金地上用红、蓝、赭等色漆填磨出以天竺、桃枝、灵芝、梅花、水仙等组成的花篮图案，寓意灵仙祝寿。
盒髹紫褐色漆，其上戗金饰“卍”字锦地纹。
盒边、盒足处戗金饰回纹。
盒壁戗金饰团寿纹。

戗金彩漆花卉纹银锭式盒　清

□ **锦纹戗金地诸饰**

即在锦文戗金的地子上再复合其他工艺为装饰的漆艺髹饰技法。胎地上的锦文戗金属阴纹，其上再覆压的纹饰属阳文，文与质层次分明，互相呼应。

【黄文】罗纹[1]地诸饰，识文划理，金理描漆，识文描金，揸花漆，隐起描金，隐起描漆，雕漆。

【注释】〔1〕罗纹：是指回旋的花纹或水纹等。也指螺圈形封闭式的指纹。亦泛指指纹。

【译文】罗纹地诸饰，是指在经过罗纹装饰的漆地上，再进行识文划理、金理描漆、识文描金、揸花漆、隐起描金、隐起描漆、雕漆等各种工艺的二次装饰。

【扬注】有以罗为衣者，有以漆细起者，有以刀雕刻者，压文皆宜阳识。

【译文】有的不使用灰漆，直接以罗纹布作为漆衣而形成罗纹。有的以蘸子打起漆面做出罗纹。有的用刻刀雕刻出罗纹。在漆面上面进行二次装饰应该使用凸显的纹饰。

【黄文】锦纹戗金地诸饰，嵌镌螺，雕彩错镌蚼，余同罗纹地诸饰。

【译文】锦纹戗金地诸饰，是指在经过锦纹戗金的漆地上，再以嵌镌螺，雕彩错镌铟进行的二次装饰。其他与罗纹漆地二次装饰的方式相同。

【扬注】阴纹为质地，阳文为压花，其设文大反而大和也。

【译文】漆地是凹陷的纹饰，应该用凸显的纹饰进行二次装饰，这样做出的纹饰居然与漆地的纹饰完全相反，反而十分和谐。

纹间第十四

【扬注】文质齐平，即填嵌诸饰及戗、款互错施者，列在于此。

【译文】在填嵌的各种技艺，以及戗划、款刻等交互进行的工艺中，做到装饰的花纹和漆地齐平的，均列述在这一章。

【黄文】戗金间犀皮，即攒犀[1]也。其文宜折枝花[2]、飞禽、蜂、蝶及天宝海琛图[3]之类。

【注释】〔1〕攒犀：指古代漆绘雕刻工艺的名称。用朱、黄、黑三色髹漆,雕刻人物景致,钻其空隙处,使层见叠出。攒，通“钻”。明·曹昭《格古要论·攒犀》：“攒犀器皿漆坚者，多是宋朝旧做戗金人物景致，用攒攒空闲处，故谓之攒犀。”

〔2〕折枝花：国画术语，花卉画的一种。画花卉不写全株，只画从树干上折下来的部分花枝，故名。扇页之类的小品花卉画，往往以简单折枝经营构图，弥觉隽雅。

〔3〕天宝海琛图：天宝，指天然的宝物。《商君书·来民》：“夫实圹什虚，出天宝，而百万事本，其所益多也。” 唐·王勃《秋日登洪府滕王阁饯别序》：“物华天宝，龙光射牛斗之墟。”海琛，指名贵的海产。唐·张说《广州都督宋公遗爱碑颂》：“祖国之舶车，海琛云萃，物无二价。”这里指戗金犀皮工艺能表现宝物和名贵事物的复杂高贵。

【译文】戗金间犀皮，就是指攒犀。这一工艺适合折枝花、飞禽、蜂、蝶及天宝海琛图等类型的纹饰。

盘内攒犀地均匀细密，整体设色清新淡雅。
盘边及盘心内髹黄漆做攒犀地，其上雕填彩漆戗金松鹤图纹。
盘心“松树”苍劲挺拔，树上落有姿态各异的“仙鹤”三只，其中一只正引颈召唤盘旋在空中的同伴，寓意松鹤延年。

填漆戗金松鹤纹圆盘　清

填漆戗金花卉纹圆盘　明

□ 戗金间犀皮

即用钻、磨出类似犀皮效果的斑纹作地，其上再以戗金饰主体花纹的漆艺髹饰技法。作地的斑纹有磨斑和钻斑两种，磨斑需先胎地上钻出密集的凹点，内填色漆，而后打磨成文质齐平的地子；钻斑则先在胎地上戗金主体图案，再在图案空隙处打钻，凹点内填色漆但不需磨平。戗金间犀皮漆器盛行于晚明，其工艺精巧，朴雅大方。

【扬注】其间有磨斑者，有钻斑者。

【译文】在制作过程中，有用磨显的方式显出斑纹的做法，也有用钻子钻出斑纹的方法。

【黄文】款彩间犀皮，似攒犀，而其文款彩〔1〕者。

【注释】〔1〕款彩：是在漆地上刻凹下去的花纹里面再填漆色或油彩，以及金或银。款彩一般用黑漆作地，花纹轮廓均保留下来，轮廓以内的漆地则剔去，以备填漆或油。漆或油填入后，并不与漆地齐平，所以花纹轮廓略为高起。

【译文】款彩间犀皮，与攒犀工艺相似，但是其纹饰是在漆地上阴刻的花纹里再填漆色或油彩，以及用金或银的款彩工艺制成。

【扬注】今谓之款文攒犀。

【译文】现在也有人将这一工艺称为款文攒犀。

【黄文】**嵌蚌间填漆，填漆间螺钿。右二饰文间相反者，文宜大花，而间宜细锦。**

【译文】嵌蚌间填漆，填漆间螺钿，也就是填漆和镶嵌螺钿这两种工艺互相施为，互相装饰的一种工艺。花纹宜宏大，而漆地则应该是细密的锦纹。

【扬注】细锦复有细斑地、绮纹地也。

【译文】细密的锦纹主要有细锦纹漆地和绮纹漆地两种。

【黄文】**填蚌间戗金，钿花文戗细锦者。**

【译文】填蚌间戗金，就是指在螺钿镶嵌纹饰间装饰戗金细锦纹的工艺。

【扬注】此制文、间相反者不可，故不录焉。

【译文】这种工艺，纹饰和漆地不能互换，所以不需要对漆地进行说明。

【黄文】**嵌金间螺钿，片嵌金花、细填螺锦者。**

【译文】嵌金间螺钿，就是指在镶金片的主体花纹上，进行镶嵌细螺钿锦纹的装饰工艺。

【扬注】又有银花者，有金银花者，又有间地沙蚌者。

【译文】又有用镶嵌银片花纹为主体纹饰的，有以镶嵌金银片花纹为主体纹饰的，还有在螺钿屑做成的漆地上镶嵌细螺钿锦纹的。

【黄文】**填漆间沙蚌，间沙有细、粗、疏、密。**

【译文】填漆间沙蚌，就是在以填漆图案为主体的纹饰上，装饰螺钿屑，螺钿屑有粗细之分，镶嵌时有疏密之别。

【扬注】**其间有重色眼子斑者。**

【译文】在装饰时，有的会用多重色彩制成晕眼斑纹。

锦纹诸种

锦，是丝织物的一个重要种类，其花纹精致古雅。漆器中的锦地，是指用漆填或描绘、戗刻、雕镂出华美的纹样作衬地，其上再饰各种图案。

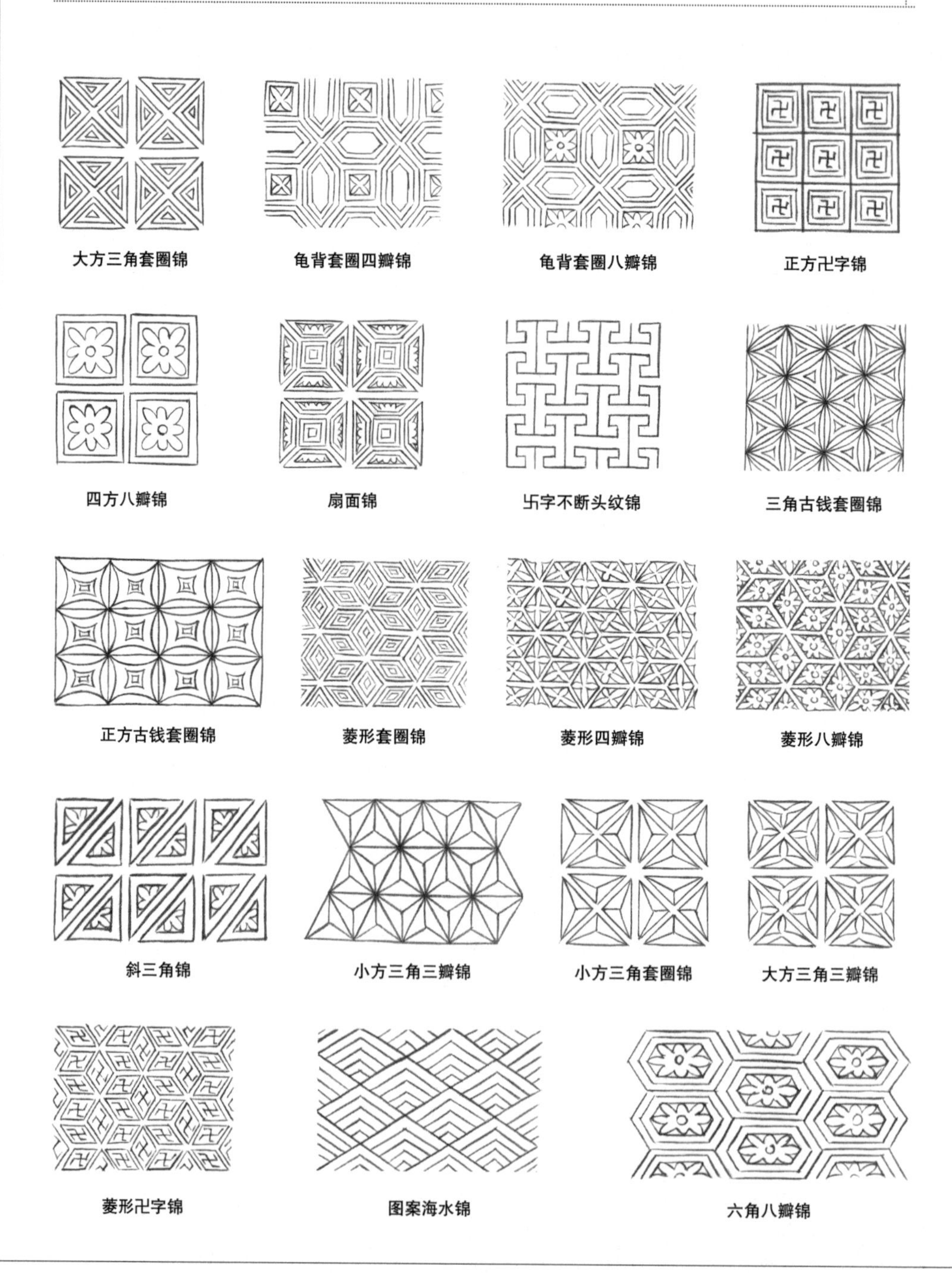

大方三角套圈锦　龟背套圈四瓣锦　龟背套圈八瓣锦　正方卍字锦

四方八瓣锦　扇面锦　卐字不断头纹锦　三角古钱套圈锦

正方古钱套圈锦　菱形套圈锦　菱形四瓣锦　菱形八瓣锦

斜三角锦　小方三角三瓣锦　小方三角套圈锦　大方三角三瓣锦

菱形卍字锦　图案海水锦　六角八瓣锦

三角三瓣锦　三角套圈锦　三角六瓣锦

冰片锦　六角十六瓣锦　龟背锦

海水锦　六角十二瓣锦

裹衣[1]第十五

【注释】〔1〕裹衣：胎骨上糊裹皮、罗或纸后只上几道漆，不再上漆灰。这是一种最简单的漆器制造。因糊裹材料的不同又可分皮衣、罗衣、纸衣等。

【扬注】以物衣器而为质，不用灰漆者，列在于此。

【译文】以某种材料为底做裹衣，不用灰漆打底而制成器物的工艺，均列述在这一章。

【黄文】皮衣，皮上糙[1]、麭二髹而成，又加文饰。用薄羊皮者，棱角接合处如无缝缄[2]，而漆面光滑。又用谷纹皮[3]，亦可也。

【注释】〔1〕皮上糙：指在糊裹皮革的漆胎上做糙漆。裹衣的器物不做灰漆，这里的糙漆指生漆糙和煎糙。

〔2〕缝缄（yù）：羊羔皮的缝接处。《尔雅·释训》：“缄，羔裘之缝也。”

〔3〕谷纹皮：这里指有谷纹的兽皮。谷纹是传统装饰纹样的一种，为玉器上的一种纹饰，形如倒写的字母e。谷纹最早出现在春秋时期的玉器中，至战国时期发展为逗号字样，如同圈着尾巴的蝌蚪，因此俗称蝌蚪纹。

【译文】皮衣，就是在漆胎上用动物的皮做成的裹衣。皮裹衣上只需再施以糙漆、麭漆两道工序，就可以直接进行纹饰了。用薄羊皮做裹衣的，在棱角接合的部位，不需要缝合，因此漆面会光滑无比。有用带有谷纹的皮做裹衣的，也可以。

【扬注】用谷纹皮者不宜描饰，唯色漆三层而磨平，则随皮皱露色为斑纹，光华且坚而可耐久矣。

【译文】用带有谷纹的兽皮做裹衣的，不宜再进行别的装饰，只需髹三层色漆，然后磨平即可，这样漆面就会随着皮的纹理显露出皮纹彩色的斑纹。这样做出来的器物，光彩华丽，而且坚固耐用。

【黄文】罗衣[1]，罗目正方，灰缄平直为善，罗与缄必异色，又加文饰。

【注释】[1]罗衣：用丝织品做的裹衣。罗，指轻软的丝织品。

【译文】罗衣，就是用丝织品做成的裹衣。丝织品的经纬线方正，漆灰缝合的缝隙也平直，这样最好。丝织品和缝合处的漆灰必须用不同的颜色，再在灰漆缝合的地方直接装饰。

【扬注】灰缄，以灰漆压器之棱，缘罗之边端而为界域者。又加文饰者，可与《复饰第十三·罗纹地诸饰》互考。又，等复色数叠而磨平为斑纹者，不作缄亦可。

【译文】灰缄，就是用灰漆对罗衣的棱角、端头等进行覆压黏合，从而在罗衣的边界和两头形成界域。进行装饰的时候，可参照《复饰第十三·罗纹地诸饰》的具

◎元

髹漆工艺至元代已有多种技法，但雕漆、螺钿和戗金，是有实物传世的水平较高、又最具代表性的三种。《格古要论》言，“元朝嘉兴府西塘杨汇有张成、杨茂者，剔红最得名”，传世的“张成造”剔犀盒、剔犀云纹盘、“杨茂造”观瀑图剔红八方盘等，均漆制优良、形制古拙。《新增格古要论》有：“戗金器皿，漆坚戗得好者为上。元朝初，嘉兴西塘有彭君宝者，甚得名，戗山水、人物、亭观、花木、鸟兽，种种臻妙。”元中期戗金不限器皿，湖中游船都有作戗金，此技法之盛可见一斑。

元代贵族生活喜好奢靡，但漆艺的精妙却远不及宋。

髹饰

以朱、黑二色漆交替髹涂，漆层肥厚饱满。盒盖面及盒底纹饰相同，各雕剔如意云纹三组。这是剔犀器最常见的一种纹饰，也被广泛应用于服饰、金银器、家具等的装饰上。

形制

盒为木胎，子母口，上下扣合。

雕剔

刀口深峻，打磨圆润，刀痕近一厘米。刀口处，三条朱漆带清晰可见，称“乌间朱线”。器底边缘有“张成造”三字款。

“张成造”云纹剔犀盒

（高6.2厘米，径长14.8厘米）

“杨茂造”剔红花卉纹樽

髹黄漆作地，内里及底部髹黑漆。口沿内及器表，在漆地上髹涂朱漆数重，雕剔菊花、栀子、牡丹、桃花等纹样髹饰。器底左侧近足处，有“杨茂造”三字针书款。

剔犀雕漆云纹圆盖盒

内髹黑漆，盒外用朱、黑二色漆反复髹涂数重，雕剔云纹，纹饰刀口处可见均匀的双色漆线。

款彩凤凰图盖盒

通体髹黑漆，黑漆地上作款彩髹饰。盒盖面剔凤凰穿花图，轮廓内填红、黄、蓝、白、绿等色漆。纹饰整体略高于漆面，效果似木刻印板。

剔红花鸟纹长方盘

图案

内、外口边分别嵌饰缠枝花纹和回纹；外壁及外底嵌饰石榴花纹和折枝茶花纹；内底及内壁饰折枝石榴花纹和荷花鹭鸶纹；底边饰莲瓣纹。

髹饰

通体髹黑漆，黑漆地上嵌薄螺钿髹饰。所嵌的螺钿均已裁切成细小的菱形、长方形和各式螺钿丝。

器形

洗，一种用来盛水洗笔的器皿，是除笔、墨、纸、砚外的另一种文房用具。此洗器形为舟式，椭圆形，皮胎。洗内又设一立板将内部空间隔成两部分。

嵌螺钿花鸟纹舟式洗

（长38.5厘米，宽21.7厘米，高7.8厘米）

剔红东篱采菊图圆盒

内髹黑漆，外髹朱漆。盒面雕剔画面为——一老者执杖前行，一童仆手捧一盆菊花随侍，松石相衬左右，又有流水般云纹作背景。此盒雕剔多用斜刀，线条干脆。

八思巴文漆碗

木胎，通体髹涂赭石色漆，口缘一周及圈足髹黑漆，碗底有朱漆八思巴文“陈”字款。

“张成造”剔红庭院婴戏图盘

内及外壁均髹朱漆，盘底髹黑漆。盘心开光内剔红饰婴戏图——几名孩童斗蛐蛐、捉迷藏，又有楼阁、山石、松柏、流云等；开光外剔刻缠枝牡丹纹；盘外壁雕剔云纹。

黑漆螺钿楼阁人物图菱花形盒

（高17.8厘米，径长30厘米）

图案

盒外壁嵌饰有形态各异的“缠枝花”四十八朵，生动可爱。

形制

呈十二瓣菱花形，器形规整，口沿等部分均用金属丝加固。

髹饰

内髹朱漆，外髹黑褐色漆，器表镶嵌螺钿片，组成纹样和图案。盒盖面嵌饰人物楼阁图，外壁嵌饰“缠枝花”纹。圈足内髹黑漆，外壁嵌饰“毬锦”纹。

黑漆莲瓣形奁

“张成造”剔红栀子纹盘

内、外均髹黄漆作地，盘底髹黑漆。盘心雕剔盛开的“栀子花”一朵；盘外剔刻香草纹。

嵌螺钿漆盘残片

为广寒宫图黑漆嵌螺钿盘残片。嵌饰图案为云气萦绕的山顶楼阁，楼阁四周有梧桐丹桂。镶嵌时，画面中的物象均“分壳截色，随彩施缀”。

“杨茂造”剔红观瀑图八方盘

通体剔红髹饰。盘心开光内饰人物楼阁图——远景雕剔三种不同的锦纹，分别表示天、水、地；近景雕剔殿阁松柏，一位远眺的老者和两名侍从。盘内、外边剔刻花朵纹，盘底髹黑漆。

体描述。还有，用各种颜色反复堆叠后，又磨平形成斑纹的，可以不进行灰绒。

【黄文】纸衣，贴纸三四重，不露坯胎之木理者佳，而漆漏、燥，或纸上毛茨为颣者，不堪用。

【译文】纸衣，就是用纸做的裹衣。在漆胎上浆糊三四层纸，以木胎的纹理被全部遮住不漏出为好。如果漆液漏到纸层里去，漆面就会变粗糙。或者是纸面起毛起球形成颣点（也会影响到漆面的光滑程度），因此不能使用。

【扬注】是韦〔1〕衣之简制，而裱以倭纸薄滑者好，且不易败也。

【注释】〔1〕韦：皮革。韦，在春秋时期还指熟过的皮子，许慎《说文解字》认为兽皮做成的绳子可以用来捆绑弯曲相违背的东西，故而“韦”有皮革之义。

【译文】纸衣是皮衣的简化做法。日本生产的一种纸，薄而光滑，做纸衣很好，而且这种纸不容易破损。

单素第十六

【扬注】榡[1]器一髹而成者，列在于此。

【注释】〔1〕榡（sù）：意为器物未加装饰。《类篇》："器未饰也。通作素。"古"榡""素"相通。

【译文】凡是没有经过装饰，只髹涂一次漆液或油彩就做成的器物，均罗列在这一章。

【黄文】**单漆，有合色漆及髹色，皆漆饰中尤简易而便急也。**

【译文】单漆，有用色漆进行髹涂的，也有先在木胎上上色再进行髹涂的，这些都是漆器装饰中最简单而且方便的应急做法。

【扬注】底法不全者，漆燥暴也。今固柱梁[1]多用之。

【注释】〔1〕柱梁：屋梁和屋柱。唐·韩愈《琴操·龟山操》："龟之枿兮，不中梁柱。"

【译文】胎底工艺没有做周全的，单漆面会粗糙不平，现在髹涂房屋的梁柱，多用这种方法。

【黄文】**单油，总同单漆而用油色者，楼、门、扉、窗，省工者用之。**

【译文】单油，总的做法和单漆相同，只是这里用的是油彩而已。楼、门、扉、窗等的髹饰，为减省工料，也会这样做。

【扬注】一种有错色重圈者，盆、盂、碟、盒之类，皿底、盒内多不漆，皆坚木所车旋。盖南方所作，而今多效之，亦单油漆之类，故附于此。

【译文】用镟床在坚硬的木料上车旋出如盆、盂、碟、盒之类的器物，其木胎上有许多交错的纹路或木纹圈。所以只在器物表面进行简单的油彩髹涂，器皿内壁和足底均不髹涂，任由木胎裸露，透出深浅相间的木纹。最早是南方漆工的做法，现在效仿的人多了。这也属于单漆或者单油的范畴，所以附在这里。

【黄文】黄明单漆，即黄底单漆也，透明、鲜黄、光滑为良。又有罩漆墨画者。

【译文】黄明单漆，就是黄色颜料打底，再进行单漆罩明的做法。这样做的漆器以漆面透明、颜色鲜黄、漆面光滑的为好。也有用深色的漆画花纹再罩明的。

【扬注】有一髹而成者、数泽而成者。又画中或加金，或加朱。又有揩光者，其面润滑，木理灿然，宜花堂[1]之屏、桌也。

【注释】〔1〕花堂：犹画堂。华丽的殿堂。北周·庾信《秦州天水郡麦积崖佛龛铭》：“彫轮月殿，刻镜花堂。”唐·白居易《紫薇花》诗：“何似苏州安置处，花堂栏下月明中。”

◎明

明永乐时设“果园厂”，由元末嘉兴漆艺家张成之子张德刚管理，所出“厂制”，皆制作严谨、细巧。苏浙亦出现许多闻名的制漆匠人，如艺人周翥即为元代扬州百宝嵌的代表人物，其做法独特，称“周制”。又有嘉兴著名漆匠姜千里，所制螺钿器风格独创，称“千里式”。另有各擅其工的民间漆匠。

明代近三百年间，漆艺髹饰风格由洪武至宣德时期的简练大气、庄重典丽，慢慢演变为纤巧细腻，进而发展为嘉靖、万历、崇祯时期的雕锦镂华、富丽堂皇。明代的髹漆工艺是中国髹漆艺术风格发展的成熟时期。

黑漆描金龙纹药柜

（长78.8厘米，宽57厘米，高94.5厘米）

形制

四面平式，柜门对开，门下有抽屉三个。柜内中心为八方转动式抽屉，每面十个，共八十个；两侧各有一列十个抽屉，每个内分三格。可盛放多达一百四十种药品。

髹饰

通体髹黑漆，黑漆地上描金漆髹饰，以龙纹为主。柜门外，金漆绘锦地开光，开光内绘双龙戏珠；柜门内，描松、竹、梅等花卉蜂蝶图案。

填漆戗金花卉龙纹梅花式盒

梅花式，通体髹朱漆作地。盒盖面戗金饰锦地龙纹，图案轮廓内填黄、绿、黑等色漆；盖壁、器壁髹黑漆作地，地上戗金填漆饰牡丹纹；盒上、下口边饰缠枝灵芝纹。

剔红锦地花鸟纹压手杯

唇口圆腹，内髹黑漆，外髹红漆，作剔红髹饰。外壁剔刻花鸟纹。

剔红赭双螭花卉纹棋子盒

通体髹红赭色漆，盒内及底髹黑漆。盒盖面雕剔双螭花草纹，盖壁为菱形花卉锦纹，盒身满雕缠枝莲纹。

朱漆戗金云龙纹盝顶箱

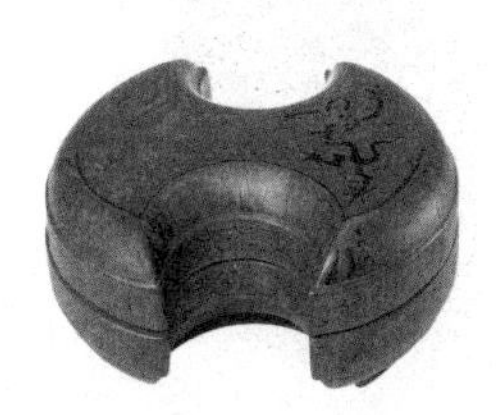

填漆戗金龙凤纹银锭式盒

填漆戗金云龙纹小柜

髹饰

外髹朱漆，内壁及盒底髹黑漆，通体作戗金加彩漆髹饰。盒体纹饰以二龙戏珠纹和荷塘花鸟纹为主，委角及口沿处饰缠枝花纹，圈足饰云纹。

形制

委角长方形，子母口，上下扣合。

盖壁

盒盖壁及盒身，在朱漆地上髹黑漆，黑漆戗金加彩漆饰湖石、水鸟、花叶纹等。

填漆戗金云龙荷塘景长方盒

（长33厘米，宽18厘米，高16.5厘米）

黑漆嵌螺钿花鸟纹榻

榻是古代一种宽长坐具，床形，可卧，也泛指床。四面平式，马蹄足。榻通体髹黑漆，嵌硬螺钿。榻身嵌饰花鸟纹，牙条及腿足嵌螺钿折枝花卉图案。

黑漆描金圆盒

盒内外均髹黑漆，盒外黑漆地上描金髹饰。盒盖面图案为一老者，盘坐在山间松林中。

剔红庭院高士图圆盒

犀皮菱形笔筒

剔红牡丹富贵纹圆盒

盖面

饰团龙捧寿桃纹样，寿桃内有一莲花，莲花上方有“聖”字楷书，寿桃左右各有一“卐”字纹；盖面正中饰寿桃纹，四周饰缠枝莲纹和杂宝纹。

髹饰

盒通体髹红漆，红漆地上戗金填彩漆饰寿桃纹、缠枝莲纹、杂宝纹等吉祥图案，寓意圣寿万年。

形制

楷书寿字形盒，盖面平整，器形独特。这种以字作器形的设计，始于明嘉靖时期。

填漆戗金花卉纹寿字形盒

（长36.7厘米，高12.3厘米）

剔犀云纹盘

以剔犀手法雕饰，盘心内为云纹，刀口断面间露朱色漆线四道。

剔黑缠枝莲纹圆盒

通体髹黑漆，盒面髹饰剔黑缠枝莲纹及卷草纹。剔刻刀法快利，棱角可见。

剔黑八宝吉祥纹盘

通体髹黑漆，盘心内剔黑饰八宝吉祥图案，分别是法轮、法螺、宝伞、宝盖、莲花、宝瓶、金鱼、盘长结，是佛家常用的吉祥图案。

剔红花鸟纹三层长方提盒

剔红海棠式盘

剔黑花卉图盒

剔红婴戏寿字笔管

剔红云龙纹“天下太平”方盖盒

髹饰

几通体作剔红髹饰。几面开光内雕剔海水江崖龙纹，开光外为四角对称的缠枝花纹；足下的方形底托雕剔双凤纹；香几腿部、腰部等其他部位雕剔花卉纹、锦纹、回纹等。

形制

香几，古代一种陈放香炉的家具，大多腿足弯曲，足下有承托。此几为方形，四足，鼓腿膨牙，足下接方形的矮足托。

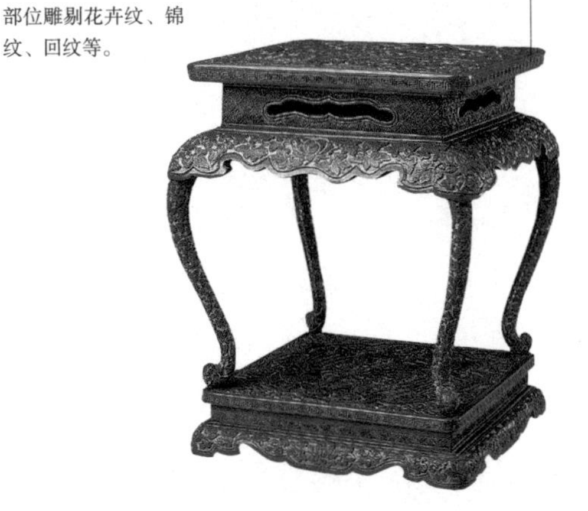

剔红龙纹小香几

（高36厘米）

黑漆嵌螺钿龙舟图委角盘

委角方形盘，平底，下有四足。通体髹黑漆，盘心开光内嵌饰人物花草、亭台楼阁、水波龙舟等图案，开光外为林中小景图案。

【译文】有髹涂一次就做成的，也有经过几次打磨才做成的。又有在描画底色时加金或者加朱砂的。又有在髹涂后进行简单揩光，使漆面更润滑的。这种做法，木胎的纹理都能清晰地显现出来，比较适合用来制作花堂的屏风和桌子。

【黄文】罩朱单漆，即赤底单漆也，法同黄明单漆。

【译文】罩朱单漆，就是在红色的底子上进行单漆罩明。这种工艺和黄明单漆相同。

【扬注】又有底后为描银，而如描金罩漆者。

【译文】也有在底子上描银后，再进行罩明的，这样做出来的器物有描金罩漆的效果。

质法第十七

【扬注】此门详质法名目，顺次而列于此，实足为法也。质乃器之骨肉，不可不坚实也。

【译文】这一章主要是详细讲解漆胎的做法和目次，按照制作的顺序依次列述在此，完全可以作为（漆胎制作的）法则。漆胎是漆器的骨肉，是不可以不坚固的。

【黄文】棬[1]榛，一名坯胎，一名器骨。方器有

□ 棬榛

“质”，相对于“文”而言，指的是漆器的胎地。中国古代漆器以木胎为主。在木胎上再进行打底、布漆、做灰、糙漆等，是制造漆器的重要工序。

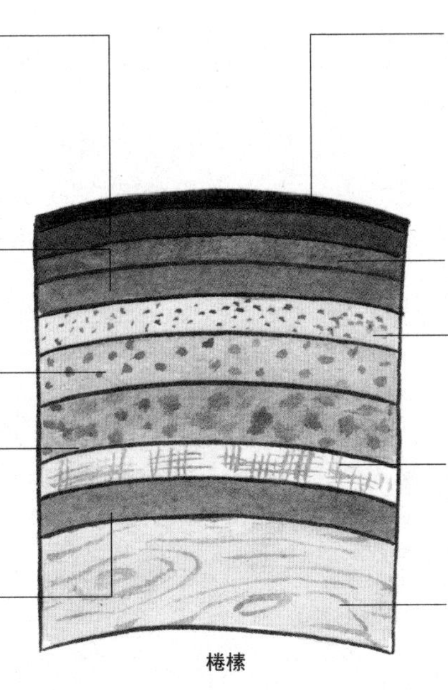

第三次煎糙，即生漆糙干固以后，用煎制或晒制过的漆液所做的最后一遍糙漆。煎糙完毕，还需细心打磨，如果没有磨平顺，漆面会留下漆籽或磨痕；如果磨过了，即便再找补也会有隐约可见的凹斑。煎糙打磨完毕，漆器的胎地就完成了。
第一次灰糙，即胎地上做完全部灰漆后，在其上做的第一道糙漆。灰糙的作用是填充灰漆的毛孔、增强灰漆漆层的黏结力。
第二次中灰漆，即使用140目左右的灰做灰漆，称中灰漆。
第一次粗灰漆，即使用60—100目左右的灰做灰漆，称粗灰漆。粗灰漆旨在填充布纹、加固布漆，使灰漆面与布纹齐平，所以又称“压布灰”。
捎当，即用生漆刷涂漆胎并整理胎骨。
䰍漆，即髹涂面漆。漆器的制作可以大致分为“底、垸、糙、䰍”四个阶段，䰍漆是最后一个阶段上的漆。
第二次生漆糙，即灰糙干固后，用生漆做的一道糙漆。生漆糙的作用在于封固灰漆，在做完生漆糙的漆面上髹涂，漆液就不会再渗入灰漆层中，漆面就更坚实平整了。
第四次细灰漆，即使用约200目以上的灰做灰漆，称为细灰漆。
布漆，即在漆器胎骨上裱糊棉、麻之类的织物。裱糊织物够增强漆胎的联系力，即便是用木材拼合而成的胎骨，也不易松裂开脱。
棬榛，即漆器的胎骨。中国古代漆器的胎骨多为木胎，这也是迄今为止漆器中出现最早、使用最广的胎骨。

棬榛

旋题[2]者、合题[3]者，圆器有屈木者、车旋者，皆要平、正、薄、轻，否则布灰不厚。布灰不厚，则其器易败，且有露脉之病。

【注释】〔1〕棬（quān）：意为曲木做的饮器。《玉篇》："屈木盂也。"

〔2〕旋题：这里指用旋床旋到一定程度后再加工而成的漆胎。

〔3〕合题：这里指用多块木料穿斗拼接而成的漆胎。

【译文】棬榡，又叫坯胎，或者器骨。方形的器具，有用旋床旋后再加工的，也有用多块木料穿斗拼接的。圆形的器具有直接用木料弯曲后做成的，也有用旋床直接旋出的。不论是方形器具还是圆形器具，都要表面平滑、器型端正、胎壁轻薄，否则灰漆做不厚实，灰漆不厚实，器物就容易损坏，而且容易出现漏出衬布纹理的毛病。

【扬注】又有篾胎、藤胎、铜胎、锡胎、窑胎、冻子胎、布心纸胎、重布胎，各随其法也。

【译文】还有竹编的漆胎、藤条编织的漆胎、铜制的漆胎、锡制的漆胎、陶瓷漆胎、灰漆做的胎、布和纸混合制成的漆胎、叠布制成的漆胎。各种胎都有自己相应的做法。

【黄文】合缝，两板相合，或面、旁、底、足合为全器，皆用法漆[1]而加捎当。

【注释】〔1〕法漆：指用来黏合胎骨、填补缝子及不平的地方的漆。

篾胎漆粉盒　宋

篾，指劈成条的竹片。此粉盒即篾胎所制，内外均髹黑漆作地。此盒呈扁圆形，盒身和盒盖为上下扣合的子母口结构。盒口沿处镶银扣，银扣内仍可见清晰的金漆江崖纹饰，质朴美观。

剔犀云纹圆盒　清

圆盒为冻子胎，其上以黄漆为地，髹涂黑漆间朱漆五道。盒盖中心雕剔铜钱纹，外围雕剔变体云纹；盒身雕剔半圆云纹。此盒以一层高密度的灰漆为胎，存在大量孔洞、裂隙，且剔犀的漆层较薄，整体做工不佳。

黑漆描金山水楼阁图手炉　清

手炉为双连云头式，盖面为铜丝编结而成的密网，用以通风换气；其曲梁及内里均为铜镀金制；口沿内挂铜胆。炉身设两两相对的四面开光，开光内髹黑漆作地，其上以金漆描绘山水楼阁图景。像这样用铜做胎的漆器，坚固耐久，不易开裂。

彩绘云纹漆盆　西汉

漆盆为重布胎，其胎地由多层麻布组成。盆通体髹黑漆，黑漆之上朱漆彩绘云气纹。布心纸胎是用漆或灰漆将数层麻布裱糊在一起，外面再贴糊纸类；重布胎的表里则都用布糊成。二者可以统称为“夹纻”。

剔犀云头纹锡胎执壶　明

执壶为锡胎，通体髹黑、红色漆雕剔如意云头纹。锡胎一般熔铸成型，只需将胎底打磨粗糙便可髹漆。古代剔红、剔犀器，常用锡作胎。

宜兴窑“时大彬”款紫砂胎剔红山水人物图执壶　明

执壶为方体圆口紫砂胎，其上通体髹红漆，雕剔山水人物图。用陶、瓷作胎的统称窑胎，在瓷胎上髹涂需将釉面磨糙再做髹涂。以紫砂作漆器胎骨的并不多见，而以明代紫砂壶名家时大彬所制紫砂器作漆器胎骨的仅此一件，此壶相当珍贵。

【译文】合缝，就是用两块板子黏合来制作漆胎。可以做面板、侧板、底板或器物的圈足，也可以用于整个器物。在缝隙和接口处都用法漆进行黏结，而后再给胎面打底。

【扬注】合缝粘者，皆扁绦缚定，以木楔令紧，合齐成器，待干而捎当焉。

【译文】合缝黏结的过程，都要用丝绦绑缚固定，再用木楔子楔紧，使器物的各个部分拼接整齐，严丝合缝。待黏结处干固后，再进行打底制作。

【黄文】捎当，凡器物，先剅劃〔1〕缝会之处，而法漆嵌之，及通体生漆刷之，候干，胎骨始固，而加布漆。

【注释】〔1〕剅（lóu）劃（lòu）：剅，意为小裂；劃，意为细切。剅劃，指细小的裂口。

【译文】捎当，凡是器物需要打底漆，都得先在小的裂口或缝隙处，用法漆进行填补。处理完后，再给器物周身髹涂生漆，待生漆干后，器物会很紧固，那时才可以做布漆。

【扬注】器面窳缺〔1〕、节眼等深者，法漆中加木屑，斮絮〔2〕嵌之。

【注释】〔1〕窳（yǔ）缺：有凹陷、低下之意。这里指残缺、破损。

〔2〕斮（zhuó）絮：有斩、砍之意。这里指斩碎的布条。

【译文】漆面粗糙有缺陷，或者木胎上木质结眼很深时，便应在法漆中加入木屑、斩断的布条等进行填补。

【黄文】布漆，捎当后，用法漆衣麻布，以令麭面无露脉，且棱角缝合之处不易解脱，而加垸漆。

【译文】布漆，就是在胎面打底以后，用法漆在漆面上粘贴麻布。这样做，漆面显露不出木胎的纹理，器物棱角处的缝隙也不容易裂口。布漆做好后，就可以做灰漆了。

【扬注】古有用革、韦衣，后世以布代皮，近俗有以麻筋及厚纸代布，制度渐失矣。

【译文】古时候，有用兽皮进行布漆粘贴的，现在都用麻布来替代兽皮了。近来，民间也有用麻绳及厚实的纸张来替代麻布的，制作的法度也正在慢慢丧失。

【黄文】垸漆，一名灰漆，用角灰、磁屑为上，骨灰、蛤灰次之，砖灰、坯屑、砥灰〔1〕为下。皆筛过，分粗、中、细，而次第布之如左〔2〕。灰毕而加糙漆。

【注释】〔1〕砥（dǐ）灰：本义是磨刀石。这里指石头的粉末。

〔2〕如左：古人书写规则是从右至左竖写。因而，如左即表示看左边，也就是现代文中的后文、下文等意。

【译文】垸漆，也叫灰漆。在灰漆的调制中，最好是用牛角或者鹿角的灰、陶瓷的碎屑，其次是动物的骨灰或贝类的壳敲碎后研磨成的灰；最次的用砖瓦灰、土灰、石粉等。不论用哪一种灰，都得筛过，分出粗、中、细等，然后再照后文的描述施用。灰漆做好了才可以制作糙漆。

【扬注】用坯屑、枯炭末，加以厚糊、猪血、藕泥、胶汁等者，今贱工所为，何足用？又有鳗水[1]者，胜之。鳗水，即灰膏子也。

【注释】〔1〕鳗水：按照元·陶宗仪《南村辍耕录·卷三十》："鳗水，好桐油煎沸，以水试之，看躁也，方入黄丹腻粉无名异。煎一滚，以水试，如蜜之状，令冷。油、水各等分，杖棒搅匀。却取砖灰一分、石灰一分、细面一分和匀，以前项油、水搅和调黏，灰器物上。"按照长北先生《〈髹饰录〉研究二三得——兼议〈髹饰录图说〉之未足》研究认为，"鳗水"就是单漆和单油工艺中用于打底的稀油灰。"鳗水"一名，或因稀油灰状如鳗鱼身上的黏液，"么""满"当为"鳗"字在吴方言、北方官话中的不同读音，"打么""打满"，就是"打鳗"。因此，这里认为"鳗水"即稀油灰。

【译文】用砖瓦灰、木炭粉末制作灰漆时，加入浓稠的糨糊、猪血、藕泥、胶汁等物，只有低端拙劣的工匠才会这样做，这种做法是不可取的。又有叫"鳗水"的稀油灰，加入这种稀油灰，就比加入刚才的那些东西好。鳗水，就是像鳗鱼身上的黏液一样的稀灰油膏子。

【黄文】第一次粗灰漆。

【译文】第一遍用粗灰调制的漆。

【扬注】要薄而密。

【译文】这一遍灰漆要上得薄而密实。

【黄文】第二次中灰漆。

【译文】上第二遍灰漆要用中灰调制。

【扬注】要厚而均。

【译文】这一遍灰漆要上得厚而均匀。

【黄文】第三次作起棱角，补平窳缺。

【译文】上第三遍灰漆要做出器物的棱角，并填补漆胎上的凹陷，使漆面平整。

【扬注】共用中灰为善，故在第三次。

【译文】这一次遍用中灰为好，所以通常都只在第三遍上灰漆时做棱角和补缺。

【黄文】第四次细灰漆。

【译文】上第四遍的灰漆要用细灰调制。

【扬注】要厚薄之间。

脱胎做法

脱胎漆器是由夹纻发展而来的髹漆工艺。纻，麻属，可用来织布。夹纻脱胎工艺，即在使用泥或陶土等制作的模子上，用生漆层层裱糊麻或绢类织物，待干固后取掉模子，再上灰漆髹饰制成器物的技法，所以夹纻脱胎的漆器有量轻、可塑形的特点。下面图示以碗为例，逐步展示夹纻脱胎的做法。

① 准备一块陶土。

② 用陶土捏制出碗的大致形状，置于室内约2～3日晾干。

③ 待陶碗模子干后，用灰条打磨平整表面。

④ 糯米粉中加适量水熬制糯米糊，制成如稠糨糊状即可。

⑤ 糯米糊放凉后，用刷子蘸糯米糊厚涂到模子上。粘贴麻布前在模子上涂糯米糊，是为了方便之后夹纻的胎脱模。

⑥ 制作漆糊，按照约糯米糊六、生漆四的比例将二者混合调匀。

⑦ 将漆糊均匀涂刷在模子上，厚度尽量控制在一毫米内，便于干燥。

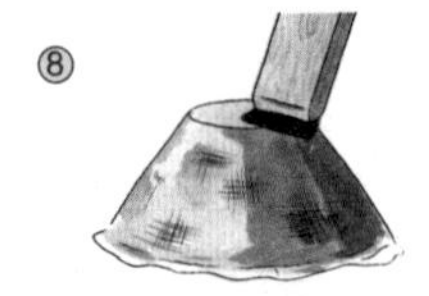

⑧ 将第一张麻布盖在刷好漆糊的模子上，手抓麻布的几个角做拉伸，绷紧麻布。

⑨ 自上至下，顺着麻布的纹路再均匀涂刷一层薄薄的漆糊。多出模子的麻布，需要修剪至只多出碗沿1～2厘米。

⑩ 继续涂刷漆糊，将漆糊填入布纹的孔洞中，注意控制力度，不要使麻布起皱。

⑪ 涂刷完毕，盖上第二张麻布，布纹方向相对第一张交错45度。绷紧麻布后，继续自上至下涂刷一道漆糊。碗口附近需要特别厚涂，涂抹完成后放入荫房待干。

⑫ 制作中灰，适量水混合等量的粗瓦灰和细瓦灰，再加入约多于灰料一倍的生漆调拌均匀，制成如稀糨糊状的灰漆。

⑬ 自上至下，蘸灰漆均匀涂抹漆碗，这一步是为了更好地填补缝隙。涂好后，放入荫房待干。

⑭ 晾干后，使用240目左右的灰条轻轻打磨漆碗。随后，将蘸漆糊粘贴麻布-晾干-打磨的步骤重复约3～4遍。整个夹纻工序总共需要粘贴的麻布不少于10张，这样做的胎底才会更结实，不易开裂或形变。

⑮ 完成上述工序的漆碗，边缘难免有多出的麻布，需用刀裁切整齐。

调灰漆，取等量水、细瓦灰和生漆混合，调拌均匀，呈稀糨糊状。

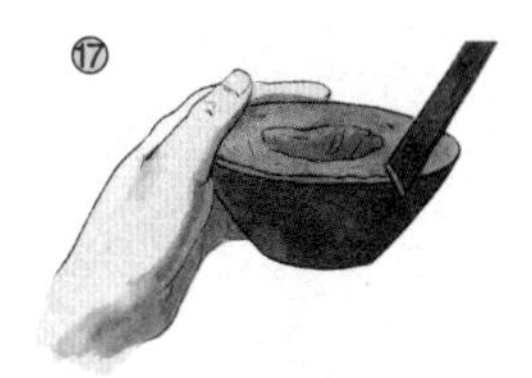

蘸取灰漆，均匀涂抹在模子外侧，即麻布重叠的碗沿处。这一步旨在防止脱模时有水渗入麻布缝隙。碗沿髹涂好灰漆后，放入荫房晾干。

将晾干后的模子置于水中浸泡约一天，这一步是便于刮除陶土。

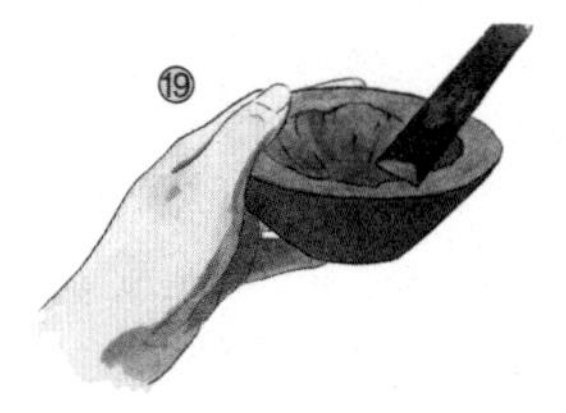

刮净陶土，将素胎洗净，放置在常温状态下晾干。

将素胎的边缘修切整齐。

素胎碗内、外均用灰条打磨平整。

调灰漆，取等量水、生漆和少量细瓦灰调匀，制成流动性更强的灰漆。

用刮刀将灰漆在素胎上均匀薄刮一层，以平滑器表。内、外和口沿处都要涂抹，涂好后，放入荫房待干。

调制更细的灰漆，取等量水、生漆和黄土细粉调匀。

用刮刀将细灰漆在素胎上均匀薄刮一层，进一步平整器表。

素胎干固后，使用180目左右的灰条整体均匀打磨平滑，不要有遗漏。打磨好后，素胎用棉布擦净。

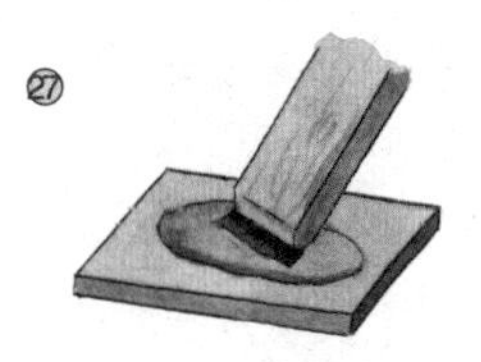

生漆中加入少量樟脑油作稀释，调制出流平性更好的漆液。

蘸取漆液全面髹涂素胎，这一步是为了封固灰漆做的地子。髹涂完毕，放入荫房内待干。

漆层干固后，使用180目左右的炭条整体打磨素胎。

一个脱胎的漆碗素胎就制成了。

【译文】第四遍灰漆要厚薄适中。

【黄文】第五次起线缘[1]。

【注释】〔1〕起线缘：挑起布漆的线口。

【译文】上第五遍灰漆时，要用起线挑做出器物的线缘。

【扬注】蜃窗[1]边棱为线缘或界绒者，于细灰磨了后，有以起线挑堆起者，有以法灰漆为缕粘络者。

【注释】〔1〕蜃窗：意为用大蛤壳磨薄后镶嵌以透明的窗子。清·和邦额《夜谭随录·韩樾子》："闺中位置，精奇雅洁，又为改观。几案皆檀楠，炉瓶悉金玉，北设钿榻，南列蜃窗，东壁悬古画，西壁悬合欢图也。"

【译文】要做出像窗户边缘的线缘或者边界轮廓，就要在细灰漆经过细磨后，有的用起线挑在边界堆成，有的用法灰漆搓成细条后粘上去制成。

【黄文】糙漆，以之实垸，腠[1]滑灰面，其法如左。糙毕而加䰍漆为文饰，器全成焉。

【注释】〔1〕腠（còu）：意为皮肤、肌肉的纹理。

【译文】糙漆，是为了让底漆结实坚固，让漆面像肌肤一样光滑，具体做法见下文。糙漆做完后，再进行漆面髹涂和装饰，器物就做成了。

【黄文】第一次灰糙。

【译文】第一遍上糙漆在灰漆上进行。

【扬注】要良厚而磨宜正平。

【译文】糙漆要厚实，打磨出来要平整。

【黄文】第二次生漆糙。

【译文】第二遍糙漆要用生漆。

【扬注】要薄而均。

【译文】这一遍要薄而均匀。

【黄文】第三次煎糙[1]。

【注释】[1]煎糙：漆液的一种，这种漆是由生漆加料煎制而成的无油透明漆。《太古遗音·糙法》记载煎糙配制方法为："生漆半斤，先下火煎数沸，入焰硝一分，以文武火煎四五食时，用柳枝搅起视其色光焰为度，倾入瓷器内，以纸覆之，入地窟三宿取出，以绵滤过三五次。"

【译文】第三遍糙漆要用煎糙漆。

【扬注】要不为皱皵。右三糙者，古法，而髹琴必用之。今造器皿者，一次用生漆糙，二次用曜糙[1]而

◎清

髹漆工艺的使用至清代更繁盛，并逐步形成了不同的地域特点和制作中心，如精致繁复的北京雕漆、光华夺目的扬州螺钿、新颖轻巧的福建脱胎等。在宫廷，继明代果园厂后设立造办处漆作，以满足皇家所需。漆器工艺也得到了新发展，尤其在描金、螺钿、款彩、镶嵌等方面，新的技法多有出现。

清代漆器做工纤巧，流于匠气，艺术格调整体不高，漆器装饰手法无论在实用性，还是与器物的协调性上都大有不足。道光、咸丰时期以后，漆艺更是开始走向衰替。

髹饰

通体髹朱漆，朱漆地上髹涂黑漆数层，上雕黑漆花纹。

图案

盘心饰盛开的牡丹花图案一朵，四周饰枝叶相衬；盘边围饰凤鸟四只、小牡丹花五朵，四只凤鸟形态各不相同，在花叶间穿梭飞翔。盘边饰折枝牡丹花纹，圈足为回纹。

剔黑牡丹凤纹盘

（径31.8厘米）

螺钿加金片人物故事图葵花式盒

彩漆描金葵瓣式盘

铜胎嵌螺钿花卉纹盘

描金彩漆锦袱纹长方盒

包袱式盒，包袱皮为灰漆雕成，其上髹银灰色漆，用黄、红、灰等色漆描饰花朵纹、“寿”字及龟背锦纹，制成锦缎效果。形如包袱袒露之处的盒盖四角，髹黑漆作地，其上描金饰佛手、石榴、寿桃图案，寓意多福、多子、多寿。

剔红文会图提匣

内髹黑漆，外剔红髹饰。提匣的门，一面雕剔兰亭雅集图，一面雕剔竹林七贤图；提匣两侧面雕剔山水人物图；顶盖雕剔山水动物图案。

造办处御制铜胎剔红云龙纹大盘

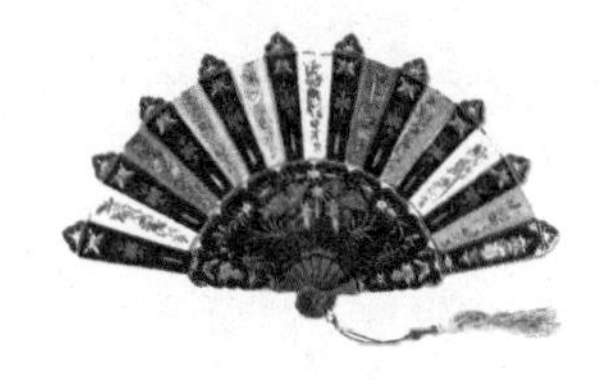

黑漆描金纸面折扇

乾隆年间，极具异国情调的洒金漆折扇从广州源源不断地外销至欧洲市场。以上折扇扇骨多为木质、竹质，扇面大多用漆地描金手法髹饰庭院人物故事图。

描金彩绘戏曲故事图盘

雄鸡图百宝嵌漆沙砚盒

螺钿游春图帽盒

黑漆嵌螺钿百鹤桃形捧盒

止。又者赤糙、黄糙，又细灰后以生漆擦之代一次糙者，肉愈薄也。

【注释】〔1〕曜糙：用精制漆调和乌鸡蛋清做的一种漆液。《太古·音·糙法》记载的曜糙配制方法为："以上等生漆入乌鸡子清用，漆工谓之曜糙，取有肉也。"

【译文】上糙漆要漆面没有褶皱和漆面断痕。前文所列的三种糙漆方法，都是古法，在用漆器制作古琴时是必须使用的。现在制作器皿，一般第一遍用生漆，第二遍用曜糙漆上糙就可以了。还有用红色、黄色漆液进行糙漆的做法，也有用生漆轻搽代替第一遍糙漆的做法，那样做出来的糙漆漆面会很薄。

【黄文】漆际，素器贮水、书匣防湿等用之。

【译文】漆际，就是在器物的边口进行髹涂的一种工艺。普通的器物用来盛水，或者书匣等需要防潮的器物都需要髹涂边口。

【扬注】今市上所售器，漆际者多不和斮絮，唯垸际漆界者，易解脱也。

【译文】现在市面上卖的漆器，很多器物的边口都没有用法絮漆修整，只是用法灰漆处理，这样，器物的边口会很容易损坏脱落。

尚古第十八

【扬注】一篇之大尾。名尚古者，盖黄氏之意在于斯。故此书总论成饰而不载造法，所以温古知新也。

【译文】这一章是全篇的重要收尾。将这一章命名为“尚古”，也正是黄成著书的用意所在。所以，本书总的来说都是在讲怎么进行髹饰，而不去讲具体的制作方法，其目的全在通过温习古代的器物和髹饰而启发漆器制作的新意。

【黄文】断纹。髹器历年愈久，而断纹愈生，是出于人工而成于天工者也。古琴有梅花断〔1〕，有则宝之；有蛇腹断〔2〕，次之；有牛毛断〔3〕，又次之。他器多牛毛断。又有冰裂断〔4〕、龟纹断〔5〕、乱丝断〔6〕、荷叶断〔7〕、縠纹断〔8〕。凡揩光牢固者，多疏断〔9〕；稀漆脆、虚者，多细断，且易浮起，不足珍赏焉。

【注释】〔1〕梅花断：是漆器表面出现断裂纹的一种，其形状如圆而攒簇如梅花圈瓣。古琴通常没有通体梅花断者，只要琴身某些部位有，就算是梅花断琴。

〔2〕蛇腹断：是指漆器表面出现断裂纹的一种，其特征为“断纹较长，节节相似，如蛇腹下纹”。据南宋赵希鹄《洞天清录集》记载，漆器断纹有梅花断、牛毛断、蛇腹断、冰裂断等多种，其中蛇腹断最为常见。

〔3〕牛毛断：是指漆器表面出现断裂纹的一种，其纹路细密繁多有如牛毛发丝，多见于琴体两侧。其纹多呈横向，且近岳山处较少见。一般漆灰较薄而坚实的琴，多生此断。一般漆器亦可见牛毛断

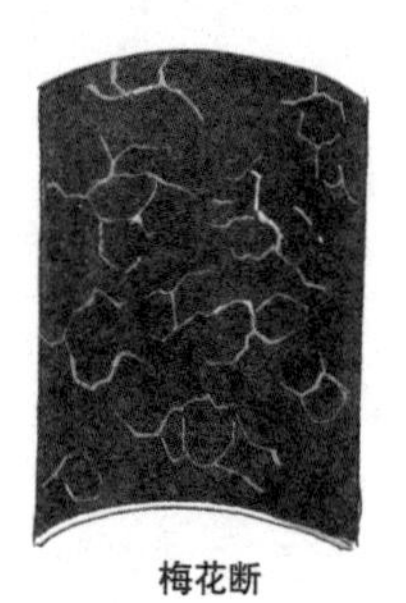
梅花断

圆形而攒簇梅花瓣的裂纹称梅花断。琴通体梅花断的几乎没有，只在琴身某一部位有一些梅花断的，就算梅花断琴了。

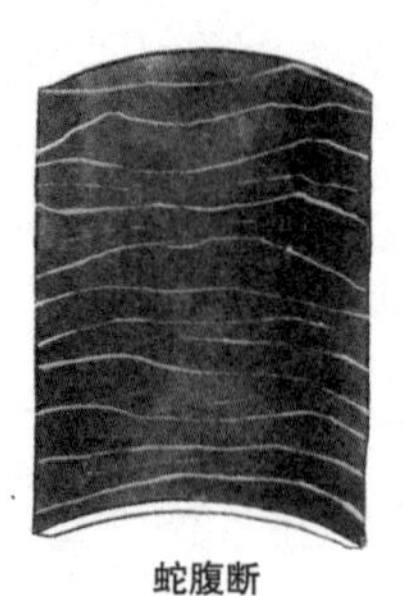
蛇腹断

长条而平行、犹如蛇腹部横纹形状的裂纹，称蛇腹断，有时因断纹疏密不同，又有大蛇腹、小蛇腹之别。通常漆灰较厚的古琴多蛇腹断，且容易浮起脱落。

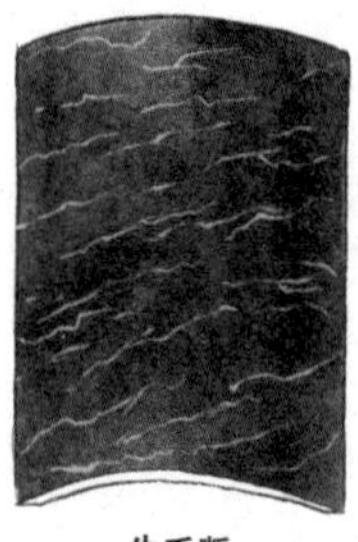
牛毛断

细密如牛毛的断纹称牛毛断，通常漆灰较薄且坚实的古琴多有此断纹。牛毛断不限于古琴，其他漆器上也常有，所以不是很珍贵。

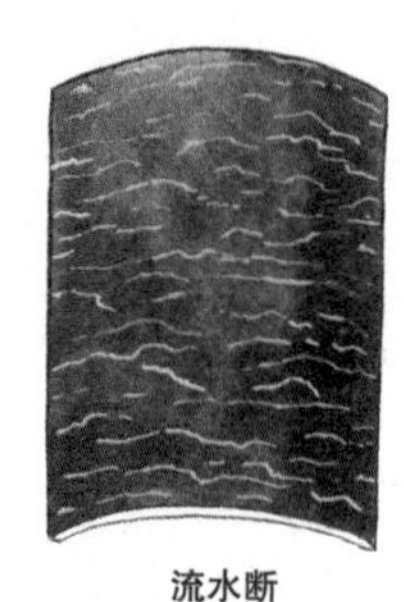
流水断

流水断的形态与蛇腹断相近，但裂纹不平行，近似起伏的波澜。

□ **断纹**

漆器历年久了，胎骨与漆层涨缩不一，就会生出断纹。鉴赏家，尤其是古琴家不但不视之为漆器的毛病，反而以断纹为贵。

纹。明琴常见牛毛断。

〔4〕冰裂断：漆器表面的一种断纹，纹片如冰破裂，裂片层叠，有立体感，故名。

〔5〕龟纹断：漆器表面的一种断纹，纹面如龟背的纹理一般，呈有角的块状，故名。

〔6〕乱丝断：漆器表面的一种断纹，纹面只有纵向或横向纹理，纹路之间极少交叉，如乱丝状，故名。

〔7〕荷叶断：漆器表面的一种断纹，形似荷叶的纹理，故名。

〔8〕縠（hú）纹断：縠，意思是绉纱似的皱纹，常用以喻水的波纹。此处指漆器表面的一种断纹，纹面呈细小的水波状，故名。

〔9〕疏断：指揩光过的漆器，上面出现的稀疏断纹。

【译文】断纹。漆器经过的年代久了，漆面会生出更多断纹，这些断纹是在人工制作的漆器上，由时间的力量促生的。古琴如果出现梅花一样的断纹，那么这架琴就将更宝贵；出现蛇肚上的纹理一样的断纹，会次一些；出现牛毛一样的断纹，就更次了。其他漆器，很多都会出现牛毛断。另外，还有冰裂断、龟纹断、乱丝断、荷叶断、縠纹断等各式的断纹。只要是经过揩光的器物，漆面都较为牢固，断纹就会很疏少。用较稀的面漆做成的器物，漆面会很脆，断纹会比较细密，而且容易浮起，不值得珍藏玩赏。

【扬注】又有诸断交出；或一旁生彼，一旁生是；或每面为众断者：天工苟不可穷也。

【译文】也有各种断纹同时出现的，要么在一种断纹的边上生出另一种断纹，或生出同样的两种断纹。要么在一个漆面生出多种断纹。这都是时间的力量，真是变化无穷啊！

【黄文】补缀。补古器之缺，剥击痕尤难焉，漆之新古、色之明暗相当，为妙。又修缀失其缺片者，随其痕而上画云气，黑髹以赤、朱漆以黄之类，如此，五色金钿，互异其色而不掩痕迹，却有雅趣也。

【译文】补缀。对残缺的古代漆器进行修复，最难的是做出古器上剥落或磕碰的痕迹。漆液的新旧、漆色的明暗都要做得和古器相当才妙。还有就是修补已经脱落了漆片的古器，应根据脱落部分的痕迹，画上云彩等图案，在黑漆上用红漆描画，在红漆上用黄漆描画，这样色漆和金钿的颜色才会差异很大，相映成趣。如此，反而看不出修补的痕迹了，却也是一种雅趣。

【扬注】补缀古器，令缝痕不觉者，可巧手以继拙作，不可庸工以当精制，此以其难可知。又补处为云气者，盖好事家效祭器[1]，画云气者作之，今玩赏家呼之曰“云缀”。

【注释】〔1〕祭器：祭祀时所陈设的各种器具。《礼记·王制》：“祭器未成，不造燕器。”《战国策·齐策四》：“愿请先王之祭器，立宗庙于薛。”《史记·张仪列传》：“出兵函谷而毋伐，以临周，祭器必出。”司马贞索隐：“凡王者大祭祀必陈设文物轩车彝器等，因谓此等为祭器也。”《资治通鉴·后周世宗显德四年》：“庚午，诏有司更造祭器、祭玉等。”

【译文】修补古器，要让人看不出修补的痕迹，只能让高手去修补质感一般的作品，而不能让学艺不精的工匠去修补精良的大作，就此可以想见修补古器的难度之大。另外，在要修补的地方描绘云纹的做法，是因为有人仿效制作了古代祭器上的云纹，现在的漆器收藏家和赏玩者将这一修补方式称为“云缀”。

【黄文】仿效。模拟历代古器及宋、元名匠所造，或诸夷[1]、倭制等者，以其不易得，为好古之士备玩赏耳，非为卖骨董[2]者之欺人贪价者作也。凡仿效之所巧，不必要形似，唯得古人之巧趣与土风之所以然为主。然后考历岁之远近，而设骨剥、断纹及去油漆之气也。

【注释】〔1〕夷：原指中国古代称东方的民族，也泛称周边的民族。《论语·子罕》：“子欲居九夷。”

〔2〕骨董：同古董。古董、古玩的旧称。

【译文】仿效。是指仿效历朝历代的古器，以及宋代、元代著名工匠的作品，或者仿效少数民族漆器或日本漆器。这是因为那些漆器不容易得到，仿制出来是为了给好古的人赏玩的，而不是卖给古董商供其高价欺骗世人之用。凡是仿效得好的，不必追求形似，只要与当时古人的意趣和风尚贴近就可以了。然后，考证器物年代的远近，再据以模拟漆面的保存情况、断纹，配置油彩、漆液的感觉。

【扬注】要文饰全不异本器，则须印模后，熟视而施色。如雕镂识款，则蜡、墨干打之，依纸背而印模，俱不失毫厘。然而有款者模之，则当款旁复加一款曰：“某姓名仿造。”

【译文】要做到纹样、装饰与古器一模一样，就必须配合模具拓印的方式制作，将需要仿效的器物完全看懂再调漆上色。像雕刻图案款识等，则用蜡或者墨拓下纹样后，依据拓片背面制作纹饰，这样仿效做出来的漆器，就会分毫不差。但是，模仿有作者落款的器物，就应该在仿品的原作者落款边，再加一个款，上写“某姓名仿造”的字样。

古琴的式样、结构、制法与髹漆

古琴，又名瑶琴、玉琴、七弦琴，是漆器中最为特殊的一个门类。《礼记》有记载“舜作五弦之琴，以歌南风”，可知琴的出现不晚于尧舜时期。《诗经》中有“我有嘉宾，鼓瑟鼓琴”“椅桐梓漆，爰伐琴桑”“琴瑟在御，莫不静好”……足以证明早在周朝，弹奏古琴就已是一件相当普遍的事情了。

古琴的样式，就其命名而言大致可分二种：一种以人名命名，如仲尼式、伏羲式、神农式、师旷式、子期式等；一种以物象命名，如蕉叶式、正合式、凤势式、连珠式等。此外，同一样式在不同朝代也会有细微的变化，比如唐代的伏羲式和连珠式，面底较圆，肩腰转折弧度较大，宋元时则面弧底平、肩腰转折处棱角分明，明代则面底宽扁；仲尼式在南宋以前琴体偏厚、肩垂而阔，南宋以来则琴底渐薄、肩耸而狭等。斫琴师正是根据木材的大小、性状，结合天时、地气和主观审美，融合创造出众多琴式。

古琴的髹漆不仅推动了部分漆艺技法的发展和形成，还拓宽了漆艺制作的范围和领域，例如唐代的螺钿平脱技法应用在制琴上，丰富了漆艺技法的语言；宋代的素髹工艺以漆液自身的独特性状，彰显古人的高雅。

古琴的式样

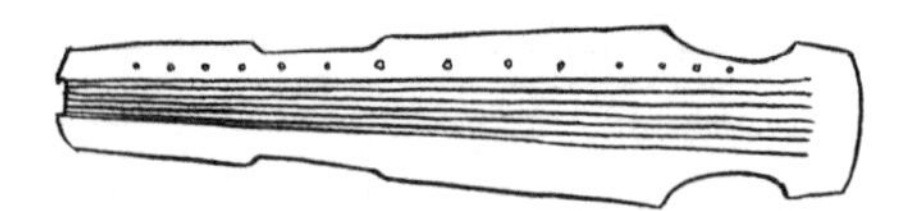

仲尼式

是历代古琴中存世最多的一种样式。外形大方，只在琴体的头部和腰部有两对内凹的线条。

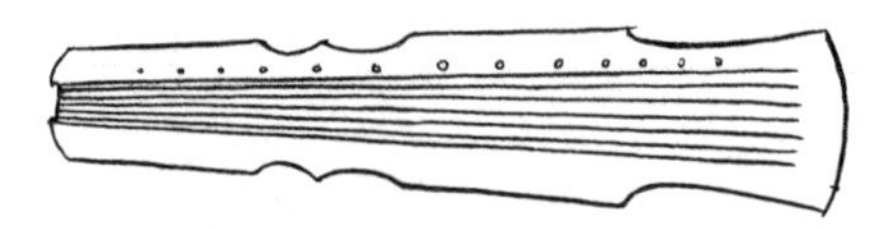

伏羲式

是最早的古琴“九霄环佩”样式。其琴首微圆，琴腰为内收双连弧形，整体上阔下窄。

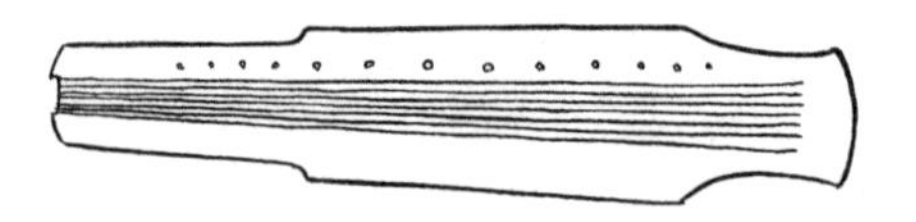

神农式

也是一种较为古远的样式，其形制与伏羲式非常接近，只是在琴的下部起弯处少了一个弯，即只有一个弯，其琴的上部从琴肩部位起弯直接连到琴头。

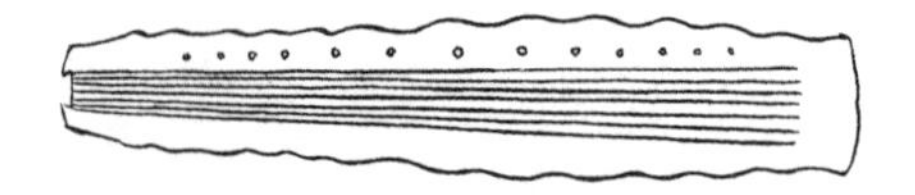

落霞式

为明以后才出现的一种样式。琴的两侧对称地分布有如波浪起伏的弧线，整个琴体如同天空中的一抹晚霞。

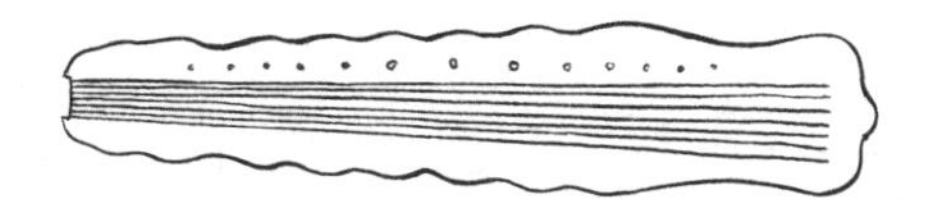

蕉叶式

式如其名，琴体似一片芭蕉叶，是众多样式中较难斫成的一种。其样式不仅在琴体两侧有变化，而且为仿蕉叶的茎，琴额中央会刻一长条浅沟，琴面的边缘及琴两侧也模拟蕉叶的起伏而设计，琴身变化多，非常费工。

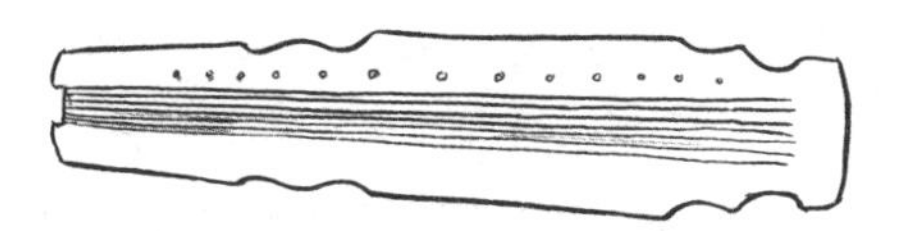

霹雳式

始创于唐朝，柳宗元《霹雳琴赞引》载“霹雳琴……震馀枯桐之为也”，所以称霹雳式。其颈和腰部都呈内收的两半月形，琴腰两半月形相连处凸出的弧度比较大，呈圆峰形，内收的半月形短且深。

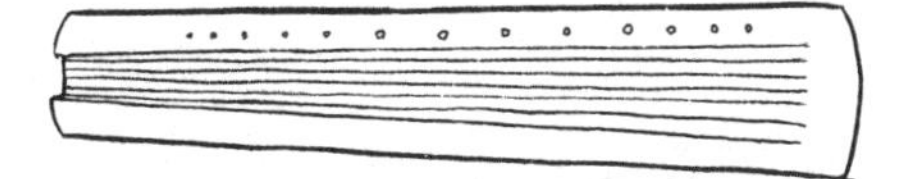

正合式

最为素简的一种古琴样式。其琴首、颈、肩、腰等处，一线直下，不做变化。自明清后，古琴样式日趋华丽繁琐，正合式传世量很少。

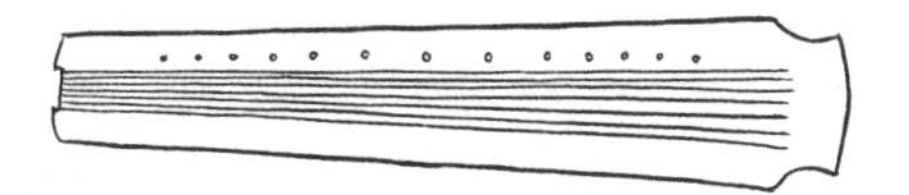

绿绮式

“绿绮”本是汉代文学家司马相如所弹之琴的琴名，后来演变为一种样式。绿绮式琴体仅在琴项处做内收，形成短弧。

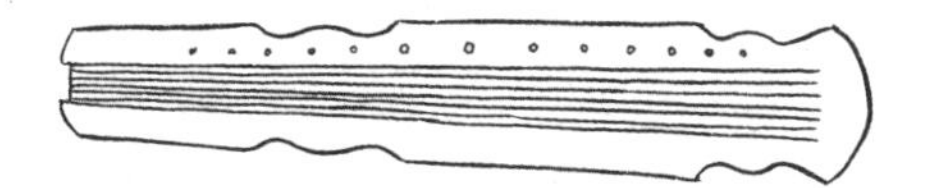

凤势式

与霹雳式相近，只是凤势式琴腹内收双连线较浅且长，琴腰两半月形相交处是尖峰，而非圆峰。

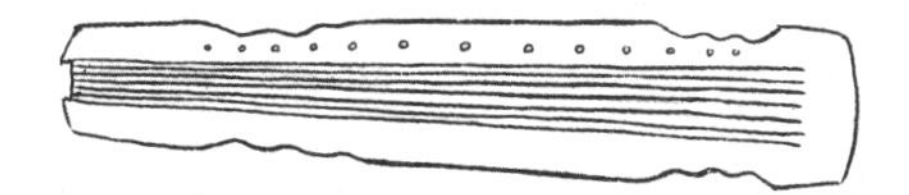

连珠式

相传为隋代逸士李疑所创。其琴首方形，琴颈、琴腰处两侧各作三个内收的半月形，远观像双珠相连，所以称连珠式。

古琴的结构

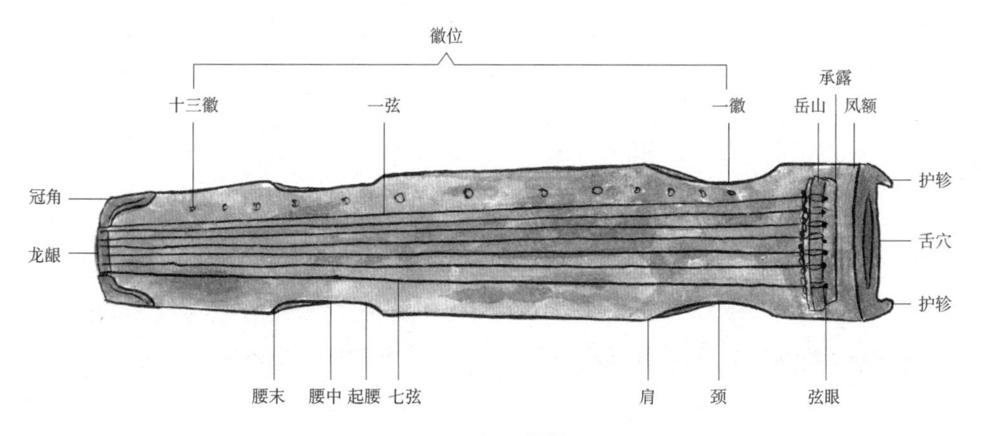

面板

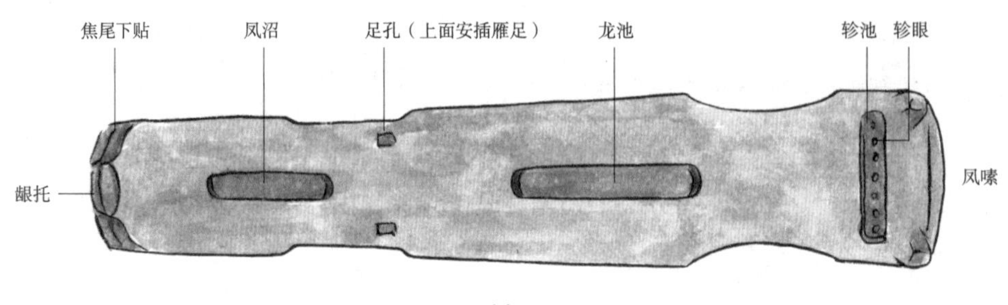

底板

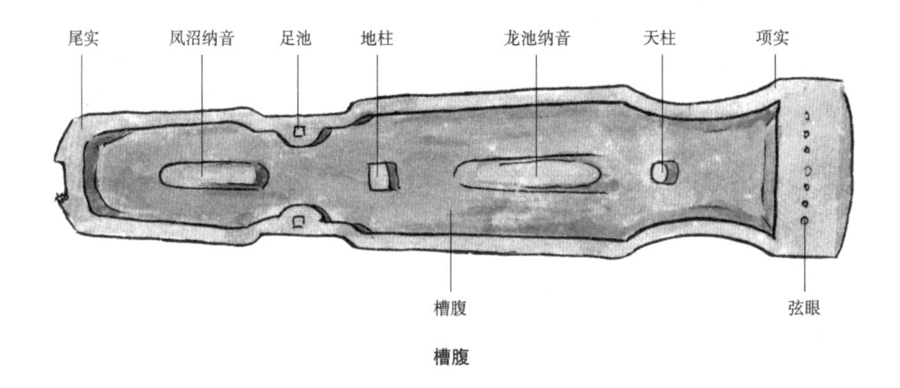

槽腹

古琴的制法与髹漆

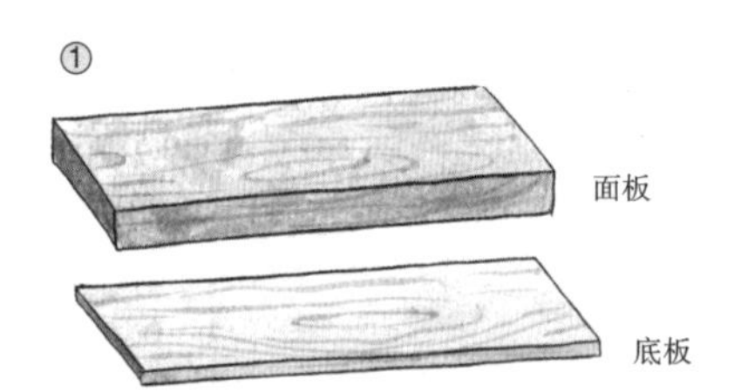

选材。选稍厚的木料和稍薄的木料各一块，稍厚的木料作琴的面板，稍薄的木料作琴的底板。古琴通常选用放置多年的老木，一般是杉木、梓木、梧桐等木质松透、不易开裂的木材。

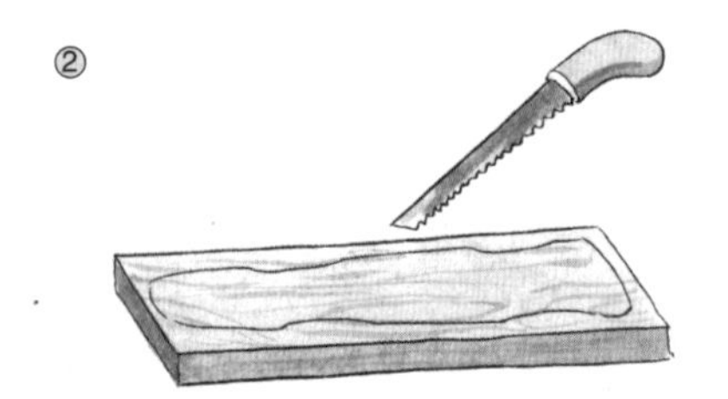

设计琴样。在用作面板的厚木板上定好琴的样式，此为仲尼式。勾画好轮廓后，用手锯将面板的琴胎锯出。

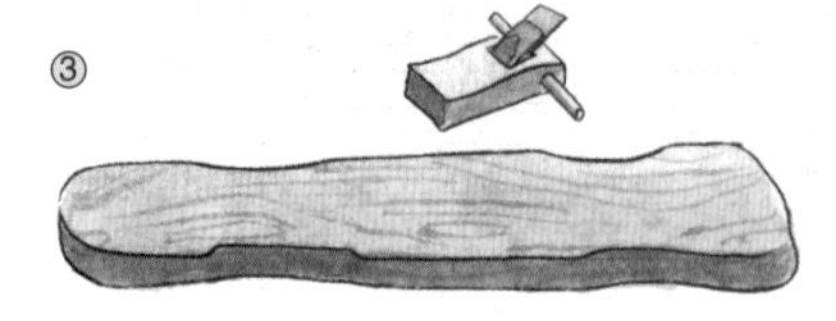

刨削琴胎。用刨子刨出琴的弧面，也可以对锯得不到位的地方稍作修整。

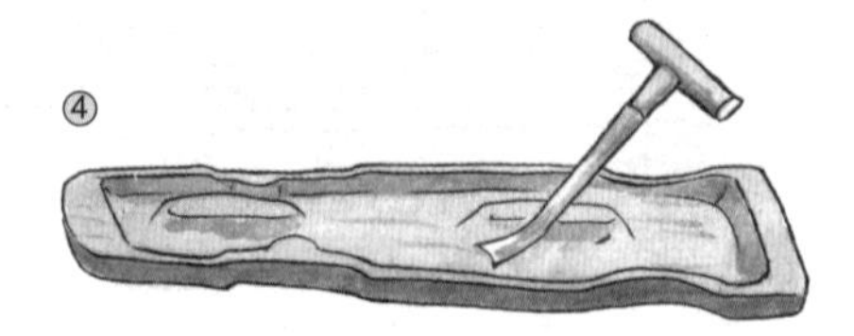

挖槽腹。翻转面板，用凿子在面板背面初步挖出槽腹。

⑤

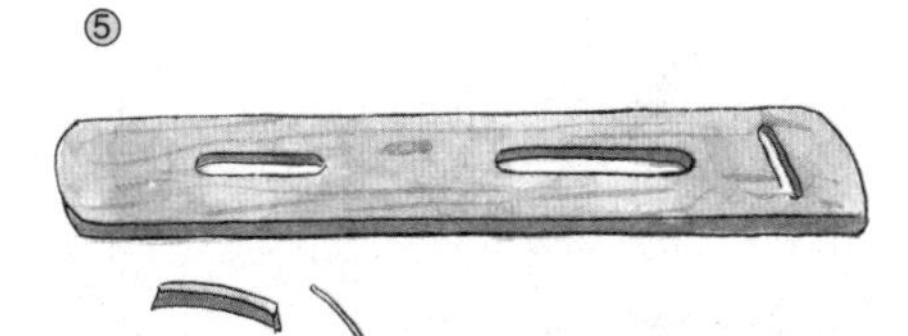

准备一块临时的底板，临时岳山以及临时龙龈，这是给琴做初步校音所用。将初步制好的琴面板与临时的底板与岳山、龙龈暂时拼装。

⑥

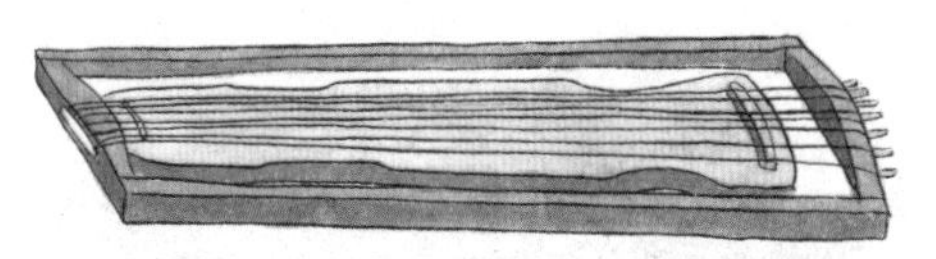

架装琴绷。在暂时拼装好的琴上架装试音用的琴绷，弹奏琴绷的弦，进行校音。琴绷是在古琴还未成型时所用的辅助工具。

⑦

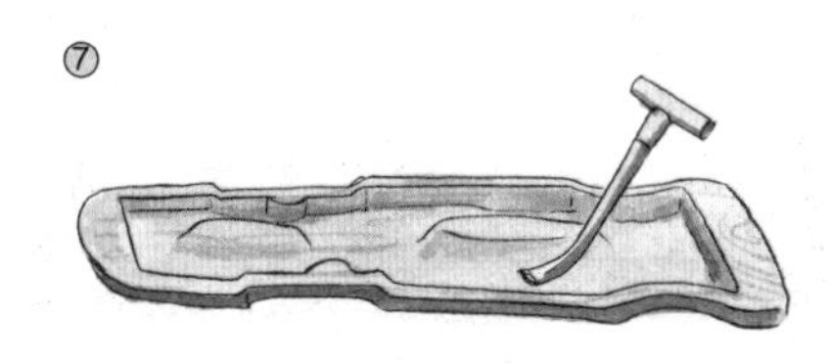

调整槽腹。根据校音的情况用凿子再次调整初步挖制的槽腹，调整完毕，在龙池周围的纳音处签刻上斫琴师的姓名、制琴时间和地点。

⑧

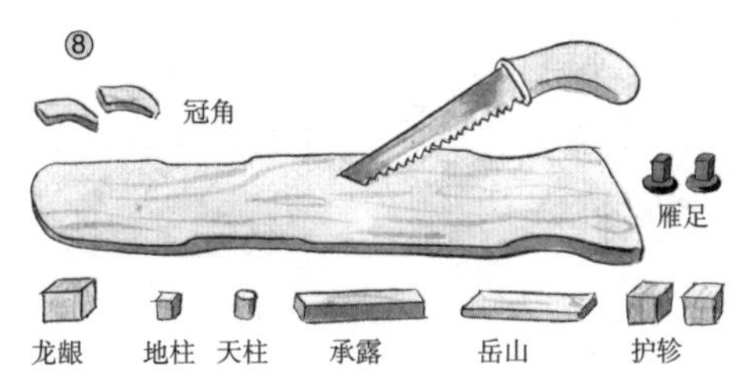

制作底板和配件。在用作底板的薄木板上描画并锯出底板，另用边角料锯、锉、打磨出冠角、龙龈、地柱、天柱、承露、岳山、护轸等配件。另准备一对雁足，雁足位于琴腰底部，起到固定琴身的作用，是琴的支柱。因其易受损，所以琴的雁足大多是用硬木材或石料、玉料等提前制好。

⑨

调制漆糊。生漆中加入适量面粉调拌均匀，调至糨糊状。生漆中加入面粉，能够使漆液自身的黏性更强。

⑩

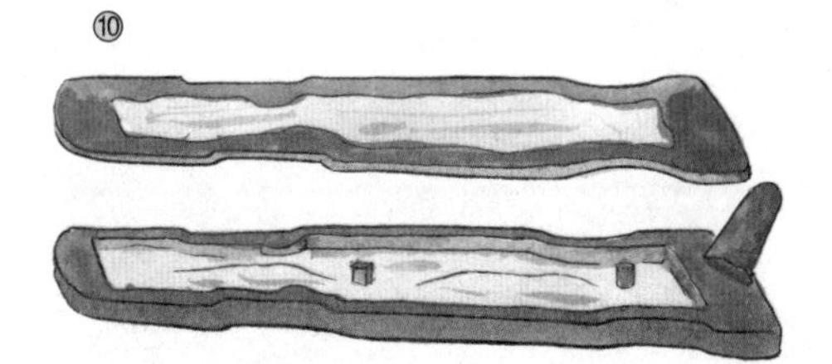

合板。蘸取漆糊，粘贴槽腹中的天柱和地柱。再在面板和底板的拼合处均匀刮涂一层漆糊，随后拼合面板和底板。

⑪

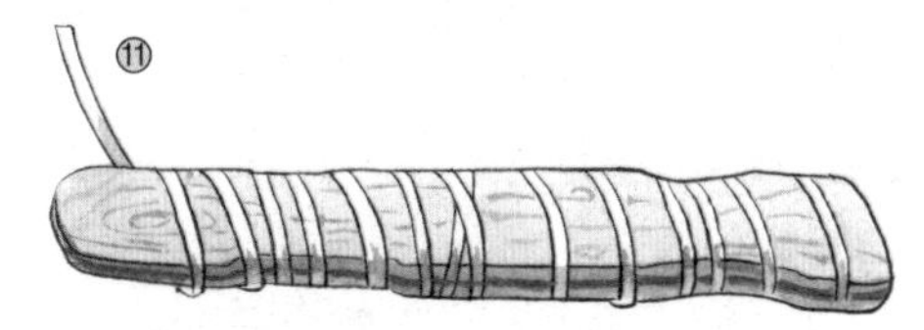

合板后，在琴胎外绑绕棉布或麻布条，能够使面板和底板拼合得更紧实。

⑫

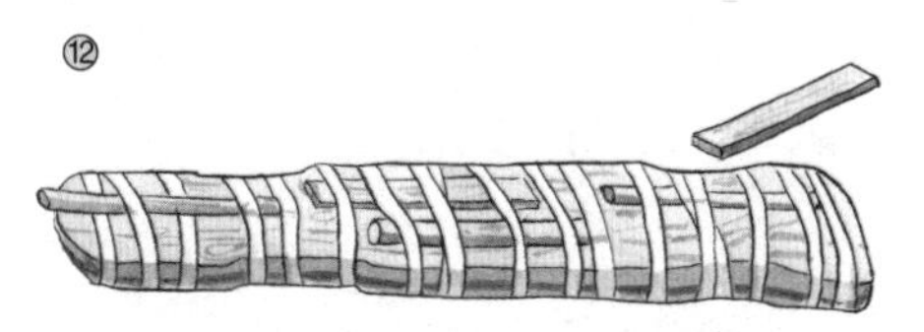

随后，在布条中插入一些木料的边角料，可以进一步增强两块板的黏合强度。

⑬

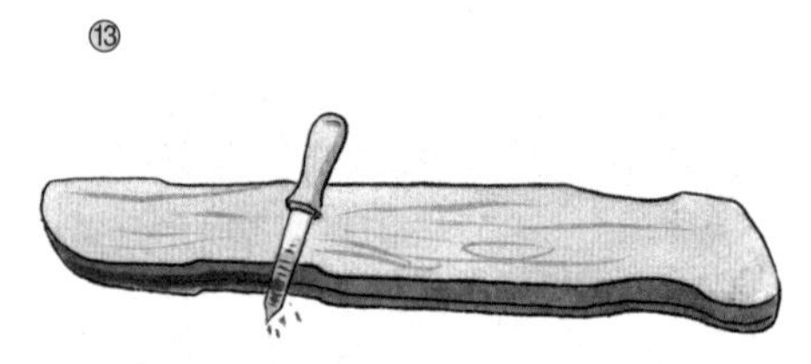

待漆糊干固后，解下布条，给琴胎松绑。合缝处难免有受挤压溢出的漆糊，需用锉刀磋磨修整。

⑭

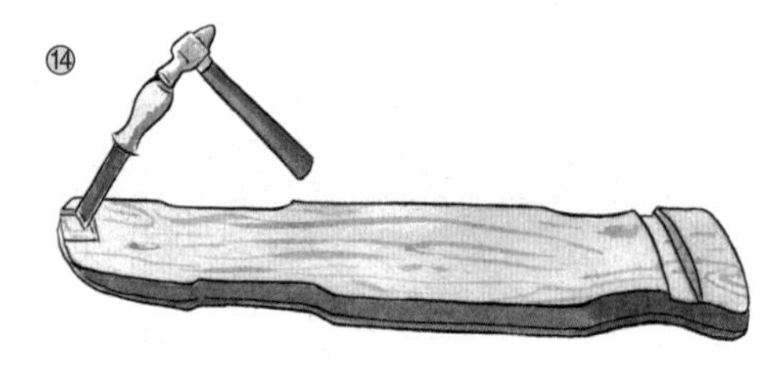

在面板上凿出琴的岳山、承露、龙龈的位置。有了岳山和龙龈，就可以定出琴的有效弦长，即能发声的弦长。

⑮

翻转琴胎，在底板上琴头的左右两侧凿出护轸的位置。

⑯

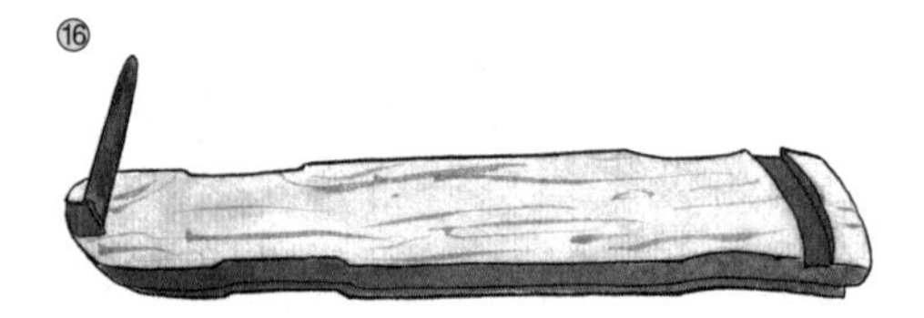

调制漆糊，在开凿的部位刮涂漆糊。

⑰

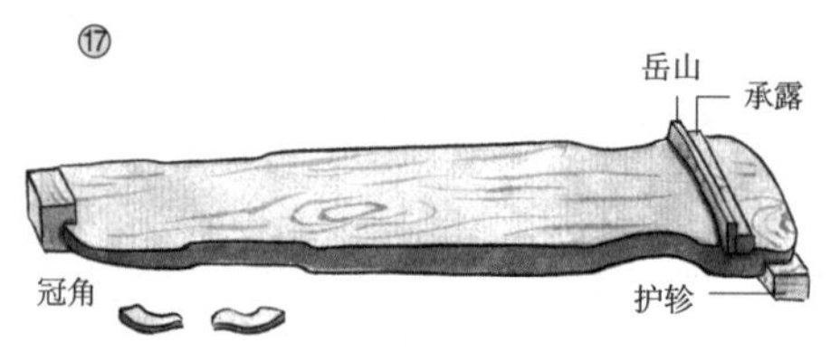

黏合安装冠角、龙龈、承露、岳山和护轸。

⑱

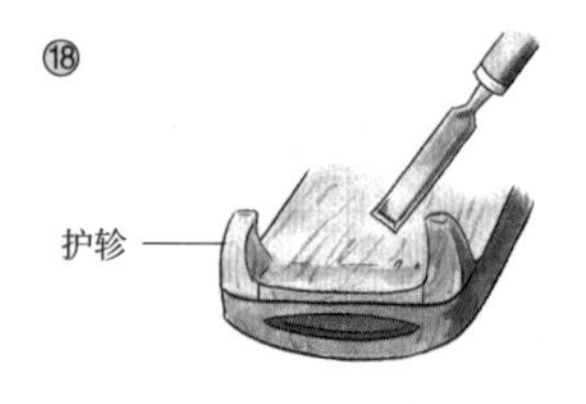

待漆糊干固后，用凿刀凿开琴的舌穴。用锉刀和刨子等对琴体及各部件的形状进行精细修整，护轸需修整成圆润的弧柱体。

⑲

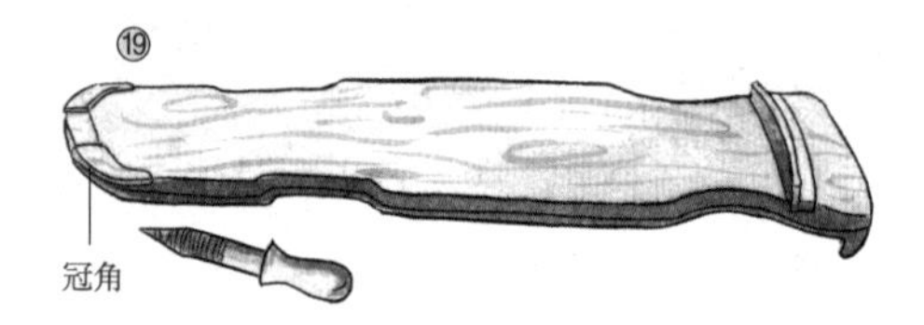

安装冠角，根据龙龈调整冠角的形状，并进一步修整琴胎和各部的配件。

⑳

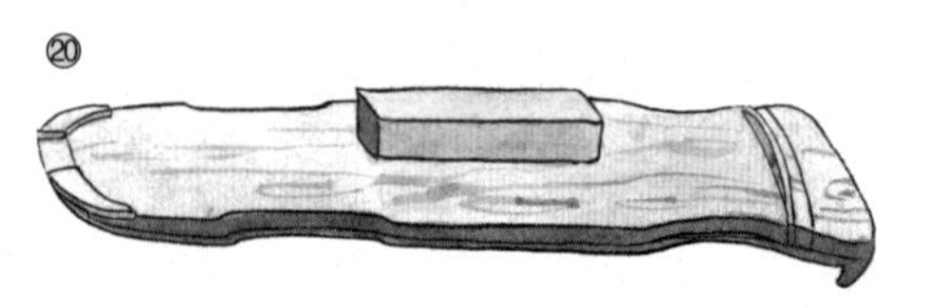

打磨。用大块且平直的灰条打磨琴胎，这里不需要加水打磨，以免水分渗透进木料导致琴体受潮变形。

㉑

调制漆糊。生漆中加入适量面粉调拌均匀，漆糊可以稍稀一些。

㉒

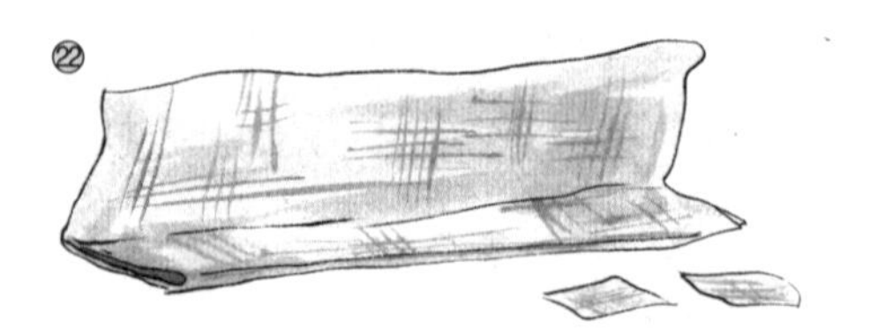

准备一张大于琴体的麻布和几块稍小些的麻布。在琴胎外糊裹麻布能增加琴的硬度，使琴不易受潮变形。

㉓

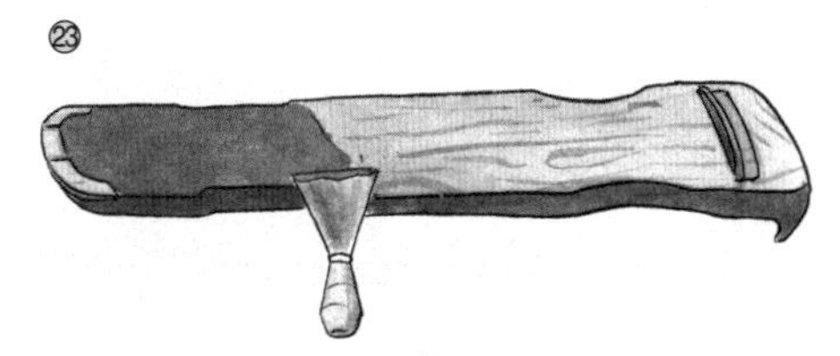

上漆糊。在琴胎上需要裹布的位置均匀刮涂一道漆糊，注意统一刮涂的方向，以免有所遗漏。

㉔

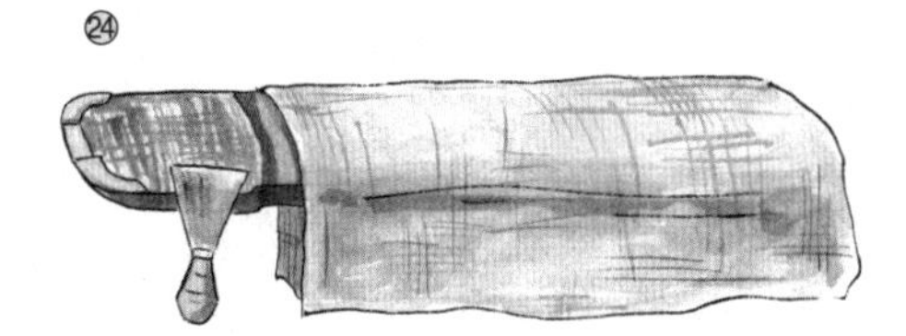

裹布。由于琴体较大，琴胎上弧形转折较多，裹布可以分区域进行。裹布时，应将麻布与琴体绷紧粘实。

㉕

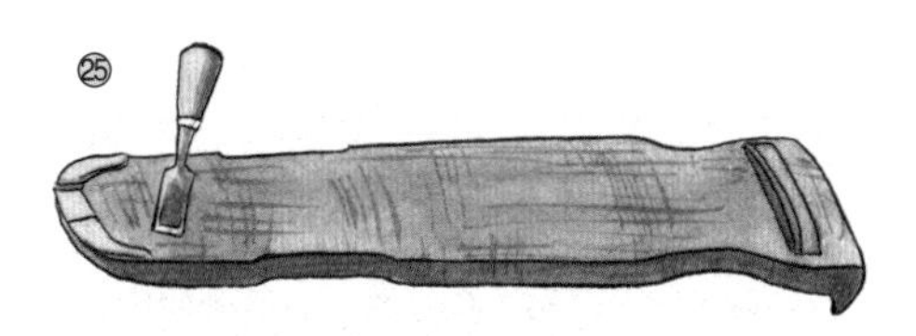

待漆糊和裹布层干固后，修整裹布，去掉布片接缝处多余的麻布。用大块且平直的灰条干磨琴胎，将琴胎打磨至平滑、没有毛刺等杂质硌手的状态。

㉖

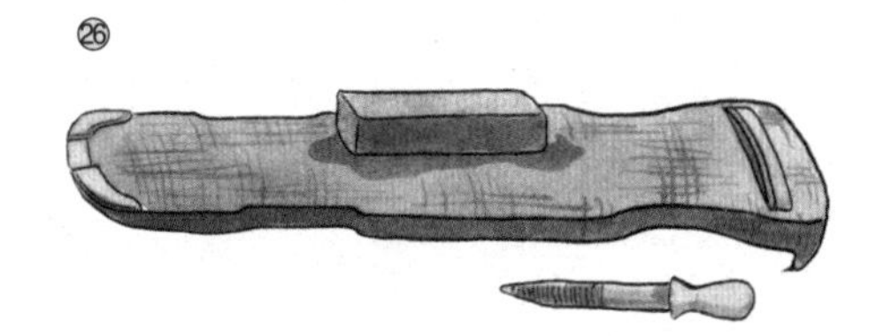

再次打磨、修整琴胎。用灰条干磨琴体，直到能看见裹布的布纹，这是为了增加琴胎与灰漆的接触面，以增强对灰漆的抓力。

㉗

调制粗灰漆。粗鹿角灰中加入适量生漆调拌均匀，调至糨糊状。古琴中多用鹿角灰代替瓦灰等制作灰漆，相比于瓦灰，鹿角灰硬度大，灰漆层不易脱落、损坏，且制出的琴发声更通透。

㉘

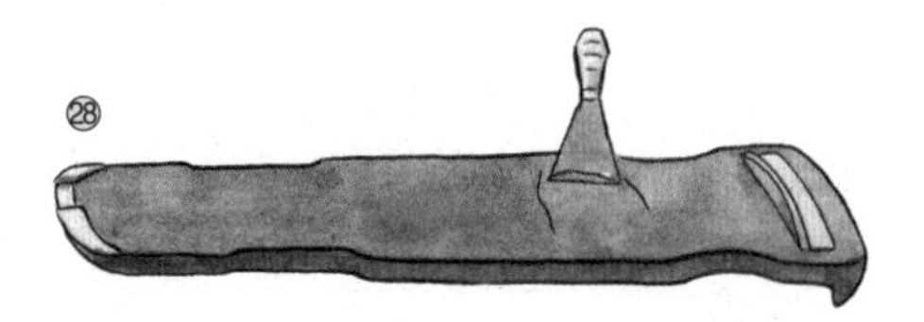

刮粗灰。第一道灰漆较粗，用以填补麻布的孔眼。

㉙

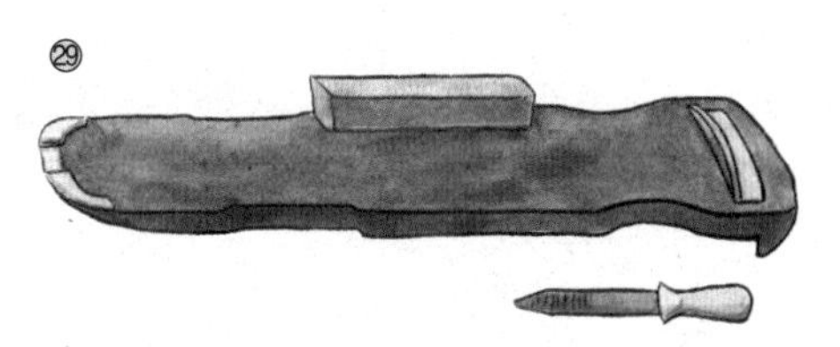

打磨。待灰漆干固后，用灰条、锉刀等干磨灰漆面，将灰漆打磨平顺。

㉚

调制中灰漆。鹿角灰中加入适量生漆调拌均匀，这次使用的鹿角灰应细于上一道使用的灰。

㉛

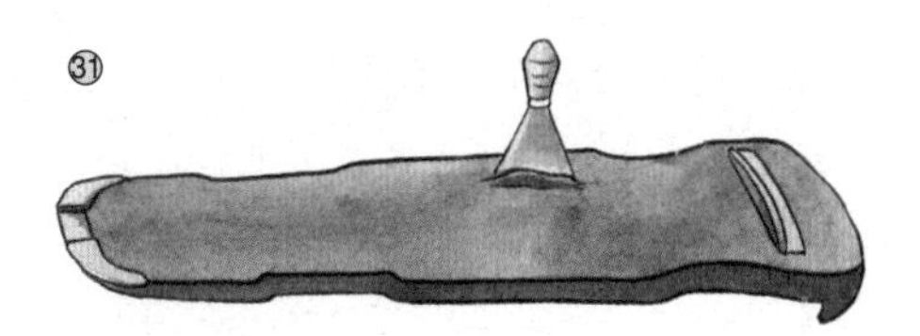

刮中灰。给琴胎均匀刮涂一道中灰漆，用以进一步填补胎地，使胎地更扎实。

㉜

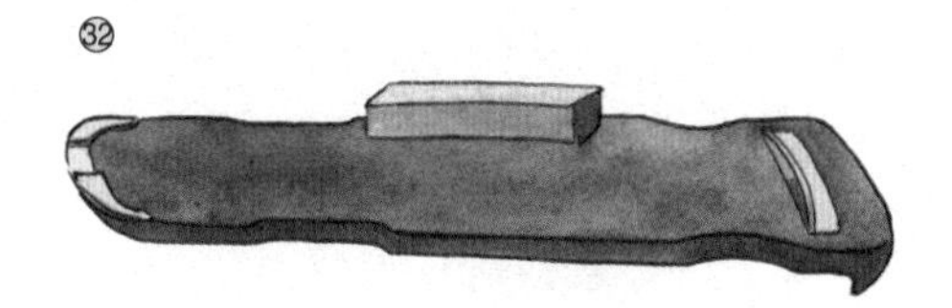

打磨。待灰漆干固后，将灰漆打磨平顺。

㉝

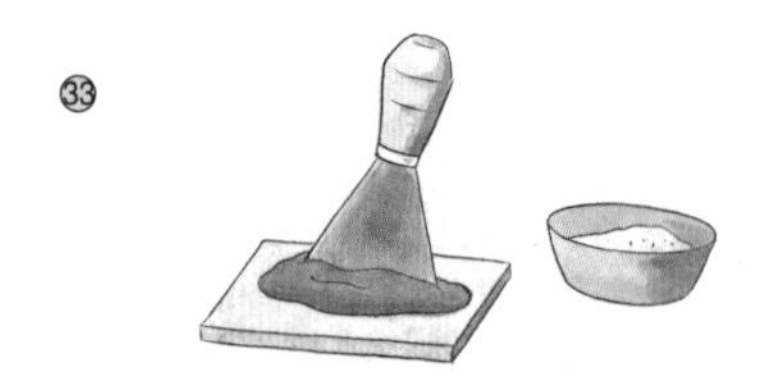

调制细灰漆。细鹿角灰中加入适量生漆调拌均匀，调至糨糊状。

㉞

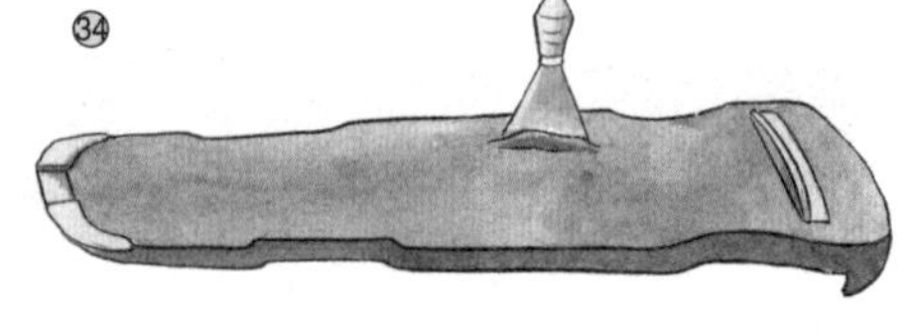

刮细灰。给琴胎均匀刮涂一道细灰漆，用以进一步填补胎地的细小缝隙。

㉟

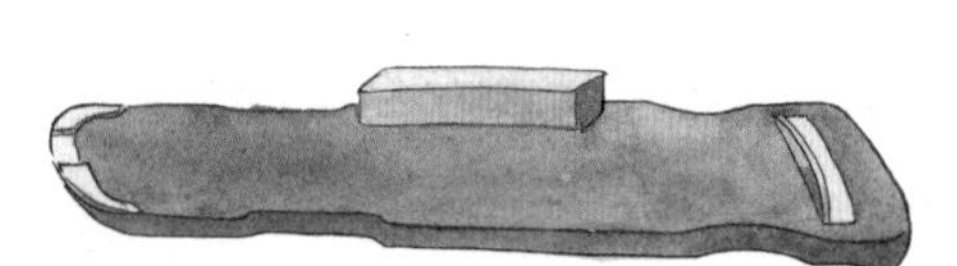

打磨。待灰漆干固后，大面积的地方使用灰条、细小的地方使用锉刀，将灰漆打磨平顺。像这样打磨-刮灰-打磨的工序可以重复三到五次不等，按琴面的平整度而定。

㊱

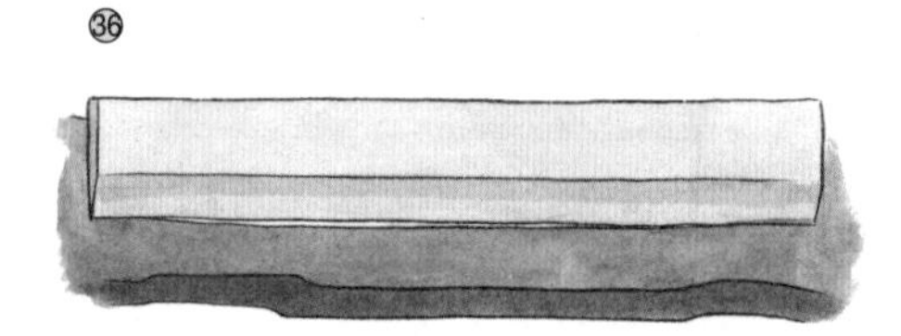

准备一把靠尺，将靠尺贴在琴面上，查看弦路是否平直或高低起伏的情况。

㊲

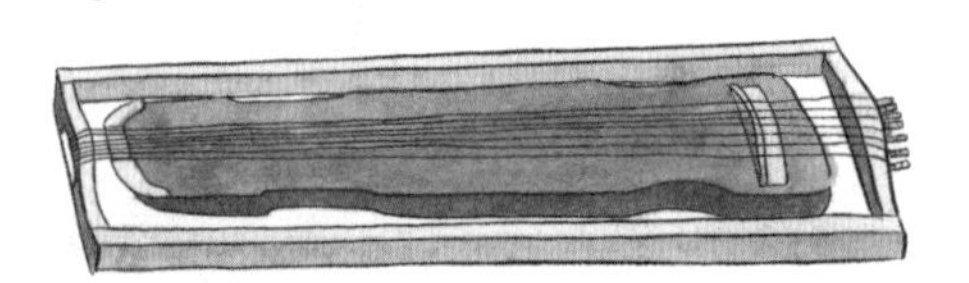

在琴上架装琴绷，弹奏琴弦。相比于原始的木胎，裹布、上灰漆后的琴难免会有形变，所以这时候需要再次校音。

㊳

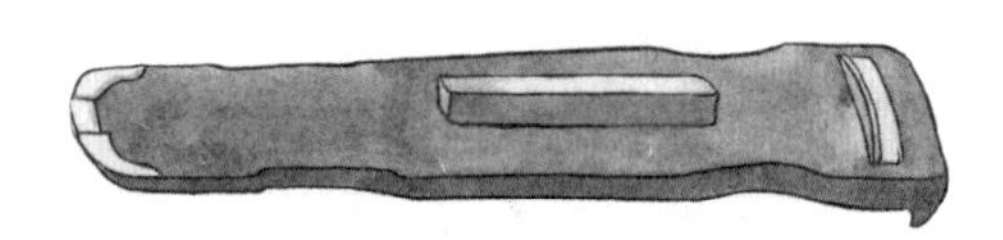

根据校音的情况调整琴胎、岳山、龙龈。如果弦路过高，可以用灰条适度打磨灰漆；如果弦路过低，则需要在低处填补灰漆。琴胎调整完毕后，需再次架装琴绷校音。

㊴

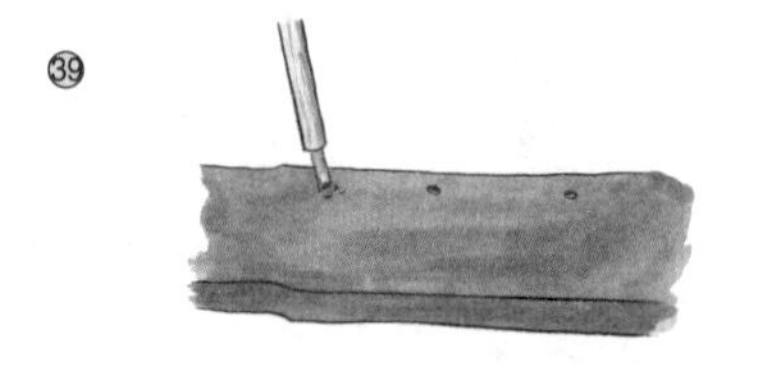

校音无误后，根据校音的情况确定徽位并打孔。

㊵

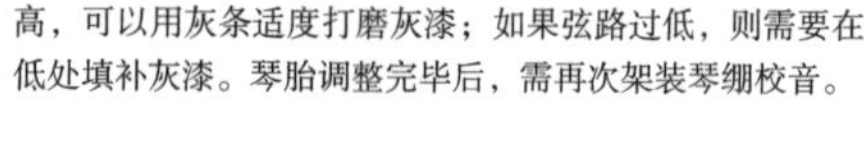

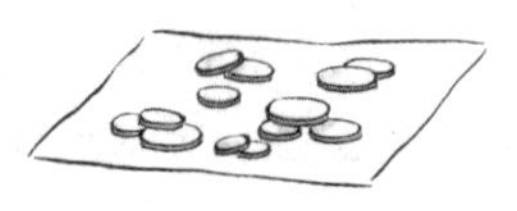

准备琴徽。琴徽，即古琴琴面上的十三个圆形小标志，是十二律取声的标准，象征一年的十二个月和一个闰月。琴徽多用金片、银片或螺钿裁切的薄片，此处准备云母片。

㊶

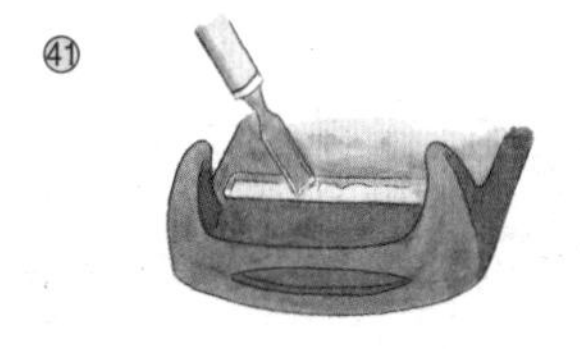

开轸池。轸池位于岳山和承露相接处的正下方，是固定琴弦的地方。翻转琴体，凿开轸池。

㊷

准备轸池板。

调制细灰漆。细鹿角灰中加入适量生漆调拌均匀，调至蛋清状，不要太黏稠。这层灰漆是为了黏合轸板以及进一步封固灰漆。

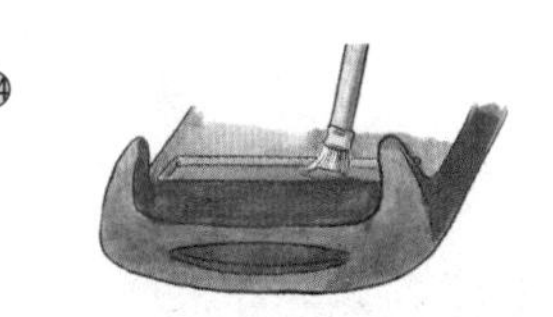

在放轸池板和徽位的地方均匀刷涂灰漆。

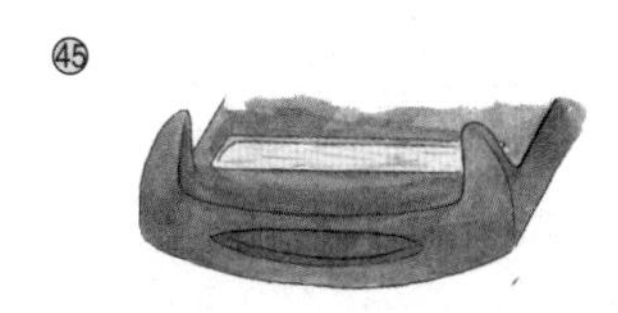

黏合轸池板。

黏合徽位。徽位粘好后，用刮子给琴通体刮一道灰漆。由于琴体有弧度，徽位会略高于琴面，所以徽位周围的灰漆可以稍多些，以免时间久了琴徽松脱。灰漆干固后，均匀打磨琴体。

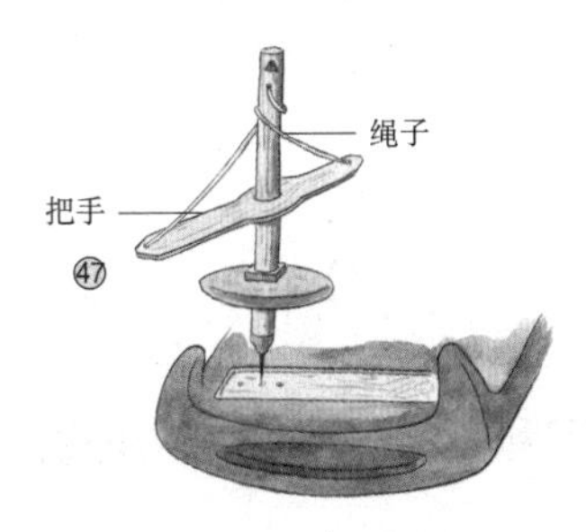

开轸眼。旋动把手，用手工钻在轸板上钻出贯穿琴体的轸眼。琴弦会穿过轸眼绕绑在琴底。钻孔时，务必使孔道垂直贯通。

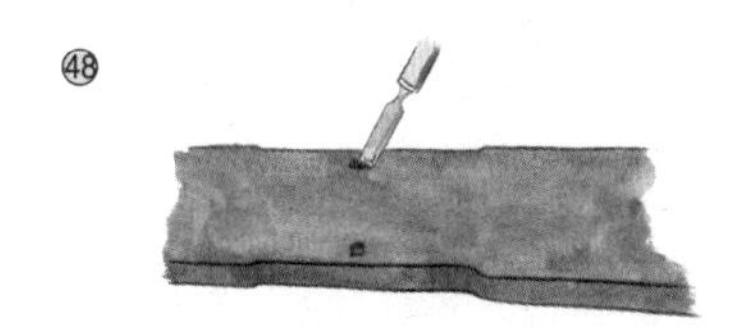

开雁足孔。按照雁足的形状，用凿刀在琴底凿出雁足孔。琴体的漆还没有髹完，所以雁足可以最后插入孔内。

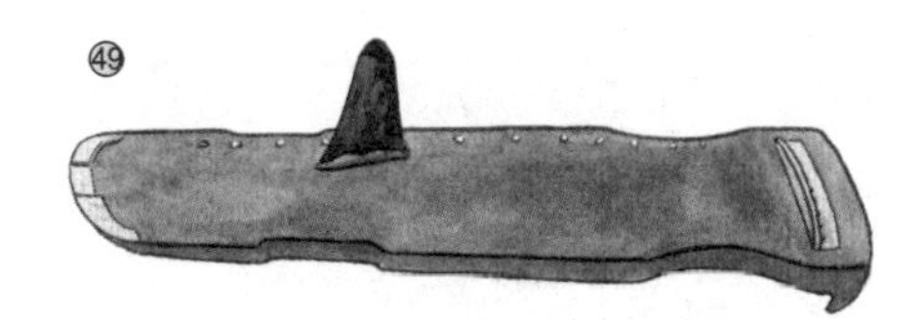

刮细灰漆。给琴通体薄薄地刮一道细灰漆，这是为了进一步填补琴胎、牢固徽位，以及封固轸池和轸眼。

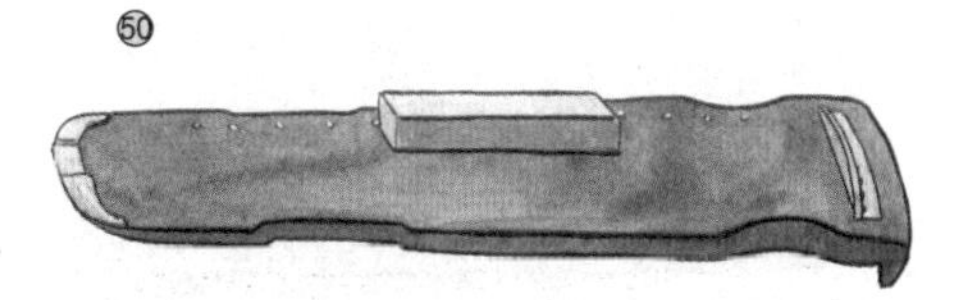

打磨。待灰漆干固后，将灰漆轻轻打磨平顺。在打磨徽位周围的灰漆时，注意控制力度，不要将徽位完全磨平。

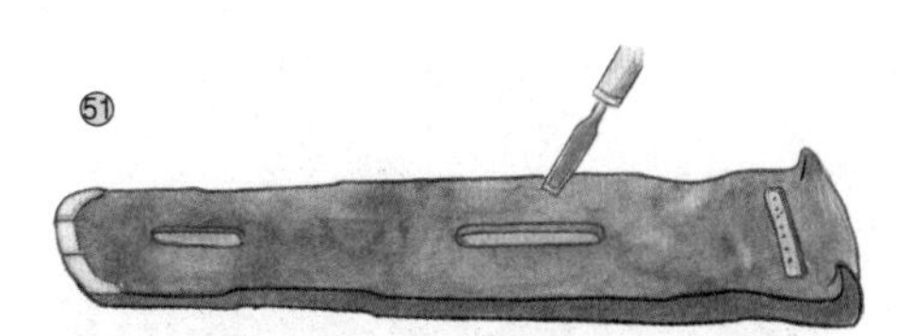

开龙池、凤沼。在琴底勾画出龙池、凤沼的轮廓，开凿之前，可以先用钻子沿轮廓线均匀地钻出小孔，确认位置后再凿开。龙池和凤沼的样式有很多，最常见的就是长方形和圆角长方形，还可以根据琴的样式设计龙池和凤沼，比较灵活。

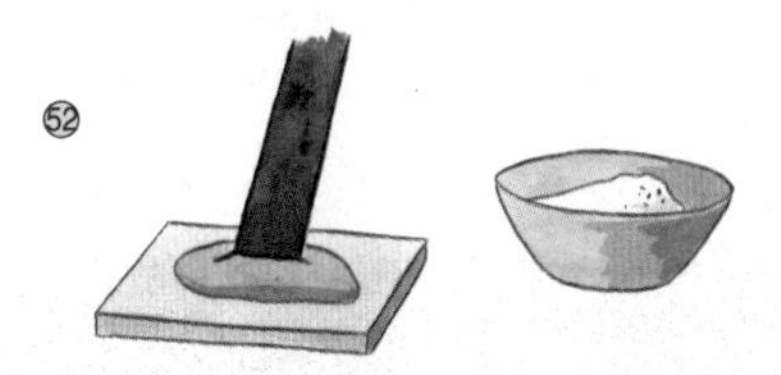

调细灰漆。细鹿角灰中加入生漆调拌均匀，调至稀汤状。这是琴胎的最后一道灰漆，生漆占比大，鹿角灰较少。

⑬

刮细灰漆。给琴体薄薄地刮一道细灰漆，并封固龙池、凤沼处露出的木料。灰漆干固后，蘸水轻轻打磨琴体。

⑭

蘸取过滤好的生漆。

⑮

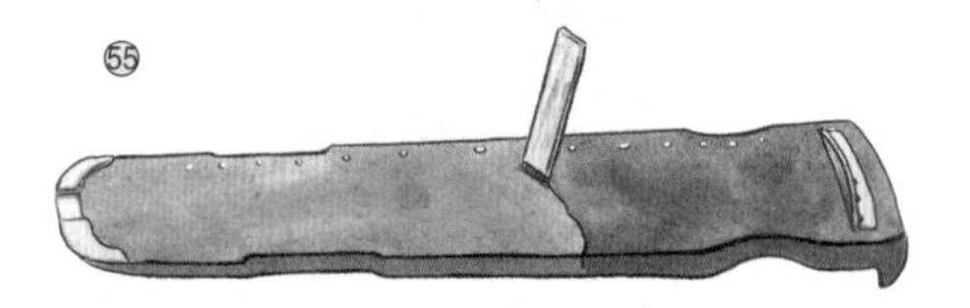

用发刷全面髹涂琴体。髹涂完毕，将琴静置。

⑯

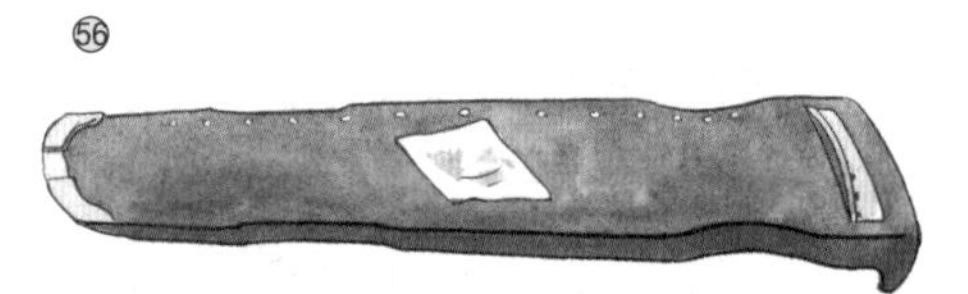

静置约15分钟后，用不易掉屑的棉布揩擦掉琴上的漆液。这是为了封固灰漆层。

⑰

蘸取黑色色漆。

⑱

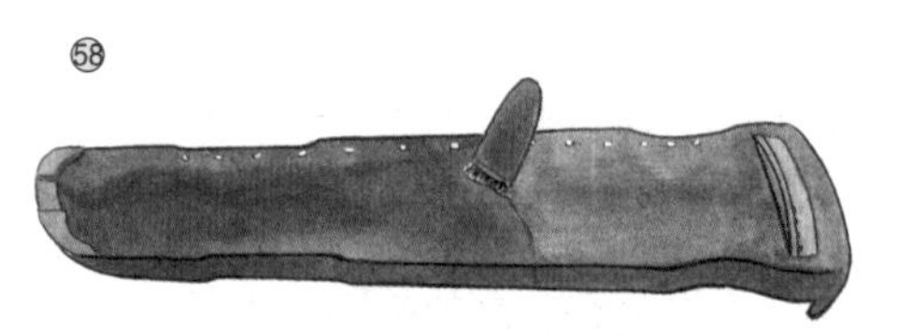

上漆。用发刷均匀髹涂琴体，龙龈、冠角、岳山和承露不作髹涂。上漆时，可以根据琴体状况和主观审美区分琴体和配件的颜色、质地等。

⑲

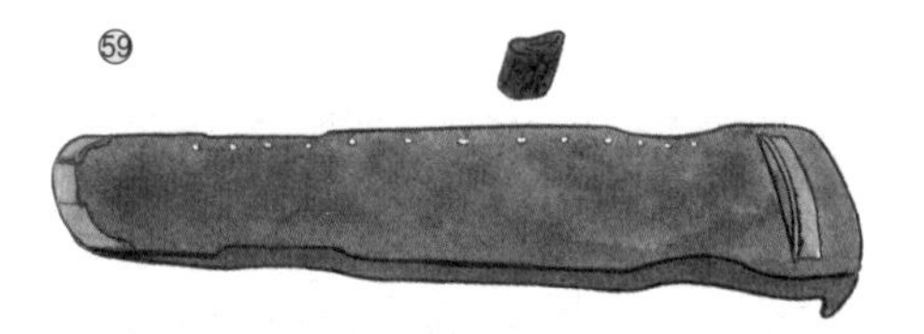

打磨。待黑漆干固后，用极细的炭条或灰条蘸水将漆层轻轻打磨光滑。像这样将打磨-髹涂黑漆-打磨的工序重复三到五次，琴体上的黑漆就相当饱满深沉了。

⑳

在过滤好的生漆中加入少许樟脑油作稀释。

㉑

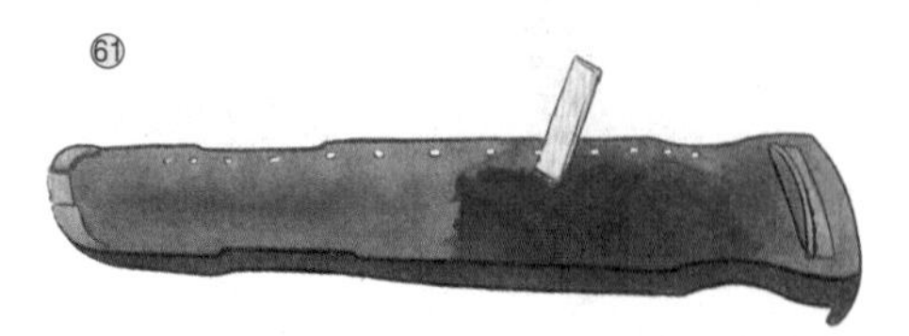

蘸取漆液，用发刷均匀髹涂琴体。用稀释过的漆液再次髹涂琴体，一来能起到封固漆色的作用，二来可以填补打磨时留下的细小孔隙。

㉒

打磨。待漆液干固后，用极细的炭条或灰条蘸水将漆层轻轻打磨光滑。

63

用大团丝绵球蘸取过滤好的生漆。

64

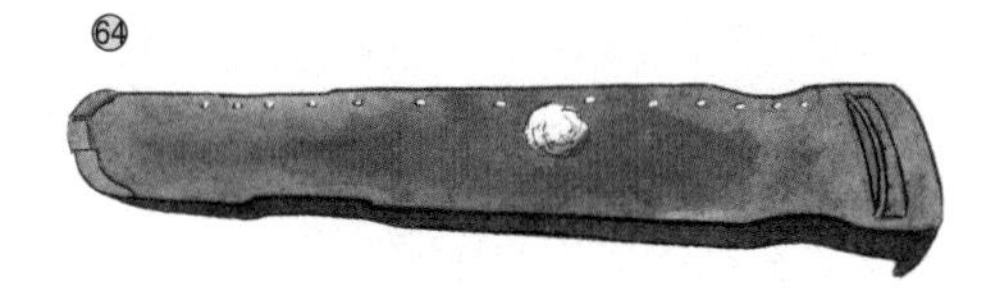

用打圈的方式将漆液均匀涂抹在琴上。

65

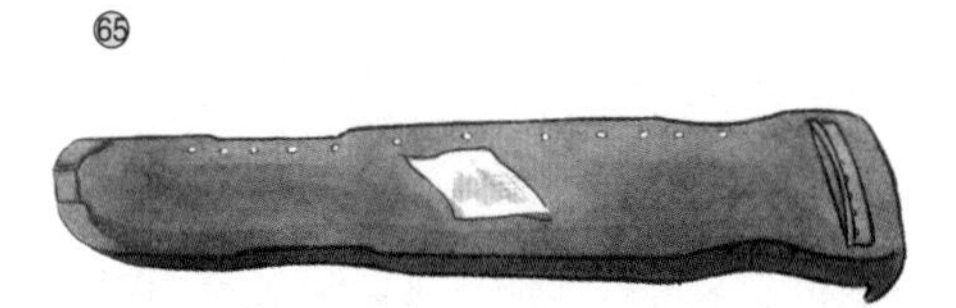

将琴体静置10～15分钟，用不易掉屑的棉布揩擦掉琴上的漆液。像这样揩擦-上漆-揩擦的工序重复六到七次，漆面就非常光滑细腻了。

66

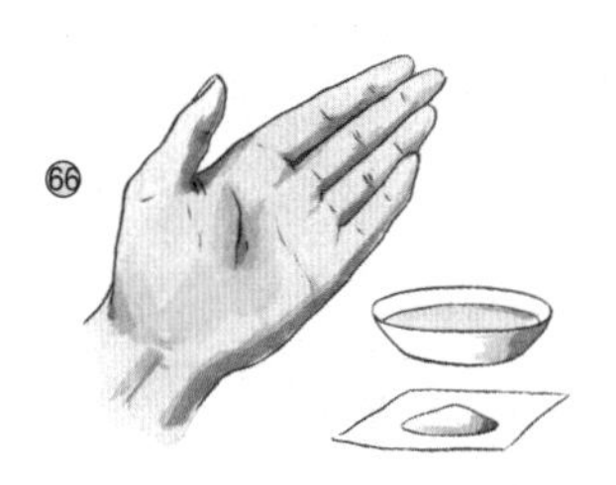

洗净双手，准备珍珠粉和菜籽油。

67

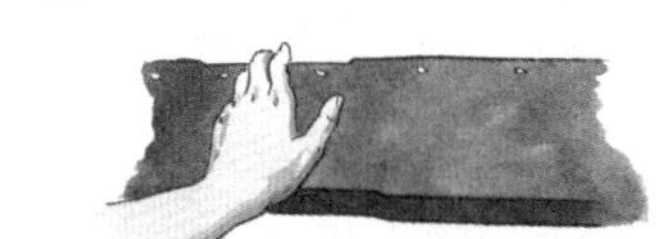

抛光。指尖蘸取少量菜籽油和珍珠粉，在掌心揉搓均匀后推搡漆面，给琴体抛光。古琴的抛光适当即可，不宜抛得太光亮，以免演奏时指尖打滑。

68

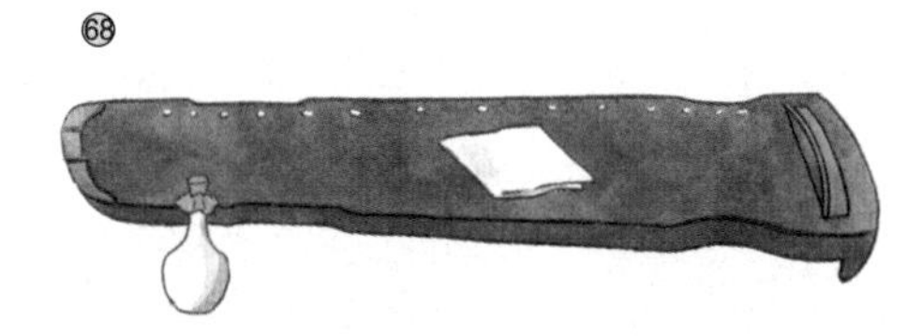

抛光完毕，用柔软的丝绵布蘸酒精将漆面的油擦净。

69

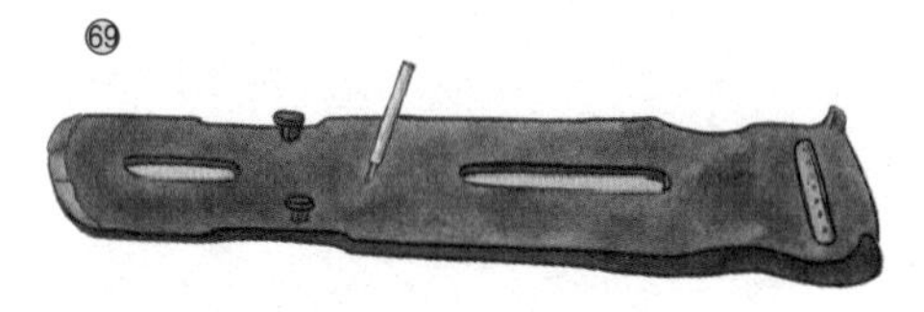

安装雁足。用刻刀在琴底铭刻。

70

上琴弦，调试音色。一把素髹的仲尼式古琴就做好了。

文化伟人代表作图释书系全系列

第一辑

《自然史》
〔法〕乔治·布封 / 著

《草原帝国》
〔法〕勒内·格鲁塞 / 著

《几何原本》
〔古希腊〕欧几里得 / 著

《物种起源》
〔英〕查尔斯·达尔文 / 著

《相对论》
〔美〕阿尔伯特·爱因斯坦 / 著

《资本论》
〔德〕卡尔·马克思 / 著

第二辑

《源氏物语》
〔日〕紫式部 / 著

《国富论》
〔英〕亚当·斯密 / 著

《自然哲学的数学原理》
〔英〕艾萨克·牛顿 / 著

《九章算术》
〔汉〕张苍 等 / 辑撰

《美学》
〔德〕弗里德里希·黑格尔 / 著

《西方哲学史》
〔英〕伯特兰·罗素 / 著

第三辑

《金枝》
〔英〕J.G. 弗雷泽 / 著

《名人传》
〔法〕罗曼·罗兰 / 著

《天演论》
〔英〕托马斯·赫胥黎 / 著

《艺术哲学》
〔法〕丹纳 / 著

《性心理学》
〔英〕哈夫洛克·霭理士 / 著

《战争论》
〔德〕卡尔·冯·克劳塞维茨 / 著

第四辑

《天体运行论》
〔波兰〕尼古拉·哥白尼 / 著

《远大前程》
〔英〕查尔斯·狄更斯 / 著

《形而上学》
〔古希腊〕亚里士多德 / 著

《工具论》
〔古希腊〕亚里士多德 / 著

《柏拉图对话录》
〔古希腊〕柏拉图 / 著

《算术研究》
〔德〕卡尔·弗里德里希·高斯 / 著

第五辑

《菊与刀》
〔美〕鲁思·本尼迪克特 / 著

《沙乡年鉴》
〔美〕奥尔多·利奥波德 / 著

《东方的文明》
〔法〕勒内·格鲁塞 / 著

《悲剧的诞生》
〔德〕弗里德里希·尼采 / 著

《政府论》
〔英〕约翰·洛克 / 著

《货币论》
〔英〕凯恩斯 / 著

第六辑

《数书九章》
〔宋〕秦九韶 / 著

《利维坦》
〔英〕霍布斯 / 著

《动物志》
〔古希腊〕亚里士多德 / 著

《柳如是别传》
陈寅恪 / 著

《基因论》
〔美〕托马斯·亨特·摩尔根 / 著

《笛卡尔几何》
〔法〕勒内·笛卡尔 / 著

第七辑

《蜜蜂的寓言》
〔荷〕伯纳德・曼德维尔 / 著

《宇宙体系》
〔英〕艾萨克・牛顿 / 著

《周髀算经》
〔汉〕佚　名 / 著　赵　爽 / 注

《化学基础论》
〔法〕安托万-洛朗・拉瓦锡 / 著

《控制论》
〔美〕诺伯特・维纳 / 著

《福利经济学》
〔英〕A. C. 庇古 / 著

中国古代物质文化丛书

《长物志》
〔明〕文震亨 / 撰

《园冶》
〔明〕计　成 / 撰

《香典》
〔明〕周嘉胄 / 撰
〔宋〕洪　刍　陈　敬 / 撰

《雪宧绣谱》
〔清〕沈　寿 / 口述
〔清〕张　謇 / 整理

《营造法式》
〔宋〕李　诫 / 撰

《海错图》
〔清〕聂　璜 / 著

《天工开物》
〔明〕宋应星 / 著

《髹饰录》
〔明〕黄　成 / 著　扬　明 / 注

《工程做法则例》
〔清〕工　部 / 颁布

《清式营造则例》
梁思成 / 著

《中国建筑史》
梁思成 / 著

《文房》
〔宋〕苏易简　〔清〕唐秉钧 / 撰

《鲁班经》
〔明〕午　荣 / 编

"锦瑟"书系

《浮生六记》
〔清〕沈　复 / 著　刘太亨 / 译注

《老残游记》
〔清〕刘　鹗 / 著　李海洲 / 注

《影梅庵忆语》
〔清〕冒　襄 / 著　龚静染 / 译注

《生命是什么？》
〔奥〕薛定谔 / 著　何　滟 / 译

《对称》
〔德〕赫尔曼・外尔 / 著　曾　怡 / 译

《智慧树》
〔瑞〕荣　格 / 著　乌　蒙 / 译

《蒙田随笔》
〔法〕蒙　田 / 著　霍文智 / 译

《叔本华随笔》
〔德〕叔本华 / 著　衣巫虞 / 译

《尼采随笔》
〔德〕尼　采 / 著　梵　君 / 译

《乌合之众》
〔法〕古斯塔夫・勒庞 / 著　范　雅 / 译

《自卑与超越》
〔奥〕阿尔弗雷德・阿德勒 / 著　刘思慧 / 译